普通高等院校"十二五"土木工程类规划系列教材

土木工程类专业认识实习指导书

主　编　袁　翱

副主编　刘蒙蒙　袁　飞

西南交通大学出版社

·成　都·

图书在版编目（CIP）数据

土木工程类专业认识实习指导书 / 袁翔主编. —成都：西南交通大学出版社，2014.1（2022.7 重印）
普通高等院校"十二五"土木工程类规划系列教材
ISBN 978-7-5643-2785-9

Ⅰ．①土… Ⅱ．①袁… Ⅲ．①土木工程－高等学校－教学参考资料 Ⅳ．①TU

中国版本图书馆 CIP 数据核字（2013）第 299748 号

普通高等院校"十二五"土木工程类规划系列教材

土木工程类专业认识实习指导书

主编　袁　翔

责 任 编 辑	杨　勇
助 理 编 辑	姜锡伟
特 邀 编 辑	曾荣兵
封 面 设 计	何东琳设计工作室
出 版 发 行	西南交通大学出版社
	（四川省成都市金牛区二环路北一段 111 号
	西南交通大学创新大厦）
发 行 部 电 话	028-87600564　028-87600533
邮 政 编 码	610031
网　　　　址	http://press.swjtu.edu.cn
印　　　　刷	成都蓉军广告印务有限责任公司
成 品 尺 寸	185 mm × 260 mm
印　　　　张	13
字　　　　数	323 千字
版　　　　次	2014 年 1 月第 1 版
印　　　　次	2022 年 7 月第 2 次
书　　　　号	ISBN 978-7-5643-2785-9
定　　　　价	32.00 元

普通高等院校"十二五"土木工程类规划系列教材

编 委 会

主 任 易思蓉

委 员（按姓氏笔画排序）

毛 亮	王月明	王玉锁	田文高	田北平
刘蒙蒙	孙吉祥	江 毅	李文渊	李章树
杨 虹	陈一君	陈广斌	周俐俐	范 涛
胡利超	贺丽霞	项 勇	袁 翱	贾 彬
贾媛媛	郭仕群	康 锐	曹 伦	

前　言

本书按照全国高等学校土木工程学科专业指导委员会制定的《土木工程施工课程教学大纲》进行编写，为土木工程类专业的学生认识实习提供手册式的参考资料；同时将土木工程专业的概况进行了介绍，为土木工程专业的学生了解本专业，把握本专业的专业课程、行业发展、就业现状等各方面提供较为准确的信息，对下一步的专业学习提供专业指导。

土木工程类专业认识实习是土木工程专业学习的起步，也是学生对本专业深入、细致了解的最佳时机，以进一步对今后的行业职业规划加深认识，是本专业学生的学习的重要环节。国家教育部、住建部等主管部门和相关院校对现阶段的认识实习提出了新的要求，以克服目前认识实习存在的问题。例如：学生对认识实习重视不够，不能学到足够的知识；少部分同学认为到达现场根本学不到的知识；学生自身要求和实习纪律问题；认识实习单位难联系，实习单位不理想。本书针对此类问题，加强了本专业的专业认识方面的内容，对土木工程类专业涉及的设计、材料、结构施工技术及工程测量仪器进行了介绍，以期让学生提高对本专业的认识，并对下一步职业方向进行科学、合理的选择。

本书由成都大学袁翔主编，西华大学刘蒙蒙、成都大学袁飞副主编，成都大学李文渊、吴启红、罗文剀参加部分章节的编写。编者长期在土木工程行业从事工程管理和技术工作，并有着多年带队高校的认识实习和生产实习的经验，对土木工程行业对本专业学生专业知识和技能要求有着比较清楚的认识。在此基础上，编者总结了教师和学生在认识实习中容易出现的问题和需求，编写了本书，以期对同类高校土木工程类专业认识实习有所帮助。由于此类教材的编写国内还属起步阶段，加上编写时间紧促，书中难免存在疏漏，欢迎广大读者批评指正。

编　者

2013 年 9 月 9 日

前　言

目　录

第1章 土木工程类专业概述

"土木工程"是建造各类工程设施的科学技术的统称。它既指所应用的材料、设备和所进行的勘测、设计、施工、保养维修等技术活动；也指工程建设的对象，即建造在地上或地下、陆上或水中，直接或间接为人类生活、生产、军事、科研服务的各种工程设施，如房屋、道路、铁路、运输管道、隧道、桥梁、运河、堤坝、港口、电站、飞机场、海洋平台、给水与排水以及防护工程等。

1.1 土木工程专业

1.1.1 土木工程学科分类

1. 一级学科

按照教育部对土木工程学科规定。

0810　土木类

2. 二级学科

按照教育部学科规定，土木类一级学科下有以下二级学科：

081001　　土木工程

081002　　建筑环境与能源应用工程

081003　　给排水科学与工程

081004　　建筑电气与智能化

1.1.2 土木工程基本属性

1. 综合性

建造一项工程设施一般要经过勘察、设计和施工三个阶段，需要运用工程地质勘察（见图1.1）、水文地质勘察、工程测量、土力学、工程力学、工程设计、建筑材料、建筑设备、工程机械、建筑经济等学科和施工技术、施工组织等领域的知识以及电子计算机和力学测试等技术。因此，土木工程是一门涵盖范围广的综合性学科。

图 1.1　地质勘察

随着科学技术的进步和工程实践的发展，土木工程这个学科也已发展成为内涵广泛、门类众多、结构复杂的综合体系。例如：就土木工程所建造的工程设施所具有的使用功能而言，有的供生息居住之用，以至作为"入土为安"的坟墓；有的作为生产活动的场所；有的用于陆海空交通运输；有的用于水利事业；有的作为信息传输的工具；有的作为能源传输的手段等等。这就要求土木工程综合运用各种物质条件，以满足多种多样的需求。土木工程已发展出许多分支，如房屋工程、铁路工程、道路工程、飞机场工程、桥梁工程、隧道及地下工程、特种工程结构、给水与排水工程、城市供热供燃气工程、港口工程、水利工程等学科。其中有些分支，例如水利工程，由于自身工程对象的不断增多以及专门科学技术的发展，业已从土木工程中分化出来成为独立的学科体系，但是它们在很大程度上仍具有土木工程的共性。

2. 社会性

土木工程是伴随着人类社会的发展而发展起来的。它所建造的工程设施反映出各个历史时期社会经济、文化、科学、技术发展的面貌，因而土木工程也就成为社会历史发展的见证之一。远古时代，人们就开始修筑简陋的房舍、道路、桥梁和沟洫，以满足简单的生活和生产需要。

后来，人们为了适应战争、生产和生活以及宗教传播的需要，兴建了城池、运河、宫殿、寺庙以及其他各种建筑物。许多著名的工程设施显示出人类在这个历史时期的创造力。例如，中国的长城、都江堰、大运河、赵州桥、应县木塔，埃及的金字塔，希腊的巴台农神庙（见图 1.2），罗马的给水工程、科洛西姆圆形竞技场（罗马大斗兽场），以及其他许多著名的教堂、宫殿等。

第 1 章　土木工程类专业概述

图 1.2　巴台农神庙

　　产业革命以后，特别是到了 20 世纪，一方面是社会向土木工程提出了新的需求；另一方面是社会各个领域为土木工程的前进创造了良好的条件。例如：建筑材料（钢材、水泥）工业化生产的实现，机械和能源技术以及设计理论的进展，都为土木工程提供了材料和技术上的保证。因而这个时期的土木工程得到突飞猛进的发展。在世界各地出现了规模宏大的现代化工业厂房、摩天大厦（见图 1.3）、核电站、高速公路与铁路、大跨桥梁、大直径运输管道、长隧道、大运河、大堤坝、大飞机场、大海港以及海洋工程等。现代土木工程不断地为人类社会创造崭新的物质环境，成为人类社会现代文明的重要组成部分。

图 1.3　迪拜塔

3. 实践性

土木工程是具有很强的实践性的学科。在早期，土木工程是通过工程实践，总结成功的经验，尤其是吸取失败的教训发展起来的。

从 17 世纪开始，以伽利略和牛顿为先导的近代力学同土木工程实践结合起来，逐渐形成材料力学、结构力学（见图 1.4）、流体力学、岩体力学，作为土木工程的基础理论的学科。这样，土木工程才逐渐从经验发展成为科学。在土木工程的发展过程中，工程实践经验常先行于理论，工程事故常显示出未能预见的新因素，触发新理论的研究和发展。至今不少工程问题的处理，在很大程度上仍然依靠实践经验。

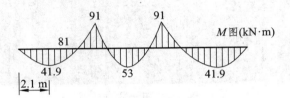

图 1.4　结构力学

土木工程技术的发展之所以主要凭借工程实践而不是凭借科学试验和理论研究，有两个原因：一是有些客观情况过于复杂，难以如实地进行室内实验或现场测试和理论分析。例如：地基基础、隧道及地下工程的受力和变形的状态及其随时间的变化，至今还需要参考工程经验进行分析判断。二是只有进行新的工程实践，才能揭示新的问题。例如，建造了高层建筑、高耸塔桅和大跨桥梁等，工程的抗风和抗震问题突出了，才能发展出这方面的新理论和技术。

技术上、经济上和建筑艺术上的统一性：人们力求最经济地建造一项工程设施，用以满足使用者的预定需要，其中包括审美要求。而一项工程的经济性又是和各项技术活动密切相关的。工程的经济性首先表现在工程选址、总体规划上，其次表现在设计和施工技术上。工程建设的总投资，工程建成后的经济效益和使用期间的维修费用等，都是衡量工程经济性的重要方面。这些技术问题联系密切，需要综合考虑。

符合功能要求的土木工程设施作为一种空间艺术，首先是通过总体布局、本身的体形、各部分的尺寸比例、线条、色彩、明暗阴影与周围环境，包括它同自然景物的协调和谐表现出来的；其次是通过附加于工程设施的局部装饰反映出来的。工程设施的造型和装饰还能够表现出地方风格、民族风格以及时代风格。一个成功的、优美的工程设施，能够为周围的景物、城镇的容貌增美，给人以美的享受；反之，会使环境受到破坏。

在土木工程的长期实践中，人们不仅十分注重房屋建筑艺术，取得了卓越的成就，而且对其他工程设施，也通过选用不同的建筑材料。例如：采用石料、钢材和钢筋混凝土，配合自然环境建造了许多在艺术上十分优美、功能上又良好的工程，见图 1.5。

建造工程设施的物质基础是土地、建筑材料、建筑设备和施工机具。借助于这些物质条件，经济而便捷地建成既能满足人们使用要求和审美要求，又能安全承受各种荷载的工程设施，是土木工程学科的出发点和归宿。

图 1.5　飞机场

1.1.3　土木工程基本要素

1. 重要性与意义

　　土木工程的目的是形成人类生产或生活所需要的、功能良好且舒适美观的空间和通道。它既是物质方面的需要，也有象征精神方面的需求。随着社会的发展，工程结构越来越大型化、复杂化，超高层建筑、特大型桥梁、巨型大坝、复杂的地铁系统不断涌现，满足人们的生活需求，同时也演变为社会实力的象征。

　　土木工程需要解决的根本问题是工程的安全，使结构能够抵抗各种自然或人为的作用力。任何一个工程结构都要承受自身重量，以及承受使用荷载和风力的作用，湿度变化也会对土木工程结构产生力作用。在地震区，土木工程结构还应考虑抵御地震作用。此外，爆炸、振动等人为作用对土木工程的影响也不能忽略。

2. 问题与条件

　　材料是实现土木工程建造的基本条件。土木工程的任务就是要充分发挥材料的作用，在保证结构安全的前提下实现最经济的建造，因此，材料的选择、数量的确定是土木工程设计过程中必须解决的重要内容。

　　土木工程的最终实现是将社会所需的工程项目建造成功，付诸使用。有了最优设计还不够，还需要把蓝图变为现实。因此需要研究如何利用现有的物资设备条件，通过有效的技术途径和组织手段来进行施工。

　　土木工程是系统工程，涉及方方面面的知识和技术，是运用多种工程技术进行勘测、设计、施工的成果。土木工程随着社会科学技术和管理水平而发展，是技术、经济、艺术统一的历史见证。影响土木工程的因素既多又复杂，使得土木工程对实践的依赖性很强。

1.1.4　土木工程发展进程

对土木工程的发展起关键作用的，首先是作为工程物质基础的土木建筑材料，其次是随之发展起来的设计理论和施工技术。每当出现新的优良的建筑材料时，土木工程就会有飞跃式的发展。

在早期，人类只能依靠泥土、木料及其他天然材料从事营造活动，后来出现了砖、瓦等人工建筑材料，使人类第一次冲破了天然建筑材料的束缚。中国在公元前11世纪的西周初期制造出瓦。最早的砖出现在公元前5世纪至公元前3世纪战国时的墓室中。砖和瓦具有比土更优越的力学性能，可以就地取材，而易于加工制作。

砖和瓦的出现使人们开始广泛地、大量地修建房屋和城防工程等。由此土木工程技术得到了飞速的发展。直至18~19世纪，在长达两千多年时间里，砖和瓦一直是土木工程的重要建筑材料，为人类文明作出了伟大的贡献，至今还被广泛采用。

钢材的大量应用是土木工程的第二次飞跃。17世纪70年代开始使用生铁、19世纪初开始使用熟铁建造桥梁和房屋，这是钢结构出现的前奏。

从19世纪中叶开始，冶金业冶炼并轧制出抗拉和抗压强度都很高、延性好、质量均匀的建筑钢材（见图1.6），随后又生产出高强度钢丝、钢索。于是适应发展需要的钢结构得到蓬勃发展。除应用原有的梁、拱结构外，新兴的桁架、框架、网架结构、悬索结构逐渐推广，出现了结构形式百花争艳的局面。

图1.6　建筑钢材

建筑物跨径从砖结构、石结构、木结构的几米、几十米发展到钢结构的百米、几百米，直到现代的千米以上。于是在大江、海峡上架起大桥，在地面上建造起摩天大楼和高耸铁塔，甚至在地面下铺设铁路，创造出前所未有的奇迹。

为适应钢结构工程发展的需要，在牛顿力学的基础上，材料力学、结构力学、工程结构设计理论等就应运而生。施工机械、施工技术和施工组织设计的理论也随之发展，土木工程从经验上升成为科学，在工程实践和基础理论方面都面貌一新，从而促成了土木工程更迅速的发展。

19 世纪 20 年代，波特兰水泥制成后，混凝土问世了。混凝土集料可以就地取材，混凝土构件易于成型，但混凝土的抗拉强度很小，用途受到限制。19 世纪中叶以后，钢铁产量激增，随之出现了钢筋混凝土这种新型的复合建筑材料，其中钢筋承担拉力，混凝土承担压力，发挥了各自的优点。20 世纪初以来，钢筋混凝土广泛应用于土木工程的各个领域。

从 20 世纪 30 年代开始，出现了预应力混凝土。预应力混凝土结构的抗裂性能、刚度和承载能力远远优于钢筋混凝土结构，因而用途更为广阔。土木工程进入了钢筋混凝土和预应力混凝土占统治地位的历史时期。混凝土的出现给建筑物带来了新的经济、美观的工程结构形式，使土木工程产生了新的施工技术和工程结构设计理论。这是土木工程的又一次飞跃发展。

1.1.5　土木工程研究领域

土木工程研究领域主要有：土木建筑工程、建筑史、土木建筑工程基础学科、建筑光学、建筑声学、建筑气象学、土木建筑工程测量、建筑材料、工程结构、土木建筑结构、土木建筑工程设计、土木建筑工程施工、土木工程机械与设备、市政工程、城市给水排水工程、通风与空调工程、供热与供燃气工程、电信管道工程、城市系统工程、建筑经济学、土木建筑工程其他学科。

1.1.6　土木工程专业概述

本专业学习工程力学、流体力学、岩土力学和市政工程学科的基本理论、基本知识。主要培养从事铁路、公路、机场等工程和房屋、桥梁、隧道、地下工程的规划、勘测、设计、施工、养护等技术工作和研究工作的高层次工程人才。毕业生可在高校、设计部门和科研单位教学、设计、研究工作，也可以在管理、运营、施工、房地产开发等部门从事技术工作。

1.1.7　土木工程培养要求

本专业培养掌握工程力学、流体力学、岩土力学和市政工程学科的基本理论和基本知识，具备从事土木工程的项目规划、设计、研究开发、施工及管理的能力，能在房屋建筑、地下建筑、隧道、道路、桥梁、矿井等的设计、研究、施工、教育、管理、投资、开发部门从事技术或管理工作的高级工程技术人才。本专业学生主要学习工程力学、流体力学、岩土力学和市政工程学科的基本理论，受到课程设计、试验仪器操作和现场实习等方面的基本训练，具有从事土木工程的规划、设计、研究、施工、管理的基本能力。

1.1.8　土木工程知识领域

本专业学生应具备以下几方面的知识和能力：

（1）具有较扎实的自然科学基础，了解当代科学技术的主要方面和应用前景。

（2）掌握工程力学、流体力学、岩土力学的基本理论，掌握工程规划与选型、工程材料、结构分析与设计、地基处理方面的基本知识，掌握有关建筑机械、电工、工程测量与试验、施工技术与组织等方面的基本技术。

（3）具有工程制图、计算机应用、主要测试和试验仪器使用的基本能力，具有综合应用各种手段（包括外语工具）查询资料、获取信息的初步能力。

（4）了解土木工程主要法规。

（5）具有进行工程设计、试验、施工、管理和研究的初步能力。

1.1.9　土木工程一般课程设置

1. 主干学科

力学、土木工程。

2. 主要课程

材料力学、结构力学、流体力学、土力学、建筑材料、混凝土结构与钢结构、房屋结构、桥梁结构、地下结构、道路勘测设计与路基路面结构、施工技术与管理。

3. 实践教学

包括认识实习、测量实习、工程地质实习、专业实习或生产实习、结构课程设计、毕业设计或毕业论文等。

1.1.10　土木工程专业概览

1. 修业时间

4年。

2. 授予学位

工学学士。

3. 专业代码

2012年教育部颁布土木工程专业代码：081001。

4. 相近专业

矿井建设、建筑工程、城镇建设（部分）、交通土建工程、工业设备安装工程、饭店工程、涉外建筑工程。

1.1.11　土木工程专业前景

土木工程十分特殊而又具有系统性。因为几乎所有的土木工程师设计和建造的构筑物都是独一无二的，绝不可能出现两个完全相同的建筑物。有些建筑物虽然看似相同，但是建筑的场地条件（地基、风荷载、地震荷载等）都是不同的。像水坝、桥梁或隧道这样的大型建筑物每一个都完全不同。因此，土木工程师随时要准备应付新的复杂情况。同时工程要考虑的相关影响因素非常多，任何设计上的忽略都将导致一个失败的工程。另外，土木工程建设中的计算工作，随着计算机技术发展完善，变得越来越方便和快捷。所以，任何对工程感兴趣的理科类学生报考土木工程都没有问题，尤其是那些考虑问题全面系统的同学，选择学习土木工程是能够发挥个人才干的。从市场的需求来说，中国的基础建设正在兴起，大跨结构、超高层的项目纷纷立项建设，在未来几十年内这种局面不会有太大变化。这就需要大量高素质的建设人才参与其中。当前，我国的建设管理水平非常落伍，急需一批能够提高建设管理水平的人才。

随着土木工程规模的扩大和由此产生的施工工具、设备、机械向多品种、自动化、大型化发展，施工日益走向机械化和自动化。同时组织管理开始应用系统工程的理论和方法，日益走向科学化；有些工程设施的建设继续趋向结构和构件标准化和生产工业化。这样，不仅可以降低造价、缩短工期、提高劳动生产率，而且可以解决特殊条件下的施工作业问题，以建造过去难以施工的工程。总之，土木工程专业是一门运用数学、物理、化学、计算机信息科学等基础科学知识，力学、材料等技术科学知识以及相应的工程技术知识来研究、设计和建造工业与民用建筑、隧道与地下建筑、公路与城市道路以及桥梁等工程设施的学科。

1.1.12　土木工程专业国外留学前景

本专业对申请者的背景要求是比较宽松的。在 GRE、TOEFL 成绩满足了学校的硬性标准之后，专业研究背景便是决定申请成败的关键。学校的教授一般都要做项目，当然希望申请者有一定的研究经历，以后便于在实验室帮忙。相关的工作经验在申请中和研究经历一样起着重要的作用，不过工作经验要和申请的专业相匹配。综合来说，土木工程申请国外留学在工程类中不算最难的，但由于有大量的已经有工作经验的申请者加入竞争，想要进入名校并不容易。所以广大申请人除了尽量保持 GPA、TOEFL、GRE 等硬件条件符合标准的前提下，最好在申请前至少一年能确定好自己的方向，提早进行自身规划，提升实习或科研背景，或者通过参加结构大赛等专业性活动来提高软性背景。

1.1.13　国外著名土木工程专业院校

以美国为例：
圣玛丽大学
德克萨斯大学奥斯汀分校
加州大学伯克利分校
弗吉尼亚大学
密西根大学安娜堡分校
麻省理工学院
普林斯顿大学
耶鲁大学

哥伦比亚大学

卡内基梅隆大学

佐治亚理工学院

1.1.14　国内著名土木工程院校

按照教育部 2013 年最新土木工程专业排名比较靠前的有：

10247	同济大学	1
10213	哈尔滨工业大学	2
10003	清华大学	3
10286	东南大学	4
10335	浙江大学	5
10532	湖南大学	6
10533	中南大学	7

需要攻读硕士或者博士的学生可以优先考虑排名靠前的学校。

1.1.15　土木工程毕业生就业分析

随着城市建设和公路建设的不断升温，土木工程专业的就业形势持续走高，找到一份工作对大多数土木工程毕业生来讲并非是难事。然而土木工程专业的就业前景与国家政策及经济发展方向密切相关，其行业薪酬水平更是呈现出管理高于技术的倾向，而从技术转向管理，也成为诸多土木工程专业毕业生职业生涯中不可避免的瓶颈。如何在大学阶段就为前途做好准备，找到正确的职业发展方向呢？

土木工程专业大体可分为道路与桥梁工程、建筑工程两个方向，在职业生涯中，这两个方向的职位既有大体上的统一性，又有细节上的具体区别。

1.1.16　土木工程毕业生职业规划

能在政府机关建设职能部门，机关及工矿企事业单位的基建管理部门，建筑、市政工程设计院，土木工程科研院所，建筑、公路、桥梁等施工企业，工程质量监督站，工程建设监理部门，各铁路局工务维修部门，房地产公司，工程造价咨询机构、银行及投资咨询机构等从事技术与管理工作；可考取结构工程、防灾减灾及防护工程、道路与铁道工程、桥梁与隧道工程、岩土工程、工程力学等学科的硕士研究生；按照国家相关规定考取注册结构工程师、注册建筑师、注册土木工程师、注册监理工程师和注册造价师等。

1.1.17 土木工程毕业生就业领域

1. 工程技术

代表职位：施工员、建筑工程师、结构工程师、技术经理、项目经理等。

代表行业：建筑施工企业、房地产开发企业、路桥施工企业等。

就业前景：就像我们看到身边的高楼大厦正在不断地拔地而起、一条条宽阔平坦的大道向四面八方不断延伸一样，土木建筑行业对工程技术人才的需求也随之不断增长。2004年进入各个人才市场招聘工程技术人员的企业共涉及100多个行业，其中在很多城市的人才市场上，房屋和土木工程建筑业的人才需求量已经跃居第一位。随着经济发展和路网改造、城市基础设施建设工作的不断深入，土建工程技术人员在当前和今后一段时期内需求量还将不断上升。再加上路桥和城市基础设施的更新换代，只要人才市场上没有出现过度饱和的状况，可以说土木工程技术人员一直有着不错的就业前景。

典型职业通路：施工员/技术员—工程师/工长、标段负责人—技术经理—项目经理/总工程师。

年薪参考：施工员/技术员：6万～10万元；工长：4万～6万元；技术质量管理经理：5万～10万元；项目经理：10万～20万元。

随着我国执业资格认证制度的不断完善，土建行业工程技术人员不但需要精通专业知识和技术，还需要取得必要的执业资格证书。工程技术人员的相关执业资格认证主要有全国一、二级注册建筑师，全国注册土木工程师，全国一、二级注册结构工程师等。需要注意的是，这些执业资格认证均需要一定年限的相关工作经验才能报考，因此，土木工程专业的毕业生即使走上工作岗位后也要注意知识结构的更新，尽早报考以取得相关的执业资格。想要从事工程技术工作的大学生，在实习中可选择建筑工地上的测量、建材、土工及路桥标段的路基、路面、小桥涵的施工、测量工作。

2. 项目规划

代表职位：项目设计师、结构审核、城市规划师、预算员、预算工程师等。

代表行业：工程勘察设计单位、房地产开发企业、交通或市政工程类机关职能部门、工程造价咨询机构等。

就业前景：各种勘察设计院对工程设计人员的需求持续增长，城市规划作为一种新兴职业，随着城市建设的不断深入，也需要更多的现代化设计规划人才。随着咨询业的兴起，工程预决算等建筑行业的咨询服务人员也成为土建业内新的就业增长点。

典型职业通路：预算员—预算工程师—高级咨询师。

年薪参考：预算员：1.5万～3万元；预算工程师：2.5万～6万元；城市规划师：4万～7万元；建筑设计师：4万～10万元；总建筑设计师：25万元以上。

此类职位所需要的不仅是要精通专业知识，更要求有足够的大局观和工作经验。一般情况下来说，其薪酬与工作经验成正比。以建筑设计师为例，现代建筑还要求环保和可持续发展，这些都需要建筑设计师拥有扎实的功底以及广博的阅历，同时善于学习，并在实践中去体会。市场上对建筑设计人才大多要求5年以上的工作经验，具有一级注册建筑师资质，并担任过大型住宅或建设工程开发的设计。此类职位也需要取得相应的执业资格证书，如建筑工程师需要通过国家组织的注册建筑师的职业资格考试拿到"注册建筑师资格证书"才能上岗，预算工程师需要取得注册造价师或预算工程师资格。另外，从事此类职业还需要全方面地加强自身修养，如需要熟悉电脑操作和维护，.能熟练运用 CAD 绘制各种工程图以及用 P3 编制施工生产计划等；有的职位如建筑设计师还需要对人类学、美学、史学，以及不同时代不同国家的建筑精华有深刻的认知，并且要能融会贯通，锻造出自己的设计风格。这些都需要从学生时代开始积累自己的文化底蕴。实习时应尽量选取一些相关的单位和工作，如房地产估价、工程预算、工程制图等。

3. 工程监理

代表职位： 监理工程师。

代表行业： 建筑、路桥监理公司、工程质量检测监督部门。

就业前景： 工程监理是新兴的一个职业，随着我国对建筑、路桥施工质量监管的日益规范，监理行业自诞生以来就面临着空前的发展机遇，并且随着国家工程监理制度的日益完善有着更加广阔的发展空间。

典型职业通路： 监理员—资料员—项目直接负责人—专业监理工程师—总监理工程师。

年薪参考： 现场监理员：3 万 ~ 5 万元；项目直接负责人：5 万 ~ 20 万元；专业监理工程师：6 万 ~ 8 万元；总监理工程师：8 万 ~ 12 万元。

专家建议： 监理行业是一个新兴行业，因此也是一个与执业资格制度结合得相当紧密的行业，其职位的晋升与个人资质的取得密切相关。一般来说，监理员需要取得省监理员上岗证，项目直接负责人需要取得省监理工程师或监理员上岗证，工作经验丰富、有较强的工作能力。专业监理工程师需要取得省监理工程师上岗证，总监理工程师需要取得国家注册监理工程师职业资格证。土木工程专业的大学生想要进入这个行业，在校期间就可以参加省公路系统、建筑系统举办的监理培训班，通过考试后取得监理员上岗证，此后随工作经验的增加考取相应级别的执业资格证书。在实习期间，可选择与路桥、建筑方向等与自己所学方向相一致的监理公司，从事现场监理、测量、资料管理等工作。

4. 工程检测加固

代表职位： 道路、交通及铁路工务部门工程师，一般是建设单位内部的工程技术人员。

代表行业： 道路、桥梁、轨道交通，铁路工务段（处）。

就业前景： "十一五规划"全国路网 10 万千米，许多大中城市兴起修建地铁交通，这些轨道建筑都需要大量技术人员来检测和维修。

典型职业通路： 技术员—助理工程师—工程师—高级工程师。

年薪参考： 技术员 1.5 万 ~ 4 万元，助理工程师 1.5 万 ~ 4 万元，工程师 4 万 ~ 7 万元，高级工程师 5 万 ~ 10 万元。

5. 科研方向

代表职位： 公务员、教师。

代表行业： 交通、市政管理部门、大中专院校、科研及设计单位。

就业前景： 公务员制度改革为普通大学毕业生打开了进入政府机关工作的大门，路桥、建筑行业的飞速发展带来的巨大人才需要使得土木工程专业师资力量的需求随之增长。但需要注意的是，这些行业的竞争一般较为激烈，需要求职者具有较高的专业水平和综合素质。

年薪参考：高校教师：2.5万~4.5万元；中等专业学校教师：1.8万~3万元；普通公务员：2万~3.5万元。

1.2 工程管理专业

工程管理专业是新兴的工程技术与管理交叉复合性学科。工程管理专业是20世纪80年代初改革开放之后，应社会主义建设的需求设立的。近年来，随着全球一体化的发展，尤其是中国"入世"以后，国际工程项目管理成为热点。该专业对学生经济工程师和经济师的双重素质教育，要求学生具有管理学、经济学、土木工程技术、计算机管理和外语的综合知识，成为能在国内外工程建设领域从事项目决策和全过程管理的复合型、外向型、开拓型的高级管理人才。由于工程管理责任重大，要求毕业生除具有相应的专业知识外，还要有良好的身体素质和心理素质。

1.2.1 基本情况

1. 培养目标

本专业培养具备管理学、经济学、法学和土木工程技术的基本知识，高级管理人才。

2. 培养要求

本专业学生主要学习工程管理方面的基本理论、方法和土木工程技术知识，接受工程项目管理方面的基本训练：具备从事工程项目管理的基本能力。毕业生应获得以下几方面的知识和能力：

（1）掌握工程管理的基本理论和方法。

（2）掌握投资经济的基本理论和基本知识。

（3）熟悉土木工程技术知识。

（4）熟悉工程项目建设的方针、政策和法规。

（5）了解国内外工程管理的发展动态。

（6）具有运用计算机辅助解决管理问题的能力。

（7）具有从事工程项目决策与全过程管理的基本能力。

（8）掌握文献检索、资料查询的基本方法，具有初步科学研究和实际工作能力。

修业年限为五年的，还应掌握进行国际工程项目管理所必需的相关商务知识（如国际工程合同与合同条件、外贸、金融、法律及保险等），要求具有较强的外语能力。

3. 主干学科

管理科学与工程、土木工程（或水利工程等）。

4. 主要课程

管理学、经济学、应用统计学、运筹学、会计学、财务管理、工程经济学、组织行为学、市场学、计算机应用、经济法、房屋建筑学、建筑工程施工技术、工程项目管理、工程估价、建设工程合同管理、房地产开发与经营、建设工程项目融资、土木工程概论、工程力学、工程结构。

5.实践教学

包括认识实习、生产实习、课程设计、计算机应用及上机实践、毕业实习、毕业论文（设计）等，一般安排 30 周。

6. 修业时间

4 年或 5 年。

7. 学位情况

管理学学士或工学学士。

8. 原专业名

技术经济、建筑管理工程、管理工程（部分）、涉外建筑工程营造与管理、国际工程管理、房地产经营管理（部分）。

1.2.2 综合介绍

现代社会有个奇怪的发展趋势，就是社会分工越来越明确，社会生产越来越精细，专业隔离越来越明显，隔行如隔山的情形越来越普遍；此外，现代社会生产却越来越要求复合型的人才，即常说的 T 型人才。单纯的具有管理技能或者说单纯的具有工程技术的人才，已经不能适应社会的发展。工程管理专业出来的同学，正是 T 型人才的典范，他们懂技术，又懂得管理，恰好是社会所需。

1. 技术领域

工程管理专业培养具备管理学、经济学和土木工程技术的基本知识，学生在校学习期间要接受工程师和经济师的基本素质训练，打好工程技术、管理、经济、法律、外语及计算机应用方面的坚实基础。管理学院在对工程管理专业人才培养过程中，积极提供相应条件，使学生根据自身能力，能够攻读相关学科专业的双学位和双专业。

有不少学生认为，工程管理就是一种单纯的管理学科。这是不正确的。工程管理需要学习的不仅仅是一种管理的思想，同时还要求有一定的工程背景和数学知识。在这门专业的学习中，我们应明白一个基本的等式就是"工程管理=工程技术+经济管理"，当然决不是简单的相加，而应当掌握几个基本的技能：

（1）掌握以土木工程技术为主的理论知识和实践技能。

（2）掌握相关的管理理论和方法。

（3）掌握相关的经济理论。

（4）掌握相关的法律、法规。

（5）具有从事工程管理的理论知识和实践能力。

（6）具有阅读工程管理专业外语文献的能力。

（7）具有运用计算机辅助解决工程管理问题的能力。

（8）具有较强的科学研究能力。总的来说，工程管理还是偏重于管理科学，适合那些人际交往能力强又善于用理性去思考问题的考生报考。

2. 培养目标

本专业的培养目标是培养适应现代化建设需要，德智体全面发展，具备工程技术及经济管理、法律等基本知识，获得工程师基本训练，具有较强实践能力、创新能力、组织管理能力的高级工程管理人才。工程管理专业与国家注册监理工程师、国家注册造价工程师的知识结构相接轨，专业方向涵盖工程项目管理、房地产管理经营、工程投资与造价管理、国际工程承包等方向。毕业生可从事工程咨询、工程项目施工、房地产开发与经营的相关工作，专业覆盖面宽，从业范围广，社会需求大。

3. 主干课程

工程项目管理、工程合同管理、工程造价管理、工程经济学、工程估价、施工组织学、房地产开发与经营管理、房地产投资分析与决策、管理学、会计学、统计学、运筹学、财务管理学、管理经济学、组织行为学、建筑制图、工程结构、土木工程技术、建筑设备工程、建筑法规、建设项目评估、工程项目融资、国际工程管理、工程风险与保险等。

4. 必修课程

土木工程概论、管理学原理、经济法、工程测量、建筑材料、工程结构、房屋建筑学、会计学、工程经济学、专业英语、工程估价、工程项目管理、工程施工、建设法规、工程合同管理，以及工程项目管理方向的建设项目评估、工程项目管理（二）、工程造价管理、投资与造价管理方向、项目投资与融资、工程估价等。

5. 发展状况

工程管理专业的学科教育是在管理工程专业、涉外建筑工程营造与管理专业、国际工程专业、房地产经营管理专业以及其他相关专业教育的基础之上逐渐发展形成的。

早些时候，国际上诸多大学院校中开设工程管理这门专业的也是寥寥无几，只是侧重于某些重点方面进行专门的专业教育，如土木工程管理专业和信息工程管理专业等。

在 20 世纪 80 年代初期，我国全国普通高等学校专业设置目录表中尚未出现这门专业，只是列举了象管理工程专业等类似相关的专业科目名称。直到 90 年代初期，根据国家教委关于院系专业科目合并调整的指示精神，在新的全国普通高等学校专业设置目录中才出现"工程管理"这一新兴的、综合的专业科目。

我国工程管理专业可追溯到 20 世纪 60 年代初期，一批 50 年代留学前苏联的工程经济专家与 50 年代前留学英美的工程经济专家在我国开设的技术经济学科。该阶段主要研究的是项目和技术活动的经济分析，如项目评价与可行性分析。1979 年国内包括西安交通大学在内的 11 所院校开办了管理工程专业，1980 年华中工学院(现已经并入华中科技大学）开始招收物资管理工程本科生，1981 年哈尔滨建筑大学招收了建筑管理工程，此后相继开设"房地产经营管理"、"国际工程管理"等专业。我国高校本科专业先后经过 1963 年、1989 年、1993 年及 1998 年四次修订，对原有相关专业包括"建筑管理工程"、"基本建设管理工程"、"管理工程"(建筑管理工程方向)、"房地产经营管理"、"涉外建筑工程营造与管理"、"国际工程管理"等专业整合成"工程管理"，于 1998 年正式成为"管理科学与工程"一级学科下设专业。

1.2.3 工程管理专业方向

工程管理系下设工程管理专业，培养具备管理学、经济学、法学和土木工程技术等方面专业基础知识，全面接受工程师基本训练，掌握现代管理科学理论、方法和手段，具有较强的实践和创新能力，能够在国内外工程建设和房地产领域从事项目决策、项目投资与融资、项目全过程管理和经营管理的复合型高级管理专业人才。

目前，工程管理专业设置有"工程建设管理"、"国际工程管理"、"投资与造价管理"等三个专业方向。

1. 工程建设管理专业方向

毕业生主要适合于从事工程建设项目的全过程管理工作，应基本具备进行工程建设项目可行性研究、一般土木工程设计和施工建设、工程建设项目全过程的投资、进度、质量控制及合同管理、信息管理和组织协调的能力。

本专业方向的主要课程包括：建设法规、建筑技术经济学、工程估价、财务管理、统计学、运筹学、经济学、会计学、工程建设合同管理、建筑结构经济学概论、工程项目管理，工程项目成本规划与控制、建设项目风险管理、工程建设信息管理、工程建设项目投资与融资等。

2. 国际工程管理专业方向

业生主要适合于从事国际工程项目管理工作，应基本具备进行国际工程项目的招标与投标、合同管理、投资与融资、风险与索赔管理、信息管理及国际工程项目全过程系统化、集成化管理的能力及较强的外语运用能力。

本专业方向的主要课程包括：建设法规、建筑技术经济学、工程估价、财务管理、统计学、运筹学、经济学、会计学、工程建设合同管理、FIDIC 合同条件、建筑结构经济学概论、工程项目成本规划与控制、国际工程承包与国际工程项目管理、国际工程风险管理与工程索赔、工程建设信息管理、国际工程融资、国际经济法与工程承包国际惯例等。

3. 投资与造价管理专业方向

毕业生主要适合于从事项目投资与融资和工程造价全过程管理工作。应基本具备进行项目评估、工程造价管理的能力，基本具备编制项目招标、投标文件和投标书综合评定的能力，基本具备编制和审核工程建设项目估算、概算、预算和决算的能力。

本专业方向的主要课程包括：投资与造价管理法规、建筑经济学、建筑技术经济学、工程估价、财务管理、统计学、运筹学、经济学、会计学、工程建设合同管理、建筑结构经济学概论、工程项目管理、工程项目成本规划与控制、工程建设信息管理、工程建设项目投资与融资、房地产评估、金融与资本市场、建设项目风险管理、保险学等。

工程管理专业毕业生主要从业领域：建筑、房地产、工程设计、工程咨询、房地产咨询、工程造价管理、金融等行业和领域的企业、科研、教学以及行政管理等部门。

从国内社会需求与改革开放看，随着工程建设建筑标准要求的提高，将对工程管理专业及行业的发展提出新的、更高层次的挑战。如何使工程建筑在质量、监理的水平以及创意上有所突破，需要工程管理方面的协调和配合。在建筑施工组织与技术、工程开发与经营、财务的滚动与回收、整体规划的管理等诸多方面，进行工程管理的升级和同步发展，以适应发展变化的需要。

1.2.4　就业状况

工程管理专业的就业领域涉及建筑工程、工程施工和控制管理、房地产经营以及金融、宾馆、贸易等行业部门。这一专业涉及就业领域对人才的大量需求比较普遍。从银行证券到酒店宾馆、从建筑企业到房地产开发公司，都急需补充大量的工程营造管理及相关专业的人才，因此人才市场上对该专业人才的需求量很大。本专业就业领域所涉及的工作是：综合系统地运用管理、建筑、经济、法律等基本知识，侧重于工程建筑、施工管理以及房地产经营开发，并熟悉我国相关的方针、政策和法规，进行企业工程开发建设项目的经营和管理。

近年来由于市场经济的发展需要，各省市修改、制定了一系列相关的就业政策，为专业人才的发展创造更加有利的市场环境，完善了专业人才尤其是高校毕业生脱颖而出的市场机制。例如：北京市先后出台了《北京招聘外地人才细则》等政策，使外地专业人才留京之路进一步拓宽。享受政策优惠的人才包括从事科技、文教、经贸等工作，具有大学专科以上学历，人事关系和常住户口不在北京市的专业技术人员和管理人员。本专业毕业生在就业时需注意三个问题：第一，就业时要分清主次。在择业时应把事业放在第一位，其次才是工作地点的选取。经济发达省市的建筑业市场已趋于饱和，而中西部地区则刚刚起步，选择落后地区将有助于自己今后长远的发展。第二，根据自己的特点和能力合理地选择职业。应做好自我能力水平的分析，知道自己知识能力适用于哪些具体职位和工作。第三，就业时不应以金钱作为衡量事业成功的尺度，应着眼长远，选择对自己长远发展有利的职业。从北京市国际展览中心人才交流会的状况来看，近几年该专业毕业生就业状况出现明显好转，但比起有经验的人员还比较逊色。

与本专业就业领域相关的主要行业之一是房地产业。这一行业的发展趋势随着国民经济整体形势不断好转逐渐走向高潮，住宅投资和市场需求全面看好。2000年一季度北京市完成投资34.6亿元，增长16.9%。从长期看，竣工面积升幅将下降，而需求面积将上升，供求形势乐观。个性鲜明、外观典雅的经济型住房将大受欢迎。同时政府将继续加大城建投资力度。以今年北京市为例，政府投资460亿元进行房地产建设项目的开发。由此可见，房地产行业向着好的形势不断发展。但机遇与竞争并存，激烈的市场竞争对房地产业的开发建设、经营管理都提出了更高的要求。市场越来越注重专业化的竞争：房盘设计的专业化、周围社区服务的专业化以及相关物业管理的专业化。顺应行业专业化发展的趋势，相关的职业也将呈现出专业化发展的态势，使原来的职业逐渐细分，达到功能运作的合理与完善，以适应激烈的市场竞争。本专业毕业生就业趋势，也将逐步适应市场行业的快节奏发展步伐，在全行业回暖的经济背景下，在与国际化逐渐接轨的历史条件下，继续向好的方向发展。

1.2.5　专业院校

国内有 110 多所工科院校都设有工程管理专业，但是由于各学校的传统和优势的不同，专业的侧重方向不一样。例如：交通类大学的工程管理专业侧重于交通项目，建工类大学则侧重于工民建项目。目前，天津大学的工程管理专业具有自己的特色和优势，而且 1993 年在全国率先建立"国际工程管理专业"，具有很强的学科优势。

1.2.6　专业排名

排　序	学校名称	水　平
1	清华大学	5★
2	大连理工大学	5★
3	中南大学	5★
4	哈尔滨工业大学	5★
5	西安交通大学	5★
6	天津大学	5★
7	华中科技大学	5★
8	重庆大学	5★
9	华北电力大学	5★
10	中国矿业大学	5★
11	北京建筑大学	5★
12	东南大学	5★
13	同济大学	5★
14	长安大学	5★
15	北京交通大学	4★
16	华南理工大学	4★
17	武汉大学	4★
18	河南工业大学	4★
19	华东理工大学	4★
21	兰州交通大学	4★

1.2.7　知识和能力

（1）掌握工程管理的基本理论和方法。
（2）掌握投资经济的基本理论和基本知识。
（3）熟悉土木工程技术知识。
（4）熟悉工程项目建设的方针、政策和法规。
（5）了解国内外工程管理的发展动态。
（6）具有运用计算机辅助解决管理问题的能力。

1.3　工程造价专业

工程造价是教育部根据国民经济和社会发展的需要而新增设的热门专业之一，是以经济学、管理学为理论基础，以工程项目管理理论和方法为主导的社会科学与自然科学相交的边缘学科。

1.3.1　专业简介

工程造价专业是以经济学、管理学为理论基础，从建筑工程管理专业上发展起来的新兴学科。目前，几乎所有工程从开工到竣工都要求全程预算，包括开工预算、工程进度拨款、工程竣工结算等，不管是业主还是施工单位，或者第三方造价咨询机构，都必须具备自己的核心预算人员。因此，工程造价专业人才的需求量非常大，就业前景非常火爆，属于新兴的黄金行业；同时，就业渠道广，薪酬高，自由性大，发展机会广阔。

1.3.2　培养目标

本专业培养德智体美全面发展，具备扎实的高等教育文化理论基础，适应我国和地方区域经济建设发展需要，具备管理学、经济学和土木工程技术的基本知识，掌握现代工程造价管理科学的理论、方法和手段，获得造价工程师、咨询（投资）工程师的基本训练，具有工程建设项目投资决策和全过程各阶段工程造价管理能力，有实践能力和创新精神的应用型高级工程造价管理人才。本专业是为建筑施工企业、建筑工程预算编制单位培养具备工程造价管理知识，能熟练编制工程造价文件的应用型技术人才，更好地解决就业压力。

1.3.3　核心能力

本专业要求具备系统地掌握工程造价管理的基本理论和技能；熟悉有关产业的经济政策和法规；具有较高的外语和计算机应用能力；能够编制有关工程定额；具备从事建设工程招标投标，编写各类工程估价（概预算）经济文件，进行建设项目投资分析、造价确定与控制等工作基本技能；具有编制建设工程设备和材料采购、物资供应计划的能力；具有建设工程成本核算、分析和管理的能力；并受到科学研究的初步训练。工程造价专业培养懂技术、懂经济、会经营、善管理的复合型高级工程造价人才。

工程造价的核心即是工程概预算，随着建筑工程概预算的从业人员不断增加，工作岗位也发生较大的变化，概预算的理论水平和业务技术能力待提高。为此，国家劳动和社会保障部中国就业培训技术指导中心推出建筑预算领域岗位培训认证，分为土建、安装、装饰、市政、园林造价几类。

1.3.4 具体内容

按工程不同的建设阶段，工程造价具有不同的形式：

1. 投资估算

投资估算是指在投资决策过程中，建设单位或建设单位委托的咨询机构根据现有的资料，采用一定的方法，对建设项目未来发生的全部费用进行预测和估算。

2. 设计概算

设计概算是指在初步设计阶段，在投资估算的控制下，由设计单位根据初步设计或扩大设计图纸及说明、概预算定额、设备材料价格等资料，编制确定的建设项目从筹建到竣工交付生产或使用所需全部费用的经济文件。

3. 修正概算

在技术设计阶段，随着对建设规模、结构性质、设备类型等方面进行修改、变动，初步设计概算也作相应调整，即为修正概算。

4. 施工图预算

施工图预算是指在施工图设计完成后，工程开工前，根据预算定额、费用文件计算确定建设费用的经济文件。

5. 工程结算

工程结算是指承包方按照合同约定，向建设单位办理已完工程价款的清算文件。

6. 竣工决算

建设工程竣工决算是由建设单位编制的反映建设项目实际造价文件和投资效果的文件，是竣工验收报告的重要组成部分，是基本建设项目经济效果的全面反映，是核定新增固定资产价值，办理其交付使用的依据。

1.3.5 职业要求

需要具备工民建设、土木工程、建筑经济管理、工程造价、建筑工程、预算等专业大专及以上学历。一名合格的工程预算员需要了解一般的施工工序、施工方法、工程质量和安全标准；熟悉建筑识图、建筑结构和房屋构造的基本知识，了解常用建筑材料、构配件、制品以及常用机械设备；熟悉各项定额、人工费、材料预算价格和机械台班费的组成及取费标准的组成；熟悉工程量计算规则，掌握计算技巧；了解建筑经济法规，熟悉工程合同的各项条文，能参与招标、投标和合同谈判；要有一定的电子计算机应用基础知识，能用电子计算机来编制施工预算；能独立完成项目的估、概、预、结算等工作。此外，还需要具有良好的沟通能力、协调能力以及工作执行能力。

建筑工程预算的编制是一项艰苦细致的工作，需要专业工作者有过硬的基本功，良好的职业道德，实事求是的作风，勤勤恳恳，任劳任怨的精神。在充分熟悉掌握定额的内涵、工作程序、子目包括的内容、建筑工程量计算规则及尺度的同时，深入建筑工程第一线，从头做起（可行性研究、初步设计、施工图设计、工程施工）收集资料、积累知识、着手编制。

1.3.6　课程设置

西方经济学、土木工程概论、材料力学、结构力学、工程经济学、经济法、工程项目管理办、工程招投标与合同管理、会计学、财务管理、建筑定额与预算、工程设备与预算、安装工程预算、建筑电气施工预算等课程以及课程设计，工程施工实习和毕业实习与毕业论文写作。

1.3.7　就业方向

学生毕业后能够在工程（造价）咨询公司、建筑施工企业（乙方）、建筑装潢装饰工程公司、工程建设监理公司、房地产开发企业、设计院、会计审计事务所、政府部门企事业单位基建部门（甲方）等企事业单位，从事工程造价招标代理、建设项目投融资和投资控制、工程造价确定与控制、投标报价决策、合同管理、工程预（结）决算、工程成本分析、工程咨询、工程监理以及工程造价管理相关软件的开发应用和技术支持等工作。开设的主要课程：画法几何与工程制图、工程制图与 CAD、管理学原理、房屋建筑学、建筑材料、工程力学、工程结构、建筑施工技术、工程项目管理、工程经济学、建筑工程计价、土建工程计量、安装工程施工技术、工程造价管理、建设工程合同管理、工程造价案例分析、电工学、流体力学、建筑电气与施工、安装工程计价与计量、建筑给排水与施工等。授予学位：工学学士或管理学学士。

1.3.8　院校排名

2013—2014 年工程造价专业排名

排　序	学校名称	水　平
1	福建工程学院	5★
2	青岛理工大学	4★
3	重庆大学	4★
4	四川大学	4★
5	九江学院	4★
7	云南农业大学	3★

续表

8	内蒙古科技大学	3★
9	广东白云学院	3★
10	天津理工大学	3★
11	长安大学	3★
12	重庆交通大学	3★
13	郑州航空工业管理学院	3★
13	武昌理工学院	3★
14	四川师范大学	3★
15	湖北工程学院	3★
16	华北电力大学	3★
17	山东建筑大学	3★

1.3.9 就业前景

本专业是教育部根据国民经济和社会发展的需要而新增设的热门专业之一，是以经济学、管理学为理论基础，以工程项目管理理论和方法为主导的社会科学与自然科学相交的边缘学科。

工程造价属于土木建筑类专业，因为每个工程都会需要造价预算，就这项工作而言，是必不可少的。诸如安装工程、土建工程、市政工程等，都涉及工程造价。各项工程建设均关乎民生，重要且严谨。工程造价方面的考试十分严格，考试通过率也十分低，虽然国内学习本专业的人员很多，但目前仍缺乏高素质的工程造价人员。

第2章 土木建筑工程设计与构造

2.1 建筑工程设计程序与内容

2.1.1 设计前的准备工作

1. 熟悉设计任务书

设计任务书是建设单位向设计单位在委托设计时必须提交的文件，内容包括：

（1）上级批准的该项目立项书。一般包括计划项目、规模、投资、资金来源及分年投资安排等。

（2）经城建部门批准的该项目建设用地规划许可证，从中了解建设用地范围及红线位置等。

（3）建设单位对设计项目的具体使用要求和意见。包括房间类型、数量、面积、建筑设备及进度要求等。

对以上内容，设计人员必须熟悉，并按有关文件或标准给予必要校核。在征得建设单位同意的情况下，也可对其要求作必要补充和修改。

2. 收集必需的原始设计资料

必需的原始设计资料对设计有指导作用，一般应收集：

（1）有关设计项目的定额指标及标准。如住宅、中小学、医院等，国家有关部门已明确规定了指标及标准的，设计者可直接使用。

（2）建设地点的气象、水文、地质、地震资料。其内容包括温度、湿度、降雨量、风向、风速、积雪与冻土深度、地下水位及水质、地质勘探资料、地震烈度等。它们是设计中应采取的技术措施的主要依据。

（3）建设地点材料供应及施工条件。了解当地地方建筑材料品种、规格、性能、价格；了解预制构件加工能力、质量、当地施工技术力量及机械化施工能力强弱，以便在设计中就地取材，选用与当地技术条件相适应的结构方案。

3. 设计前的调查研究

（1）学习有关方针政策及了解国内外同类型工程的设计资料。

（2）调查建筑物的使用要求。参观同类已建房屋，深入研究其设计特点和实际使用中的优缺点，以便吸取经验。

（3）基地踏勘。设计人员到建设基地内做深入调查，了解、核对基地地形地貌、基地方位及长宽尺寸、基地面积、道路走向、现有建筑及树木概况、基地周围环境等。

2.1.2　建筑工程设计程序

民用建筑工程设计一般按方案设计、初步设计和施工图设计三个阶段进行。小型建筑工程项目可用方案设计代替初步设计，随后可以直接完成施工图设计。对于技术复杂、各专业须紧密配合的工业建筑，还要在施工图设计之前增加技术设计内容。

1. 方案设计

设计者在对建筑物主要内容的安排有了大概的布局设想之后，首先要考虑和处理建筑物与城市规划的关系，其中包括建筑物与周围环境的关系、建筑物与城市交通或城市其他功能的关系等。这个工作阶段通常叫初步方案阶段，一般由建筑师提出方案图，即简要的总平面与建筑设计说明；平、立、剖面图；透视效果图或模型；为主管部门审批提供方案设计文件，满足初步设计文件的需要。

2. 初步设计

初步设计是设计过程中的一个关键性阶段，也是整个设计构思基本成型的阶段。初步设计中首先要考虑建筑物内部各种使用功能的合理布置，同时还要考虑建筑物各部分相互间的交通联系，使交通面积小而有效，避免交叉混杂，又使交通简捷，导向性强。由于人们在建筑物内部是遵循交通路线往来的，建筑的艺术形象又是循着交通路线逐一展现的，所以交通路线的设计还影响人们对建筑物的艺术观感。此外，结构方式的选择也是初步设计中的重要内容，主要考虑它的坚固耐久、施工方便和材料、人工、造价上的经济性，还要考虑工程概算。这一阶段设计出总平面图，各层平、立、剖面图，结构方案与造型，主要建筑材料的选用，主要设备和材料表，设计说明书等，满足编制施工图设计文件的需要。

3. 技术设计

技术设计是初步设计的具体化阶段，也是各种技术问题的定案阶段。对于不太复杂的工程，技术设计的一部分工作可纳入初步设计，称扩大初步设计；而另一部分工作则可在施工图阶段进行。

4. 施工图设计

施工图和详图主要是通过图纸，把设计者的意图和全部的设计结果（包括做法和尺寸）都表达出来，作为工人施工制作的依据。施工图和详图要表达准确周全，有严密的系统性，易查找，切勿疏漏、差错或含糊不清，图纸之间不应互相发生矛盾。设计者必须熟悉所选用材料的规格、型号、尺寸以及施工制作和安装的规律，使图纸和说明所规定的要求合乎施工、制作、安装等的实际。详图设计是整个设计工作的深化和具体化，又称细部设计。它不但要解决细部构造，还要从艺术上使细部与整体造型、风格、比例上的统一和协调，成为统一的建筑风格整体。

上述建筑设计程序都是就民用建筑而言的。工业建筑在原则上与之相似，只是所考虑的具体内容和侧重不同。其中最主要的是初步设计和技术设计都要满足生产工艺的要求，在功能布局上要考虑生产和运输活动方便、高效，并为工厂创造优良的工作环境等。

2.1.3　建筑工程设计内容

民用建筑工程的设计内容包括建筑、结构和设备专业设计等。

1. 建筑设计

建筑设计的主要任务是根据任务书及国家有关建筑方针政策,对建筑单体或总体做出合理布局,提出满足使用和观感要求的设计方案,解决建筑造型、处理内外空间、选择围护材料、解决建筑防火、防水等技术问题,做出有关构造设计和装修处理。一般由建筑师完成。

2. 结构设计

结构设计是在建筑方案确定的条件下,解决结构选型、结构布置,分析结构受力,对所有受力构件作出设计。一般由结构工程师完成。

3. 设备设计

设备设计主要包括给水排水、电气照明、暖通空调通风、动力等方面设计,一般由相应的专业设备工程师在建筑方案确定了的条件下作出专业计算与设计。

从上述各专业承担的任务中可以明显地看到,尽管各专业完成的任务不同,但都是为同一建筑工程的设计而共同工作。这就要求专业之间紧密配合,密切合作,当出现矛盾时,要互相协商解决。同时也应看到,结构、水暖电等设计都是在建筑方案的基础上进行的,所以,在民用建筑设计中,建筑方案起着决定性的作用。而建筑专业在作方案时,不仅要考虑建筑功能、建筑艺术,还要综合考虑结构设备等专业的要求,尊重这些专业本身的规律,在各专业间起综合协调作用。各专业的设计图纸、计算书、说明书及概预算构成一套完整的建筑工程文件,以此作为建筑工程施工的依据。

2.2　建筑设计基本知识

2.2.1　建筑设计依据

1. 人体尺度及人体活动的空间尺度

人体尺度及人体活动所需的空间尺度是确定民用建筑内部各种空间尺度的主要依据。比如门洞、窗台及栏杆的高度,踏步的高宽,家具设备的大小、高低,以及建筑内部使用空间的尺度等都与人体尺度及人体活动所需的空间尺度有关。

2. 家具、设备尺寸及其所需的必要空间

房间内家具设备的尺寸以及人们使用它们所需的空间尺寸,加上必要的交通面积,都是确定房间内部空间大小的依据。

3. 气象条件

建设地区的温度、湿度、日照、雨雪、风向、风速等是建筑设计的重要依据。例如：炎热地区的建筑应考虑隔热、通风、遮阳，建筑处理较为开敞；寒冷地区应考虑防寒保温，建筑处理较为封闭；雨量较大的地区要特别注意屋顶形式、屋面排水方案的选择以及屋面防水构造的处理；在确定建筑物间距及朝向时，应考虑当地日照情况及主导风向等因素。

图 2.1 为我国部分城市的风向频率玫瑰图。图中实线部分表示全年风向频率，虚线部分表示夏季风向频率。风向是指由外吹向地区中心，比如由北吹向中心的风称为北风。风向频率玫瑰图（简称风玫瑰图）是依据该地区多年来统计的各个方向吹风的平均日数的百分数按比例绘制而成，一般用 16 个罗盘方位表示。

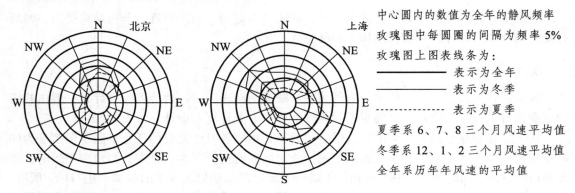

中心圆内的数值为全年的静风频率
玫瑰图中每圆圈的间隔为频率 5%
玫瑰图上图表线条为：

———————— 表示为全年
———————— 表示为冬季
------------------ 表示为夏季

夏季系 6、7、8 三个月风速平均值
冬季系 12、1、2 三个月风速平均值
全年系历年年风速的平均值

图 2.1　我国部分城市风向频率玫瑰图

4. 地形、水文地质及地震烈度

基地的地形、地质及地震烈度直接影响到房屋的平面空间组织、结构选型、建筑构造处理及建筑体型设计等。例如：位于山坡地的建筑常根据地形高低起伏变化，采用错层、吊脚楼或依山就势较为自由的组合方式；位于岩石、软土或复杂地质条件上的建筑，要求基础采用不同的结构和构造处理。

水文条件是指地下水位的高低及地下水的性质，直接影响到建筑物基础及地下室。一般应根据地下水位的高低及地下水性质，确定是否在该地区建造房屋，或采用相应的防水和防腐蚀措施。

地震烈度表示当发生地震时，地面及建筑物遭受破坏的程度。烈度在Ⅵ度以下时，地震对建筑物影响较小，一般可不考虑抗震措施；Ⅸ度以上地区，地震破坏力很大，一般应尽量避免在该地区建造房屋，否则需进行专门研究确定。建筑物抗震设防的重点是Ⅵ、Ⅶ、Ⅷ、Ⅸ度地震烈度的地区。

2.2.2　建筑模数制

为了实现工业化大规模生产，使不同材料、不同形式和不同制造方法的建筑构配件、组合件具有一定的通用性和互换性，在建筑业中必须共同遵守《建筑模数协调统一标准》（GBJ2—860）。

建筑模数指选定的尺寸单位。它作为尺寸协调中的增值单位，也是建筑设计、建筑施工、建筑材料与制品、建筑设备、建筑组合件等各部门进行尺度协调的基础。

1. 基本模数

基本模数指模数协调中选用的基本尺寸单位。基本模数的数值规定为 100 mm，表示符号为 M，即 1M 等于 100 mm。整个建筑物或其一部分以及建筑组合件的模数化尺寸，都应该是基本模数的倍数。

2. 扩大模数

扩大模数指基本模数的整倍数。扩大模数的值为 3M、6M、12M、15M、30M、60M 六个，其相应的尺寸分别为 300 mm、600 mm、1 200 mm、1 500 mm、3 000 mm、6 000 mm。在砖混结构住宅中，必要时可采用 3 400 mm、2 600 mm 为建筑参数。

3. 分模数

分模数指整数除基本模数数值。分模数的基数为 M/10、M/5、M/2 等 3 个，其相应的尺寸为 10 mm、20 mm、50 mm。

模数适用范围如下：

（1）基本模数主要用于门窗洞口、构配件断面尺寸及建筑物的层高。

（2）扩大模数主要用于建筑物的开间、进深、柱距、跨度，建筑物高度、层高、构配件尺寸和门窗洞口尺寸。

（3）分模数主要用于缝隙、构造节点、构配件断面尺寸。

4. 部件的尺寸

建筑物上部件的尺寸有标志尺寸、制作尺寸和实际尺寸之分。

（1）标志尺寸。

标志尺寸指符合模数数列的规定，用以标注建筑物的定位轴面、定位面或定位轴线、定位轴线之间的垂直距离（如开间、柱距、进深、跨度、层高等）以及建筑构配件、建筑组合件、建筑制品、有关设备界限之间的尺寸。

（2）制作尺寸。

制作尺寸也称构造尺寸。生产某种建筑构配件、建筑组合件、建筑制品等所依据的基础尺寸，一般是其设计尺寸。一般情况下，制作尺寸为标志尺寸减去空隙（也称余量）或加上支承尺寸。

（3）实际尺寸。

实际尺寸指建筑构配件、建筑组合件、建筑制品等生产出来后实际测得的尺寸。实际尺寸与制作尺寸之间的差数应符合建筑公差的规定。

下面列举常用的两个预制构件，具体分析标志尺寸、构件尺寸和实际尺寸的关系。

预应力空心板 YKB33—12—1，这个构件板跨方向的标志尺寸为 3 300 mm，制作尺寸是标志尺寸减去 40 mm 的构造空隙，即 3 300 – 40 = 3 260 mm。实际尺寸测得为 3 262 mm，满足公差 ± 5 mm 的要求。

预制过梁，如 GL1.18—3，这个构件跨度方向的标志尺寸为 1 800 mm，制作尺寸是标志尺寸加上支承长度每侧 250 mm，即 1 800 + 2 × 250 = 2 300 mm，实际尺寸测得为 2 295 mm，满足公差 ± 10 mm 的要求。

2.2.3　建筑的构成要素

构成建筑的基本要素是建筑功能、物质技术条件、建筑形象。

1. 建筑功能

建筑功能首先表现为使用要求，它体现了建筑物的目的性。这些要求主要表现在三个方面：

（1）要有一个适合人体尺寸和人的活动范围的空间，使人们能够在其中布置家具、设备，从事生产或其他活动。

（2）要满足人们生理要求，包括良好的朝向，充足的日照以及防寒、隔热、通风、采光、防潮、隔声等条件。

（3）符合使用过程和特点，即按人们使用建筑的顺序和线路进行空间组织，为人们在其中进行各种活动提供方便。

例如：建设工厂是为了生产，修建住宅是为了居住、生活和休息，建造剧院是为了文化生活的需要。因此，满足生产、居住和演出的要求，就分别是工业建筑、住宅建筑、剧院建筑的功能要求。

各类房屋的建筑功能不是一成不变的，随着社会生产的发展、经济的繁荣、物质和文化水平的提高，人们对建筑功能的要求也将日益提高。以我国住宅建筑为例，现在的面积指标和生活设施的安排，其水平大大高于 20 世纪 70 年代。所以建筑功能的完善程度要受一定历史条件的限制。

2. 物质技术条件

物质技术条件是实现建筑的手段。包括建筑材料、结构、各种设备、施工技术等有关方面的内容。

建筑材料是构成建筑的物质基础。建筑结构是运用建筑材料，通过一定的技术手段构成的建筑骨架。它们是形成建筑物空间的实体。

新的建筑材料是新型结构产生的物质条件，同时也推动了结构理论和施工技术的发展。例如：由于钢和钢筋混凝土材料的问世，产生了骨架结构，出现了前所未有的高层建筑和大跨度建筑。

施工技术和建筑设备对建筑的发展也起着重要作用。例如：电梯和大型起重设备的应用，促进了高层建筑的发展；计算机网络技术的应用，产生了智能化建筑。

总之，建筑材料、建筑结构与施工技术等物质手段是构成建筑的重要因素。

3. 建筑形象

建筑形象是建筑体型、立面处理、室内外空间的组织、建筑色彩与材料质感、细部装修等的综合反映。建筑形象处理得当，就能产生一定的艺术效果，给人以一定的感染力和美的享受。例如我们看到的一些建筑，常常给人以庄严雄伟、朴素大方、生动活泼等不同的感觉，这就是建筑艺术形象的魅力。

建筑构成三要素彼此之间是辩证统一的关系，不能分割，但又有主次之分。第一是功能，是起主导作用的因素；第二是物质技术条件，是达到目的的手段，但是技术对功能又有约束和促进的作用；第三是建筑形象，是功能和技术的反映，如果充分发挥设计者的主观作用，在一定功能和技术条件下，可以把建筑设计得更加美观。

2.2.4　建筑方针

我国建设部先后于 1986 年和 1997 年两次制定了《中国建筑技术政策》，并提出"建筑的主要任务是全面贯彻适用、安全、经济、美观的方针"。

适用系指恰当地确定建筑物的面积和体积大小，合理的布局，拥有必需的各项设施，具有良好的卫生条件和保暖、隔热、隔声的环境。

安全系指结构和防灾的可靠度。疏散及报警能力、建筑的耐久性、使用寿命等。

经济系指建筑的经济效益、社会效益和环境效益。建筑的经济效益是指建筑造价、材料、能源消耗、建设周期、投入使用后的经常运行和维修管理费用等综合经济效益。要防止片面强调降低造价、节约三大材料，造成建筑处于质量低、性能差、能耗高、污染严重的状态。

建筑的社会效益是指建筑在投入使用前后，对人口素质、国民收入、文化福利、社会安全等方面所产生的影响。

建筑的环境效益是指建筑投入使用前后环境质量发生的变化，如日照、噪声、生态平衡、景观等方面的变化。

美观是在适用、安全、经济的前提下，把建筑美与环境美列为设计的重要内容。美观是建筑造型、室内装修、室外景观等综合艺术处理的结果。对城市及环境起重要影响的建筑物，要特别强调美观因素，使其为整个城市及环境增色。对住宅建筑要注意群体艺术效果，实现多样化，发扬地方风格。对风景区和古建筑保护区，要特别注意保护原有风景特色和古建筑环境。建筑艺术形式和风格应多样化，鼓励设计者进行多种探索，繁荣建筑创作，提倡"古今中外一切精华皆为我用"。

"适用、安全、经济、美观"这一建筑方针，既是建筑工作者进行工作的指导方针，又是评价建筑优劣的基本准则。它是建筑三要素的全面体现。

2.2.5　建筑的分类

建筑的分类方法很多，主要有如下几种：

1. 按其使用情况分

建筑按其使用情况分类的体系，称为建筑类型。一般分为民用建筑、工业建筑、农业建筑三大类。

民用建筑主要按建筑的使用功能分为居住建筑和公共建筑两种。各种形式的住宅均属于居住建筑。公共建筑种类繁多，如观演性建筑、交通性建筑、展览性建筑、商业性建筑、文教性建筑、园林建筑以及以精神功能为主的纪念性建筑等。近来为了提高经济和社会效益而建造的集商业、行政办公和居住等功能于一体的综合大楼也属公共建筑。

工业建筑是专供生产用的建筑物、构筑物，产业革命后最先出现于英国，其后各国相继兴建了各种工业建筑。我国从 20 世纪 50 年代开始大量建造各种工业建筑。工业建筑种类繁多，主要按生产的产品种类划分，如纺织业建筑、化工业建筑、仪表业建筑、机械业建筑、食品业建筑等。

农业建筑主要指农业生产性建筑，如饲养场、粮仓、拖拉机站、粮食和饲料加工站等。

2. 按层数分

按层数分类有单层、多层、高层、超高层。

我国《民用建筑设计通则》将住宅建筑按层数划分为：1～3 层为低层；4～6 层为多层；7～9 层为中高层。

公共建筑及综合性建筑总高度超过 24 m 者为高层；建筑物高度超过 100 m 时，不论住宅或公共建筑，均为超高层。为了简化应用，我国有关部门将无论是住宅建筑还是公共建筑的高层建筑范围，一律定为 10 层及 10 层以上。

2.2.6 建筑物的等级

1. 建筑物的耐久等级

建筑物耐久等级的指标是使用年限。使用年限的长短是依据建筑物的性质决定的。影响建筑寿命的主要因素是结构构件的选材和结构体系。

《建筑结构可靠度设计统一标准》（GB 50068—2001）对结构的设计使用年限作了如下规定：

1 类：设计使用年限 5 年，适用于临时性结构。

2 类：设计使用年限 25 年，适用于易于替换的结构构件。

3 类：设计使用年限 50 年，适用于普通房屋和构筑物。

4 类：设计使用年限 100 年，适用于纪念性建筑和特别重要的建筑结构。

2. 建筑物的耐火等级

耐火等级取决于房屋的主要构件的耐火极限和燃烧性能，它的单位为小时（h）。

耐火极限指的是从受到火的作用起，到失掉支持能力或发生穿透性裂缝，或背火一面温度升高到 220 ℃ 时所延续的时间。按材料的燃烧性能把材料分为燃烧材料（木材等）、难燃烧材料（木丝板等）和非燃烧材料（砖石等）。用上述材料制作的构件分别叫燃烧体、难燃烧体和非燃烧体。

多层建筑的耐火等级按我国现行的《建筑设计防火规范》（GBJ16—87）（2001 年版），分为四级，其划分方法见表 2.1。

表 2.1　多层建筑的耐火等级

燃烧性能和耐火极限/h　　耐火等级　构件名称		一级	二级	三级	四级
墙	防火墙	非燃烧体 4.00	非燃烧体 4.00	非燃烧体 4.00	非燃烧体 4.00
	承重墙、楼梯间、电梯井的墙	非燃烧体 3.00	非燃烧体 2.50	非燃烧体 2.50	难燃烧体 0.50
	非承重外墙、疏散走廊两侧的隔墙	非燃烧体 1.00	非燃烧体 1.00	非燃烧体 0.50	难燃烧体 0.25
	房间隔墙	非燃烧体 0.75	非燃烧体 0.50	难燃烧体 0.50	难燃烧体 0.25
柱	支承多层的柱	非燃烧体 3.00	非燃烧体 2.50	非燃烧体 2.50	难燃烧体 0.50
	支承单层的柱	非燃烧体 2.50	非燃烧体 2.00	非燃烧体 2.00	燃烧体
梁		非燃烧体 2.00	非燃烧体 1.50	非燃烧体 1.00	难燃烧体 0.50
楼　板		非燃烧体 1.50	非燃烧体 1.00	非燃烧体 0.50	难燃烧体 0.25
屋顶承重构件		非燃烧体 1.50	非燃烧体 0.50	燃烧体	燃烧体
疏散楼梯		非燃烧体 1.50	非燃烧体 1.00	非燃烧体 1.00	燃烧体
吊顶（包括吊顶搁栅）		非燃烧体 0.20	难燃烧体 0.25	难燃烧体 0.15	燃烧体

注：以木柱承重且以非燃烧材料作为墙体的建筑物，耐火等级应按四级确定。
　　甲类建筑：属于重大建筑工程和地震时可能发生重大次生灾害的建筑。
　　乙类建筑：属于地震时使用功能不能间断或需尽快恢复的建筑。
　　丙类建筑：属于甲、乙、丁类以外的建筑。
　　丁类建筑：属于抗震次要建筑。

3. 抗震设防类别

建筑抗震设防类别根据其使用功能的重要性，分为甲类、乙类、丙类、丁类四种。

2.3　建筑设计

一般而言，一幢建筑物是由若干单体空间有机地组合起来的整体空间，任何空间都具有三度性。因此，在进行建筑设计的过程中，人们常从平面、剖面、立面三个不同方向的投影来综合分析建筑物的各种特征，并通过相应的图示来表达其设计意图。

建筑的平面、剖面、立面设计三者是密切联系而又互相制约的。平面设计是关键，它集中反映了建筑平面各组成部分的特征及其相互关系、建筑平面与周围环境的关系、建筑是否满足使用功能的要求、是否经济合理。除此以外，建筑平面设计还不同程度地反映了建筑空间艺术构思及结构布置关系等。一些简单的民用建筑，如办公楼、单元式住宅等，其平面布置基本上能反映建筑空间的组合。因此，在进行方案设计时，总是先从平面入手，同时认真分析剖面及立面的可能性和合理性及其对平面设计的影响。只有综合考虑平、立、剖三者的关系，按完善的三度空间概念去进行设计，反复推敲，才能完成一个好的建筑设计。

2.3.1 空间构成

民用建筑类型繁多，各类建筑房间的使用性质和组成类型也不相同。无论是由几个房间组成的小型建筑物或由几十个甚至上百个房间组成的大型建筑物，均是由使用空间与交通联系空间组成，而使用空间又可以分为主要使用空间与辅助使用空间。

主要使用空间是建筑物的核心，它决定了建筑物的性质，往往表现为数量多或空间大，如住宅中的起居室、卧室，教学楼中的教室、办公室，商业建筑中的营业厅，影剧院中的观众厅等，都是构成各类建筑的主要使用空间。

辅助使用空间是为保证建筑物主要使用要求而设置的，与主要使用空间相比，属于建筑物的次要部分，如公共建筑中的卫生间、储藏室及其他服务性房间，住宅建筑中的厨房、厕所等。

交通联系空间是建筑物中各房间之间、楼层之间和室内与室外之间联系的空间，如各类建筑物中的门厅、走廊、楼梯间、电梯间等。

2.3.2 建筑平面设计

1. 平面组成及平面利用系数

各类建筑的平面组成，从使用性质分析，可分为使用部分和交通部分。使用部分又可分为使用房间和辅助房间。此外，平面中各类墙、柱占用的一定面积，称为结构面积。建筑面积是使用面积＋交通面积＋结构面积的总和。

平面利用系数简称平面系数，它是使用面积与建筑面积的百分比，即

$$平面系数 = \frac{使用面积}{建筑面积} \times 100\%$$

其中，使用面积是除交通面积和结构面积之外的所有空间净面积之和；建筑面积是指外墙包围（含外墙）各楼层面积总和。

平面系数是衡量设计方案经济合理性的主要经济技术指标之一。该系数值越大，表明使用面积在总建筑面积中的利用率越高。在满足使用功能的前提下，同样的投资、同样的建筑面积，应采用最优的平面布置方案，才能提高建筑面积利用率，使设计方案达到最经济合理。

2. 主要使用房间的平面设计

（1）使用房间的面积、形状和尺寸。

使用人数的多少以及活动特点、室内家具的数量及布置方式，是确定房间大小的主要依

据。国家对不同类型的建筑制定出相应的质量标准和建筑面积定额，要求在建筑设计中执行。例如中学普通教室，使用面积定额为 1.2 m²/人，一般办公室不小于 3.0 m²/人。应当指出，每人所需的面积除定额指标外，还需通过调查研究，并结合建筑物的标准综合考虑。

房间形状的确定有多种因素，如家具、设备的类型及布置方式，采光、通风、音响等使用要求，结构、构造、施工等技术经济合理性等，都是决定房间形状与尺寸的重要因素，如教室的平面形状可以是方形、矩形和六角形等。一般民用建筑中，以矩形平面房间最多，这是因为矩形平面墙面平直，便于家具布置，能提高房间面积利用率，平面组合也容易，能充分利用天然采光，比较经济，而且结构简单，施工方便，有利于建筑构件标准化。

房间的尺寸，对于矩形平面房间来说，常用开间和进深的房间轴线尺寸来表示。开间也叫面阔或面宽，是房间在外立面上占的宽度；垂直于开间的房间深度尺寸叫进深。这里说的开间、进深并不是指房间的净宽和净深尺寸，而是指房间的轴线尺寸。确定房屋墙体位置、构件长度和施工放线的基准线叫轴线，建筑制图中用点画线来表示。确定房间的进深和开间应考家具的布置和通风、采光的要求，还要考虑结构布置的合理性和施工方便以及我国现行的模数制。

（2）门的宽度、数量和开启方式。

房间的门是供人出入和交通联系用的，有时也兼采光和通风。因此，门设计是一个综合性问题，它的大小、数量、位置及开启方式，直接影响到房间的通风和采光、家具布置的灵活性、房间面积的有效利用、人流活动及交通疏散、建筑外观及经济性等方面。

门的宽度取决于人体尺寸、人流股数及家具设备的大小等因素。一般单股人流通行最小宽度取 550 mm，一个人侧身通行宽度需要 300 mm，因此，门的最小宽度一般为 650～700 mm。这种门常用于住宅中的厕所、浴室。住宅中卧室、厨房、阳台的门应考虑一人携带物品通行，卧室常取 900 mm，厨房可取 800 mm。普通教室、办公室等的门应考虑一人正面通行，另一人侧身通行，常采用 1 000 mm。

当房间面积较大，使用人数较多时，单扇门宽度小，不能满足通行要求，此时应根据使用要求，采用双扇门或增加门的数量。双扇门的宽度可为 1 200～1 800 mm，四扇门的宽度可为 2 400～3 600 mm。

按照《建筑设计防火规范》有关规定的要求，当房间使用人数超过 50 人或面积超过 60 m²时，至少需设两道门。对于一些大型公共建筑，如影剧院的观众厅、体育馆的比赛大厅等，由于人流集中，为保证紧急情况下人流迅速、安全地疏散，门的数量和总宽度应按《建筑设计防火规范》进行计算，并结合人流通行方便，分别设在通道处，且每樘门宽度不应小于 1 400 mm。

门的开启方式，一般房间宜向内开，影剧院、体育场的疏散门必须向外开，会议室及一般建筑物出入口门宜做成内外开弹簧门。

（3）窗的大小、位置。

窗的大小主要取决于室内采光的要求。一般民用建筑采用窗地面积比的办法，估计出房间采光需要的大概开窗面积。窗地面积比，即窗的透光面积与房间地板面积之比。不同使用性质的房间窗地面积比，在现行的建筑设计规范中已有规定。

窗的位置应使照度均匀，不产生眩光，有利于室内的良好通风，有利于结构受力合理。窗开在房间或开间居中位置，采光效率高。如一侧采光的教室，应保证左侧进光。

3. 辅助使用房间平面设计

辅助房间指厕所、盥洗室、浴室等服务用房。这些用房中的设备多少取决于使用人数、对象和特点，如大便器有蹲式和坐式两种。一般公共建筑，如车站、学校多选用蹲式；而标准较高、使用人数少或老年人使用的建筑，如宾馆、老年人住宅宜采用坐式便器。厕所应布置在建筑平面上既隐蔽又方便的位置，与走廊、大厅有较方便的联系，并布置在前室。在确定厕所位置时，应考虑与浴室、盥洗室组合在一起，楼层竖向上尽量厕所上下对应，以利于节约管线。

4. 交通联系部分的平面设计

交通联系部分包括水平交通部分，如走道；垂直交通部分，如楼梯、坡道；交通联系枢纽部分，如门厅、过厅。

（1）走道。

走道也叫走廊，用来联系同层房间，其宽度主要根据人流通行、安全疏散、走道性质、空间感受及走道侧门开启方向等确定。一股人流宽 550 mm，而走道均双向人流，故最小净宽度大于等于 1 100 mm，三股人流净宽度 1 700 mm 左右。除宽度外，走道还要符合防火规范和安全疏散的要求。走道的长度可根据组合房间的实际需要来确定，同时要满足采光、防火规范的有关规定。

（2）楼梯间。

楼梯的宽度取决于通行人数的多少和建筑防火要求。楼梯段宽度通常为 1 100～1 200 mm，辅助楼梯不应小于 850 mm。楼梯的数量主要根据楼层人数多少和建筑防火要求而定。楼梯的位置根据人流组织、防火疏散等要求确定。主楼梯应放在主入口处，做到明显易找；次楼梯常布置在次要入口处或朝向较差位置，但应注意楼梯间要有自然采光。

（3）坡道。

室内坡道的坡度通常小于 10°，用于医院、幼儿园等，但占地面积较大。

（4）电梯及电梯间。

电梯按使用性质分为乘客、载货和客货两用等几种。民用建筑中常用的是乘客电梯，常用于多层有特殊需要的建筑，如宾馆、医院及高层建筑等。电梯间应布置在人流集中的地方，如门厅、出入口处。电梯前应有足够的等候面积，在电梯附近应有辅助楼梯备用。

（5）自动扶梯。

常用于高层建筑中某些公共房间较多的楼层，如商场，也可用于车站、地下铁路等。

（6）门厅、过厅。

门厅面积大小，取决于建筑物的使用性质和规模大小。例如：中小学门厅面积为每人 0.06～0.08 m²，影剧院门厅按每位观众不小于 0.13 m² 计。门厅设计应作到导向性明确，避免人流交叉和干扰。此外，门厅还有空间组合和建筑造型方面的要求。过厅通常设置在走道之间或走道与楼梯间的连接处，它起交通路线的转折和过渡作用。有时为了改善走道的采光、通风条件，也可以在走道的中部设置过厅。

5. 建筑平面组合设计

（1）平面组合要求。

① 合理的使用功能。按不同建筑物性质作功能分析图，明确主次、内外关系，分析人或物的流线与顺序，组成合理平面。

第 2 章　土木建筑工程设计与构造

② 合理的结构体系。平面组合过程应同时考虑结构方案的可行性、经济性和建筑安全性。目前，民用建筑常采用的结构形式有砖混结构、框架结构、空间结构等。

③ 合理的设备管线布置。最好将各种管线集中布置，设管道间，使用方便，室内环境不受管线影响。

④ 美观的建筑形象。平面设计时要为建筑体型与立面设计创造有利条件。

⑤ 与环境的有机结合。任何一栋建筑物都不是孤立存在的，要与周围环境很好结合。

（2）平面组合的形式。

① 走道式组合。这种平面结合方式是以走道的一侧或两侧布置房间的，它常用于单个房间面积不大、同类房间多次重复的平面组合，如办公楼、学校、宾馆、宿舍等建筑。

② 套间式组合。套间式组合是房间与房间之间相互穿套，按一定的序列组合空间。它们的特点是减少走道，节约交通面积，平面布置紧凑，适合于展览馆、陈列馆等建筑。

③ 大厅式组合。大厅式组合是以公共活动的大厅为主，穿插依附布置辅助房间。这种组合方式适用于火车站、体育馆、剧院等建筑。

④ 单元式组合。将关系密切的房间组合在一起，成为一个相对独立的整体，称为单元。

单元可沿水平或竖直重复组合成一幢建筑，如住宅、学校、幼儿园等建筑。其特点是简化了设计、生产和施工过程，提高了建筑标准化水平。

⑤ 混合式组合。混合式组合是在一幢建筑中采用多种组合方式，如门厅、展厅采用套间，各活动室采用走道式，阶梯教室采用大厅式。

（3）基地环境对建筑物组合的影响。

这里说的基地环境指总平面环境，主要是气候、地形、地貌等。

① 气候。我国幅员广阔，南北方温差大，建筑设计应充分体现地区气候特点。例如：北方地区建筑平面应紧凑，以减少外围面积及热耗，节约能源。炎热地区平面应为分散式，以利于散热通风。

② 朝向。朝向主要是日照与通风。在平面组合中，房间应以东、东南、南、西南朝向为宜。日照间距是确定建筑间距的主要因素。

③ 风向。风向有全年主导风向与季节主导风向之分，这部分参数由有关部门用图的形式（风玫瑰图）提供给设计者做参考。建筑基地一经确定，从该地区的风玫瑰图中，可以掌握冬夏季各朝向风的频率情况，以供平面组合、总平面设计等参考。例如：炎热地区建筑常垂直于主导风向展开，尽可能利用夏季主导风向，使房间有良好的通风；严寒地区则使建筑主要入口尽可能避开冬季主导风向布置，以利保温；在总平面设计中，也尽可能把有气味污染的建筑放在下风向布置。

④ 地形、地貌。基地大小、形状及道路走向等，对房屋的平面组合、层数、人口的布置等都有直接的影响，基地内人流、物流、道路走向，又是确定建筑平面各部分及门厅等位置的重要依据。基地的地形、地貌是多种多样的，有平地、丘陵、山地等，建筑平面应根据基地的地形、地貌特点来组合。

2.3.3　建筑剖面设计

建筑剖面主要反映内部垂直方向的空间组合关系和结构体系，还涉及房屋层数和各部分的标高、楼梯、通风、采光、排水、隔热等一系列要素。这些要素要结合建筑构造的要求来设计。剖面设计同样也涉及建筑的使用功能、技术经济条件、周围环境等方面。

1. 房间的剖面形状

房间的剖面形状主要根据房间使用功能、物质技术、经济条件和空间艺术效果来考虑。例如：住宅、学校等一般剖面形状多为矩形，而影院观众厅等有视听要求的房间，天棚常做成折面。地面也有坡度要求，一般视点选择越低，地面坡度越大；反之，地面坡度越小。矩形剖面简单，有利于梁板布置，施工也方便。结构形式对剖面影响较大，如体育馆等大跨度建筑，剖面就与结构形式紧密结合。同时，通风、采光、排气都会影响剖面形状。

2. 房间各部分高度确定

（1）房间的净高和层高。

房间的净高是指楼地面到楼板下凸出物底面的垂直距离。层高是指该楼地面到上一层楼面之间的垂直距离。一般净高是根据室内家具设备、人体活动、采光通风、照明、技术经济条件及室内空间比例等要求，综合考虑诸因素而确定的。在满足使用功能要求的前提下，降低层高可降低房屋造价，因为可以减少墙体材料，减轻自重，改善结构受力；降低房屋高度又能缩小房屋间距，节约用地，在严寒地区可减少采暖费，炎热地区降低空调费。但应注意空间比例，给人以舒适感。

（2）窗台的高度。

窗台高度与使用要求、家具设备布置等有关。窗台过低，会增加窗的造价；窗台过高，不能满足采光的基本要求。一般窗台高度取 900 mm，因为书桌高度常取 800 mm，窗台高出桌面 100 mm 左右，保证了工作照度，同时开窗和使用桌面均不受影响。

（3）建筑层数。

确定房屋层数的主要因素：房屋使用性质与要求、建筑结构与施工材料要求、基地环境与城市规划要求以及建筑防火和社会经济条件限制等。同时，建筑层数与建筑物造价也有密切关系。

2.3.4 建筑体型与立面设计

建筑具有科学与艺术的双重性。建筑的美主要通过内部空间及外部造型艺术处理和装修设计来体现，同时也涉及建筑的群体空间布局等。其中，建筑外观形象经常地、广泛地被人们接触，对人的精神影响尤为深刻。建筑外部形象包括体型和立面两个部分。

1. 建筑体型立面设计要求

（1）要反映建筑功能和建筑类型特征。

（2）要体现材料、结构与施工技术特点。

（3）要符合规划设计要求并与环境相结合。

（4）要满足建筑标准和相应的经济技术指标。

（5）要符合建筑造型和立面构图规律。

2. 立面设计

立面部分包括门、窗、柱、墙、阳台、雨篷、花饰、勒脚、檐口等。建筑立面设计的主要任务是：恰当地确定立面中这些组成部分和构件的比例、尺度、韵律；用对比等手法，使立面既有变化，又有统一，色彩适合建筑物的特点和风格；重点处进行适当装饰等。设计出体型完整，形式与内容统一的建筑立面。

2.4　建筑构造

建筑构造学是一门专门研究建筑物各组成部分的构造原理和构造方法的学科。其主要任务是根据建筑物的使用功能、艺术造型，提供合理、经济的构造方案，作为建筑设计中综合解决技术问题及进行施工图设计的依据。

剖析一座建筑物不难发现，它是由许多部分构成的，这些组成部分在建筑上被称为构件或配件。而这些构、配件依所处部位不同，又各有不同的作用和要求。

建筑构造原理便是研究如何使那些组成建筑物的构件、配件能最大限度地满足使用要求，并根据使用要求去进行构造方案的设计。

构造方法则是进一步研究如何运用各种建筑材料去有机地组成各种构件、配件，并提出各种有效的防范措施和解决构、配件之间牢固结合的具体方法。

因此，学习建筑构造就是要求在掌握构造原理的基础上，根据建筑物的使用要求、空间尺度和客观条件，综合各种因素，正确选用建筑材料，然后提出符合坚固、安全、经济、合理的最佳构造方案，以便提高建筑物抵御自然界各种影响的能力，延长建筑物的使用年限。

2.4.1　建筑物的基本组成

各类房屋，尽管它们的使用要求、空间组合、外形处理、规模大小等各不相同，但是构成建筑物的主要组成部分是相同的，均包括基础、墙与柱、楼地层、楼梯、屋顶和门窗等。

基础是房屋最下面的部分，它承受房屋的全部荷载，并把这些荷载传给下面的土层地基。

墙或柱是房屋的垂直承重构件，承受楼地层和屋顶传给它的荷载，并把这些荷载传给基础。墙不仅有承重作用，还起着围护和分隔建筑空间的作用。

楼地层是房屋的水平承重和分隔构件，包括楼板和地面两部分。

楼梯是楼房建筑中联系上下各层的垂直交通设施。

屋顶是房屋顶部的承重和围护部分。它不仅承受作用于屋顶上的风荷载、雪荷载和屋顶重等荷载，还要防御自然界的风、雨、雪、太阳辐射热和冬季低温等的影响。

门是供人及家具设备进出房屋和房间的建筑配件，同时还兼有围护、分隔作用。

窗的主要作用是采光、通风和供人眺望。

房屋除上述基本组成部分外，还有台阶、雨篷、雨水管、明沟或散水等，如图 2.2 所示。

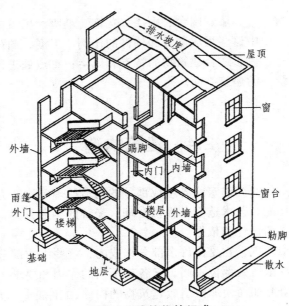

图 2.2　建筑物的组成

　　结构受力体系由建筑物各种结构构件组成，包括板、梁、屋架、承重墙、柱、基础等构件。受力构件由屋顶开始，依次将荷载向下传递，最后通过基础将部分荷载传至地基，见图2.3。因此，整幢建筑物的稳固性与牢靠程度又和地基持力层的选定与加固地基所作的努力有密切关系。

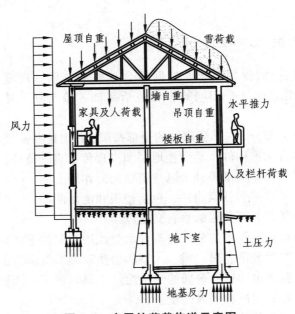

图 2.3　房屋的荷载传递示意图

第 2 章　土木建筑工程设计与构造

2.4.2　基础、地基及其相互关系

1. 基础和地基

基础是建筑物最下部的承重构件，属建筑物的一部分。它承受建筑物的全部荷载，并将荷载传到地基上去。基础下面承受压力的土层或岩层称为地基。作为地基土，其单位面积承受基础传下的荷载，叫作地基的承载力，也称为地耐力。地基分为天然地基和人工地基。凡天然土层具有足够的承载力，不需经人工改良或加固，可直接在上面建造房屋，称天然地基。当土层的承载力差，必须对土层进行加固，如将坏土挖掉，填以砂或块石混凝土后才能在上面建造房屋，这种经过人工处理的土层，称人工地基。基础与地基对房屋的安全和使用年限都有很大影响。

2. 基础和地基的相互关系

为了保证建筑物的安全和正常使用，必须要求基础和地基都有足够的强度与稳定性。基础的强度与稳定性既取决于基础的材料、形状与底面积的大小以及施工质量等因素，还与地基的性质有着密切的关系。建造在土质不均匀地基上的房屋，基础往往因地基沉降不匀而产生变形，引起上部结构开裂甚至破坏，因此，基础的设计必须根据现场地基和上部结构的构造情况进行。

3. 基础的埋置深度

从室外设计地面至基础底面的垂直距离称基础的埋置深度，如图 2.4 所示。影响基础埋置深度的因素主要有：建筑物上部结构荷载的大小、地基土质的好坏、地下水位的高低、土壤冰冻的深度以及新旧建筑物的相邻交接等。埋深大于 4 m 的称深基础，小于 4 m 的称浅基础。在保证坚固安全的前提下，从经济和施工角度考虑，对一般民用建筑，基础应尽量设计为浅基础。

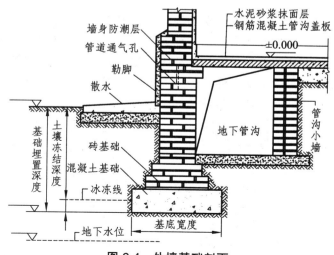

图 2.4　外墙基础剖面

2.4.3　墙体构造

墙在建筑物中主要起承重、围护、分隔的作用。

1. 墙的类型

按墙在建筑物中的位置、受力状况、所用材料和构造方式不同可分成不同类型。

（1）按墙在建筑物中位置，划分为内墙、外墙、纵墙、横墙。

（2）按受力不同，划分为承重墙、非承重墙。

（3）按所用材料，划分为砖墙、石墙、土墙、混凝土墙、砌块墙、板材墙。

（4）按构造方式不同，划分为实体墙、空体墙、组合墙。

2. 砖墙构造

砖墙是用砂浆将砖按一定技术要求砌筑的砌体，其主要材料是砖和砂浆。

（1）砖与砂浆。

① 砖有经过焙烧的实心砖、承重空心砖、非承重空心砖以及不经焙烧的粉煤灰砖、炉渣砖和灰砂砖等。砖墙厚度有 120 mm、240 mm、370 mm、490 mm、620 mm 等。

由于大量民用建筑考虑节能问题及保护耕地，实心砖的应用将会越来越少。目前，基础以上砌体主要用承重空心砖。考虑到建筑的可持续发展，保护耕地，发展非黏土砖，利用工业废渣资源将是今后砖原料的出路。当前利用煤矸石、粉煤灰等工业废料制砖则是有效途径。

② 砂浆是砌体的胶结材料，它将砖块胶结为整体，并将砖块之间的空隙填平、密实，便于使上层砖块所承受的荷载能逐层均匀地传至下层砖块，以保证砌体的强度。

砌筑砂浆常用的有水泥砂浆、石灰砂浆和混合砂浆三种。石灰砂浆由石灰膏、砂加水拌和而成，属于气硬性材料，强度不高，常用于砌筑一般次要的民用建筑中地面以上的砌体；水泥砂浆由水泥、砂加水拌和而成，属于水硬性材料，强度高，较适合于砌筑潮湿环境的砌体；混合砂浆系由水泥、石灰膏、砂加水拌和而成，这种砂浆强度较高，和易性较好，常用于砌筑工业与民用建筑中地面以上的砌体。

（2）门窗过梁。

当墙体上开设门、窗洞口时，为了支承洞口上部砌体传来的各种荷载，并将这些荷载传给窗间墙，常在门、窗洞口上设置横梁，这种梁称为过梁。一般来说，由于墙体砖块相互咬接具有拱的作用，过梁上墙体的重量并不全部压在过梁上，而是有一部分重量传给了门、窗两侧的墙体，所以过梁只承受上部墙体的部分重量，即图 2.5 中的三角形部分。只有当过梁的有效范围内出现集中荷载时，才需另行考虑。

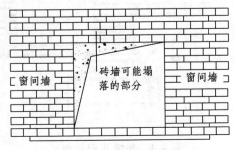

图 2.5　过梁受荷范围

过梁的形式较多，常见的有砖过梁、钢筋砖过梁和钢筋混凝土过梁三类，见图 2.6。

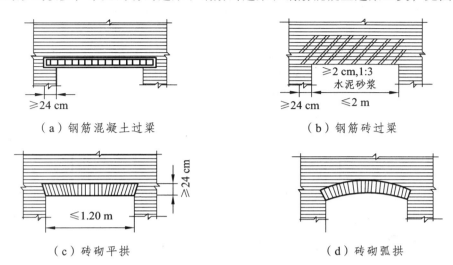

（a）钢筋混凝土过梁　　　　　　　　　（b）钢筋砖过梁

（c）砖砌平拱　　　　　　　　　　　（d）砖砌弧拱

图 2.6　门、窗过梁

（3）窗台。

当室外雨水沿窗向下流淌时，为避免雨水聚积窗洞下部，并沿窗下槛向室内渗透，污染室内装修，常于窗洞下部靠室外一侧设置窗台。

窗台须向外形成一定坡度，以利排水。窗台有悬挑窗台和不悬挑窗台两种。悬挑窗台常采用平砌一皮砖或将一砖侧砌并悬挑 60 mm 的做法，窗台部位用水泥砂浆抹灰，并于外沿下部抹出滴水，以引导雨水沿着滴水槽口下落（见图 2.7）。

（4）墙脚。

墙脚是指室内地面以下、基础以上的这段墙体，有内墙脚和外墙脚。这一部分会受到很多不利因素的影响（见图 2.8），墙脚伸入地表，会受土中水的侵蚀，顺墙而下的雨水或檐口飞落的雨水也会反溅上来浸湿墙面，且影响地基、基础。工程中对墙脚需做相应处理。

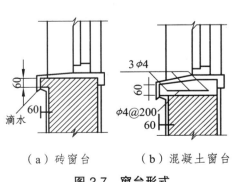

（a）砖窗台　　　（b）混凝土窗台

图 2.7　窗台形式

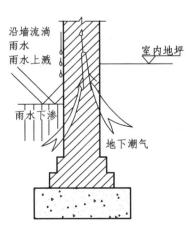

图 2.8　墙脚受潮示意

（5）防潮层。

墙身防潮目的在于隔绝室外雨水及地潮等对墙体的影响。其处理有水平防潮和垂直防潮两种。

① 水平防潮。

水平防潮一般是指建筑物内外墙体靠室内地坪附近沿水平方向设置的防潮层，以隔绝地潮等对墙身的影响，见图 2.9。水平防潮层根据材料的不同有卷材防潮层、防水砂浆防潮层和配筋细石混凝土防潮层三种。

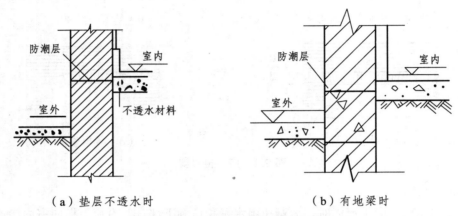

（a）垫层不透水时　　　　　　　　（b）有地梁时

图 2.9　水平防潮层的设置位置

② 垂直防潮。

当室内地坪出现高差或室内地坪低于室外地面时，对墙身不仅要求按地坪高差的不同设置两道水平防潮层，而且为了避免高地坪房间（或室外地面）填土中的潮气侵入低地坪房间的墙面，对有高差部分的垂直墙面也要采取防潮措施。其具体做法是：在高地坪房间填土前，在两道水平防潮层之间的垂直墙面上，先用水泥砂浆抹灰 15～20 mm 厚，然后再涂热沥青两道（或其他防潮处理）；在低地坪一边的墙面上，采用水泥砂浆打底的墙面抹灰（见图 2.10）。

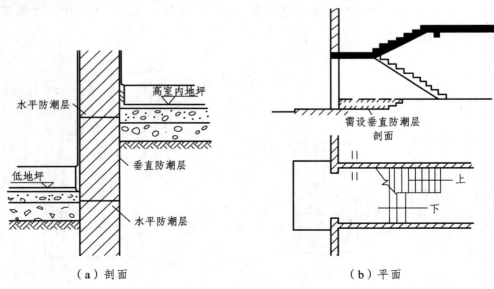

（a）剖面　　　　　　　　　　（b）平面

图 2.10　垂直防潮

第 2 章　土木建筑工程设计与构造

（6）勒脚。

建筑物四周与室外地面接近的部分墙体称勒脚，如图 2.11 所示。它经常受地面水和雨水的侵蚀，还容易受到碰撞，如不加保护，将影响建筑物的正常使用和耐久性；勒脚对建筑立面处理也有一定影响。因此，常在勒脚部位将墙体加厚，或用坚固材料来砌，如石块、天然石板、人造板贴面等。

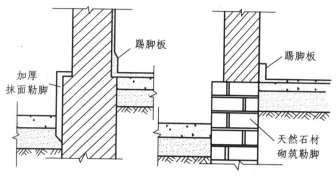

图 2.11　勒脚构造

（7）散水和明沟。

为了防止雨水和积雪融水长期积于墙根，并沿地面进入墙体和基础，需采取措施及时排除积水，办法就是在建筑物四周设排水明沟或作散水。其作用是及时排出雨水，保护墙基免受雨水的侵蚀。散水适用于年降水量小于900 mm 地区。散水宽度一般为 600~1 000 mm，坡度为 3%~5%。明沟适用于年降水量大于 900 mm 的地区，如图 2.12 所示。

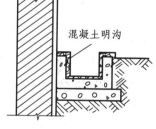

图 2.12　明沟示意图

（8）隔墙构造。

不承重的内墙称为隔墙，一般要求轻、薄，有良好的隔声性能。根据房间的使用要求，对隔墙有不同要求。例如：厨房的隔墙应具有耐火性能；厕所、盥洗室应具有防潮能力。常见隔墙主要有：板条抹灰隔墙、钢丝网抹灰隔墙、钉面板隔墙、金属骨架隔墙、块材隔墙、板材隔墙等。

（9）防火墙。

防火墙的作用在于截断火灾区域，防止火灾蔓延。根据防火规范规定，防火墙的耐火极限应不小于 4.0 h。防火墙上不应开设门窗洞口，如必须开设，应采用甲级防火门窗并能自动关闭。

防火墙应截断燃烧体或难燃烧体的屋顶，并高出非燃烧体屋面不小于 400 mm，高出难燃烧体屋面不小于 500 mm。当屋顶承重构件为耐火极限不低于 0.5 h 的非燃烧体时，防火墙（包括纵向防火墙）可砌至屋面基层的底部，不必高出屋面。

2.4.4　楼地层构造

1. 楼　层

楼层是多层建筑中水平方向分隔和承重构件。它除承受并传递垂直和水平荷载外，还具有一定的隔声、防火、防水等能力；同时楼层还提供了敷设各类水平管线的空间，如电线、水管、通风管等。

（1）楼层的组成。

为了满足多种要求，楼层由若干层次组成，但基本上包括三层，即面层、结构层和顶棚层。

面层起着保护结构层、分布荷载和满足隔声、防水、保温等功能及作用，对室内装修也起重要作用。结构层为结构的受力层，承受作用在其上的荷载，并将其传递给墙或柱。顶棚层是楼层的下面部分，起保护结构层、装饰室内、安装灯具等多种作用。

（2）楼板的类型。

根据所用材料不同，楼板可分为木楼板、砖拱楼板、钢筋混凝土楼板、压型钢板楼板及组合楼板等。通常采的是用钢筋混凝土楼板。

2. 地 层

地层是指建筑物室内与土壤直接相接或接近土壤的水平构件。它承受作用在其上的全部荷载，并均匀地传给土壤或通过其他构件传给土壤。地层构造分为面层、垫层和基层三部分。面层以下的垫层是地层的主要结构层，它承受荷载并将其传递给下面的基层。

2.4.5 屋顶构造

1. 屋顶分类

屋顶是房屋最上层起覆盖作用的围护和承重结构，又称屋盖，它主要由屋面防水（层）和支承结构组成。由于使用要求不同，还可设顶棚、保温、隔热、隔声、防火等各种层次。屋顶根据排水坡度不同，可分为平屋顶和坡屋顶两大类。

平屋顶是指屋面坡度小于或等于10%的屋顶，其坡度可以用材料找坡，也可以用结构板材带坡安装。最常用的坡度为2%或3%，一般用材料找坡。

坡屋顶是指屋面坡度大于10%的屋顶，坡度均由屋架或屋面梁找出。材料有黏土烧制的各种平瓦小青瓦屋面、纤维水泥波形瓦屋面、金属彩板屋面等。坡屋顶在建筑中广泛使用，它的形式和坡度主要取决于建筑平面、结构形式、屋面材料、气候环境、风俗习惯和建筑造型等因素。图2.13是各种坡屋顶外形。

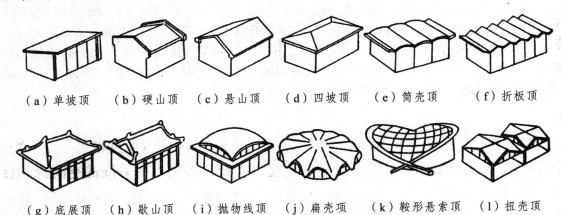

（a）单坡顶　（b）硬山顶　（c）悬山顶　（d）四坡顶　（e）筒壳顶　（f）折板顶

（g）底展顶　（h）歇山顶　（i）抛物线顶　（j）扁壳顶　（k）鞍形悬索顶　（l）扭壳顶

图2.13　坡屋顶外形

2. 屋顶排水方式

屋顶排水方式总体上分为无组织排水和有组织排水两大类。

无组织排水亦称自由排水，是指屋面雨水流至檐口后，不经组织直接从檐口滴落到地面的排水方式。无组织排水因不设天沟、雨水管来导流雨水，具有构造简单、造价低廉等优点。其不足之处是自由下落的雨水经散水反溅，常会侵蚀外墙脚部；从檐口下落雨水会影响人流交通。当建筑物较高、降雨量较大时不宜采用这种方式。

有组织排水是指屋面雨水流至檐口后，又经檐沟、雨水管等排水设施流到地面的排水方式。其优缺点正好与无组织排水相反，由于其安全可靠，较易满足使用和建筑造型要求，所以在建筑工程中得到广泛采用。

有组织排水又可分为有组织外排水、有组织内排水两类。有组织外排水是将落水管设在室外，做法有檐沟外排水、女儿墙外排水等多种，多用于比较温暖的地区。有组织内排水是将落水管设在室内或隐设在墙柱构件内，做法亦多种多样。这种方式多用于高层建筑、多跨建筑和严寒多雪地区建筑的排水。

3. 平屋顶构造

平屋顶造价低、施工方便、构造简单，适用于各种形状和大小的建筑平面。由于坡度小，可以在它上面做屋顶花园、露天舞厅，或进行体育活动、晾晒衣服等。其缺点是屋面排水慢，容易产生渗漏，要做好防水。平屋顶通常用钢筋混凝土作承重结构。

平屋顶防水可分为卷材防水屋面、涂膜防水屋面和刚性防水屋面。

（1）卷材防水屋面。

卷材屋面的主要构造层次是承重层、隔气层、保温层、找平层、防水层和保护层。

卷材屋面有保温屋面和非保温屋面之分。保温屋面要设保温层。一般平屋顶保温层要设在承重结构之上、防水层之下。具体做法是：在承重层上做找平层，为防止室内蒸汽渗入保温层而降低保温效能，在找平层上做隔气层，在隔气层上铺设保温层。为了防水层下面有一个平整坚实的基层，以便于铺设油毡，在保温层上再做一层找平层，然后铺设防水层。为延长防水层的使用年限，最后还要在防水层上做保护层。承重层多数是用预制钢筋混凝土板或现浇钢筋混凝土板做成的。非保温层屋面与保温层屋面的不同之处是没有保温层和隔气层，只有一层找平层。

卷材的种类主要有沥青防水卷材、高聚物改性沥青系防水卷材和合成高分子防水卷材。

（2）涂膜防水屋面。

涂膜防水屋面是通过涂布一定厚度、无定形液态改性沥青或高分子合成材料（即防水涂料），经过常温交联固化而形成一种具有胶状弹性的涂膜层，达到防水目的。

涂膜防水屋面的基本构造做法与卷材屋面相同，只是其防水层为防水涂料。防水涂料既是防水层又是胶黏剂，施工时只需在基层处理完后，用涂料涂膜，一般应有两层以上的涂层，后一层待先涂的涂层干燥成膜后才可涂布，总厚度应符合规范要求。

（3）刚性防水屋面。

刚性屋面防水是指在钢筋混凝土结构层上采用细石混凝土、防水水泥砂浆等刚性防水层。细石混凝土防水层的一般做法是:屋面板灌缝后浇捣 40 mm 厚 C20 细石混凝土,为防止裂缝,加配 $\phi 4@150$ 或 $\phi 4@200$ 双向筋,如图 2.14 所示。

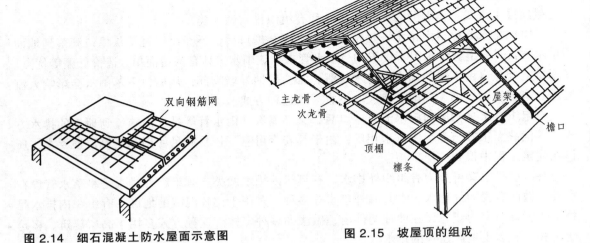

图 2.14　细石混凝土防水屋面示意图　　　图 2.15　坡屋顶的组成

4. 坡屋顶构造

坡屋顶由承重结构和屋面两个基本部分组成。屋架是坡屋顶的主要承重结构，屋面上部的荷载通过屋面板传给檩条，檩条传给屋架，屋架再传给墙或柱。根据使用要求，有些还需要设保温层、隔热层、顶棚等，如图 2.15 所示。

坡屋顶的支承结构分山墙承重和屋架承重两类。山墙承重是按要求的坡度将山墙上部砌成三角形，在墙上直接搁置檩条，这种承重方式叫山墙承重或硬山搁檩，如图 2.16 所示。

屋架承重是在屋架上设檩条，承受屋面荷载，屋架搁置在建筑物外纵墙的柱上，建筑物内部有较大使用空间，如图 2.17 所示。

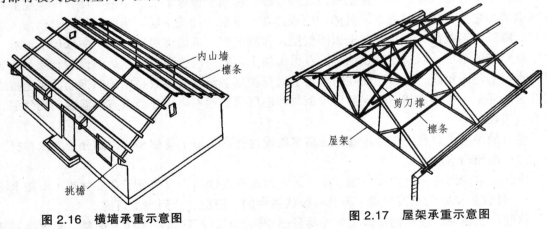

图 2.16　横墙承重示意图　　　　　图 2.17　屋架承重示意图

2.4.6　楼梯构造

楼梯是楼层间的主要垂直交通设施。在高层建筑中，虽然用电梯，但楼梯还是必不可少的。楼梯的宽度、坡度和踏步级数都应满足人们通行和搬运家具、设备的要求。楼梯的数量取决于建筑物的平面布置、用途、大小及人流的多少。楼梯应设置在明显易找和通行方便的地方，以便于紧急情况下能迅速安全地疏散到室外。

1. 楼梯的类型

楼梯类型很多，按不同的划分标准有其相应不同类型的楼梯。

（1）按所用材料划分：钢筋混凝土楼梯、木楼梯、砖楼梯、金属楼梯等。

（2）按用途划分：主楼梯、辅助楼梯、安全楼梯、室外消防楼梯等。

（3）按位置划分：室内楼梯、室外楼梯等。

（4）按平面形式划分：单跑楼梯、双跑楼梯、三跑楼梯、四跑楼梯、双分与双合式楼梯、螺旋形楼梯、弧形楼梯等。图 2.18 为楼梯平面形式。

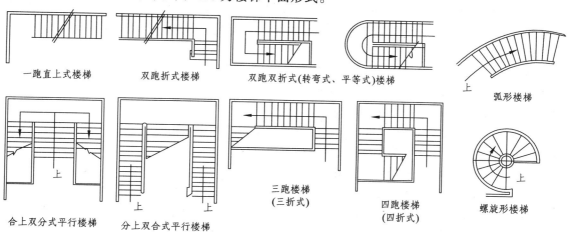

一跑直上式楼梯　　双跑折式楼梯　　双跑双折式(转弯式、平等式)楼梯　　弧形楼梯

合上双分式平行楼梯　　分上双合式平行楼梯　　三跑楼梯(三折式)　　四跑楼梯(四折式)　　螺旋形楼梯

图 2.18　楼梯类型

2. 楼梯的组成与尺度

楼梯由楼梯段、平台、栏杆与扶手组成。图 2.19 是一幢四层建筑双跑楼梯的平面和剖面图。

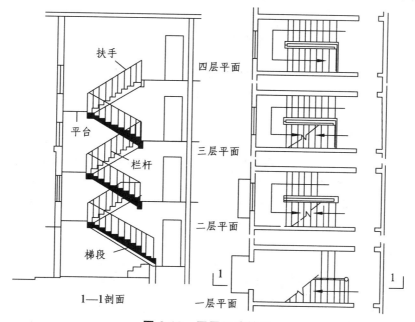

扶手

平台

栏杆

梯段

四层平面

三层平面

二层平面

一层平面

1—1剖面

图 2.19　四层双跑楼梯

（1）楼梯段。楼梯段是由一组斜向踏步构成，连接上下两个休息平台。宽度的大小应根据人流量的大小和安全疏散要求决定，一般按每股人流量宽为 0.55 +（0 ~ 0.15）m 的人流、股数确定，并不少于两股人流。居住楼梯段的宽度一般为 1.1 ~ 1.3 mm，公共建筑的宽度为 1.4 ~ 2.0 m，辅助楼梯的宽度为 0.8 m 左右。

（2）休息平台。连接两个楼梯段的部分称为休息平台。休息平台的宽度不得小于楼梯段的宽度，以保证人流通过平台时，不致拥挤或堵塞。每段楼梯的踏步数最多不得超过 18 级，最少不得少于 3 级；如超过 18 级，应在梯段中间设置休息平台，起缓冲、休息的作用。

（3）栏杆与扶手。为了保证安全，楼梯段临空一侧须设置栏杆或栏板，在栏杆或栏板的上面设置扶手。扶手的高度（从踏步面宽度的中心至扶手表面）一般为 900 mm，室外楼梯扶手高度应不小于 1.05 m。

（4）楼梯的坡度与踏步尺寸。经常使用的楼梯，坡度一般为 20° ~ 45°，从安全和舒适角度考虑，以 26° ~ 35°为宜。在人流活动较密集的公共建筑中，坡度应该缓一些；在人数不多的建筑中，坡度可以陡一些，以节省占地面积。

一般踏步的高度为 150 ~ 180 mm，踏步的宽度为 250 ~ 300 mm。决定踏步高度（h）和宽度（b）的尺寸，可以用下列经验公式计算：

$$2h + b = 600 ~ 620 \text{ mm}$$

（5）楼梯净空高度。楼梯的净空高度分为梯段净空高度和平台净空高度（见图 2.20），为保证在这些部位通行或搬运货物时不受影响，其净空在平台处应大于 2 m，在梯段处应大于 2.2 m。

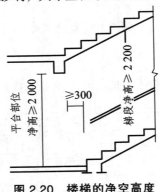

图 2.20　楼梯的净空高度

2.4.7　门、窗构造

门和窗是建筑中的维护构件。门通常是指沟通建筑物内部和外部两个空间的出入口，一般设门扇。门扇关闭时主要起隔声、保温、隔热、防护等功能，有些还起通风、采光作用。窗的主要功能是通风采光。门和窗要满足开启方便、关闭紧密、坚固耐久、便于擦洗和维修等要求。

1. 门窗的种类

门的形式很多，有平开门、弹簧门、推拉门、折叠门和旋转门等，如图 2.21 所示，可根据不同的使用要求选用。门的位置除考虑交通、房间面积合理使用外，还应配合窗的位置，考虑室内的空气对流，以形成很好的自然通风条件。主要门厅还要考虑其艺术效果，选用恰当的材料和形式。窗的种类也很多，有平开窗、悬窗、固定窗、立转窗和推拉窗等。

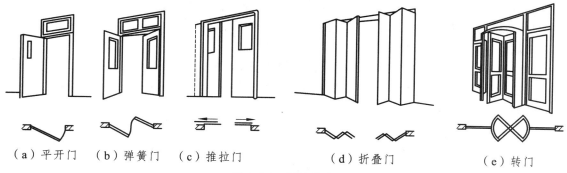

（a）平开门　　（b）弹簧门　　（c）推拉门　　　　（d）折叠门　　　　　（e）转门

图 2.21　门的种类

2. 门、窗的构造

门主要由门扇、门框、亮子、五金配件等组成（见图 2.22）。门的具体尺寸应考虑人的尺度、人流量、搬运家具、设备所要求的高度尺寸及有无特殊要求。

窗主要由窗框、窗扇和五金配件等组成。

2.4.8　变形缝

当建筑物面积很大、长度很长或各部高差较大时，因温度变化、地基沉陷及地震影响，结构内部将产生附加的变形和应力，使建筑物产生裂缝，甚至破坏。为此，在设计中需要预留缝隙（称变形缝）。变形缝按其功能可分为伸缩缝、沉降缝和抗震缝。

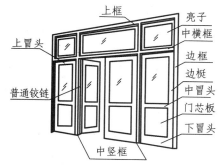

图 2.22　平开木门的构造组成

（1）伸缩缝又称温度缝，其主要作用是防止房屋因气温变化而产生裂缝。为了避免出现这种现象，沿建筑物长度方向每隔一定距离预留缝隙，将建筑物从屋顶、墙体、楼层等地面以上构件全部断开；基础因受温度变化影响较小的，不必断开。伸缩缝构造见图 2.23。

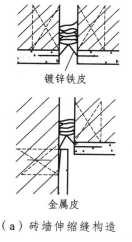

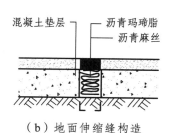

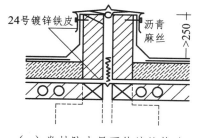

（a）砖墙伸缩缝构造　　　　　（b）地面伸缩缝构造　　　　（c）卷材防水屋面伸缩缝构造

图 2.23　伸缩缝构造

（2）沉降缝是为了防止由于地基不均匀沉降使房屋某些薄弱部位开裂而预留的缝隙。它将建筑物从屋顶、墙面、楼层、基础等构件全部断开，这样即使是相邻部分也可以自由沉降，互不牵制，从而避免建筑物开裂。

（3）抗震缝是为了防止地震使房屋破坏而预留的缝隙。在抗震地区设计多层砖混结构房屋时，应用抗震缝将房屋分成若干个形体简单、结构刚度均匀的独立部分。抗震缝一般从基础顶面开始，沿房屋高度设置。

2.5　道路工程构造

道路是一种带状工程构造物。为了确定这种空间带状实体的位置并便于分析，通常对道路从三个角度进行研究：道路在平面上的投影称道路的平面图；沿道路中线作竖向剖面并将其展开称为纵断面图；作垂直于道路中心线的竖向剖面为横断面图。

道路主要承受汽车荷载的反复作用和经受各种自然因素的长期影响。路基、路面是道路工程的主要组成部分。路面按其组成的结构层次从下至上又可分为垫层、基层和面层。

2.5.1　路　基

路基是路面的基础，是用当地的土石填筑或在原地面开挖而成的道路主体结构。

1. 路基的主要组成部分

路基通常包括路肩、边坡、排水设施、挡土墙等。由于地形变化，按其填挖形式分为路堤和路堑：高于天然地面的填方路基成为路堤，低于天然地面的挖方路基称为路堑，介于两者之间的称为半堤半堑，如图 2.24 所示。

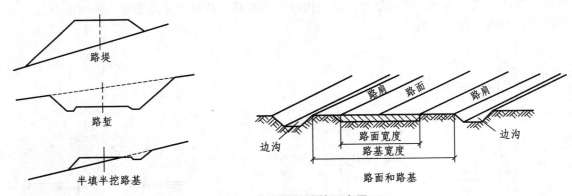

图 2.24　路面和路基示意图

2. 对路基的要求

路基贯穿道路全线，与桥梁隧道相连，是道路工程的重要组成部分。实践证明，没有坚固的路基，就没有稳固的路面。在一个道路工程建设项目中，由于路基工程数量巨大，涉及

第2章　土木建筑工程设计与构造

投资、占地、劳动力、机械消耗数量巨大，且路基在行车荷载和复杂的地质、水文、气候条件下易遭受破坏，故要求路基具有以下性质：

（1）具有合理的断面形式和尺寸。

由于道路的功能要求和道路所经地区的地形、地貌、地质等情况复杂多变，路基的形式、组成及其断面尺寸必须与之相适应。

（2）具有足够的强度。

路基强度即路基在荷载作用下抗变形破坏的能力。路基在行车荷载、路面自重和计算断面以上的路基土体自重的作用下，会使计算断面以下路基产生一定的变形。路基强度是指在上述荷载作用下所产生的变形不得超过允许变形量。

（3）具有足够的整体稳定性。

路基是在原地面上填筑或挖筑而成的，它改变了原地面的天然平衡状态。在工程地质不良地区，修建路基可能加剧原地面的不平衡状态，产生路基整体下滑、边坡塌陷、路基沉降等整体变形过大甚至破坏，即路基失去整体稳定性。因此，必须因地制宜地采取必要措施，保证路基在行车荷载及自然因素的作用下，保持其整体结构的稳定。

（4）具有足够的水温稳定性。

路基的主体材料是土壤，它在地表水和地下水的作用下，强度将显著降低。在季节性冰冻地区，在水温的综合作用下，会引起聚水、冻胀，在春融时则产生"翻浆"现象，导致路基、路面破坏，甚至中断交通。因此，路基不仅应有足够的强度来承受荷载的作用，而且必须保证在最不利的水温状态下，其强度不致降低过大而影响道路的正常使用。由此可见，水温稳定性好的含义，是指路基在水温变化时，其强度变化小。若强度变化大，则说明其水温稳定性差。

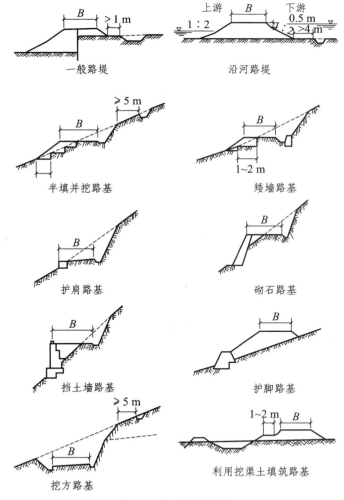

图2.25　典型路基横断面

3. 路基横断面的基本类型

因路基填挖不同，地面横坡不同，结合道路排水条件、节约用地和路基稳定的要求，路基横断面经常采用的形式如图2.25所示。

2.5.2 道 路

1. 路面的分类

从路面力学特征角度看，一般把路面划分为柔性路面和刚性路面两种结构类型。

（1）柔性路面。

柔性路面主要包括用各种基层（水泥混凝土除外）和各类沥青面层、碎（砾）石面层或块石面层所组成的路面结构。柔性路面刚度小，在荷载作用下产生的弯沉变形较大，路面本身抗弯拉强度较低。车轮荷载通过各结构层传递到土基，使土基受到较大的单位压力，因而土基的强度和稳定性对路面结构的整体强度有较大的影响。

（2）刚性路面。

刚性路面主要是指用水泥混凝土作面层或基层的路面结构。水泥混凝土的强度很高，特别是它的抗弯拉强度较之其他各种路面材料高很多，它的弹性模量也较其他材料大得多，故呈现较大的刚性。水泥混凝土路面板在车轮荷载作用下弯沉变形极小，荷载通过混凝土板体的扩散分布作用，传递到基层上的单位压力要较柔性路面小得多。

2. 路面结构层次划分

行车荷载和大气因素对路面的作用随路面下深度的增大而减弱，同时，路基的温度和湿度状况也会影响路面的工作状况。因此，根据使用要求、受力情况和自然因素等作用程度不同，把整个路面自上而下分成若干层次来铺筑，其基本结构层次可分为面层、基层和垫层。

（1）面层。

面层是直接同行车和大气接触的表面层次，承受行车荷载的垂直力、水平力和冲击力作用。面层受雨水和气温变化的不利影响最大，因此同其他层次相比，面层应具备较高的结构强度、刚度和稳定性，而且应当耐磨、不透水，其表面还应有良好的抗滑性和平整度。

修筑面层所用的主要材料有：水泥混凝土、沥青混凝土、沥青碎石混合料、沙砾或碎石掺土或不掺土的混合料以及块石等。

（2）基层。

基层主要承受由面层传来的车辆荷载垂直力，并把这些力扩散到垫层和土基中，故垫层应有足够的强度和刚度。车轮荷载水平力作用沿深度递减得很快，对基层影响很小，故对基层没有耐磨性要求。基层应有平整的表面，保证面层厚度均匀，基层受大气因素的影响随比面层小，但因表面可能透水及地下水的侵入，要求基层有足够的水稳定性。

修筑基层所用的材料主要有：各种结合料（石灰、水泥和沥青等）稳定土或稳定碎石（砾土）、贫混凝土、天然砂砾、各种碎石或砾石、片石、块石或圆石；各种工业废渣（如煤渣、粉煤灰、矿渣、石灰渣等）所组成的混合料以及它们与土、砂、石所组成的混合料等。

（3）垫层。

垫层设置在土基与基层之间，其功能是改善土基的湿度和温度状况，以保证面层和基层的强度和刚度的稳定性，并不受冻胀翻浆的作用。垫层通常设置在排水不良和有冻胀翻浆地段。在地下水位较高地区铺设的能起隔水作用的垫层称隔离层，在冻深较大地区铺设的能起防冻作用的垫层称防冻层。此外，垫层还能扩散由面层和基层传来的车轮荷载垂直作用力，以减小土基的应力和变形，而且它能阻止路基土挤入基层中，影响基层的结构性能。

　　修筑垫层所用的材料,强度不一定要高,但水稳定性和隔热性要好。常用垫层材料有两类:一类是松散粒料,如砂、砾石、炉渣、矾石或圆石等组成的透水性垫层;另一类是整体性材料,如石灰石或炉渣石灰土等组成的稳定性垫层。

3. 对路面结构的要求

　　路面工程是指路基表面上用各种不同材料或混合料分层铺设而成的一种层状结构物。它的功能不仅是提供车辆在道路上全天候地行驶,而且要保证车辆以一定的速度,安全、舒适而经济地运行,这样就要求路面必须满足一定的要求。具体要求如下所述:

　　(1)强度和刚度。

　　车辆在路面上行驶,除了克服各种阻力外,还会通过车轮将竖向力和水平力传给路面。其中,水平力又分为纵向和横向两种。此外,由于车轮发动机的机械振动和悬挂系统与轮的相对运动,路面还会受到车辆的振动力和冲击力的作用;在车身后还会有真空吸力作用。在上述各种力作用下,路面结构内部会产生不同大小的压应力、拉应力和剪应力。如果这些力超过路面结构整体或某一组成部分的强度,则路面会出现断裂、沉陷、波浪和磨损等,严重时甚至会中断交通。因此,路面结构整体及其各组成部分必须具备足够的强度,以抵抗在行车作用下所产生的各种力,避免遭受破坏。

　　所谓刚度,是指路面抵抗变形的能力。路面结构整体或某一组成部分刚度不足,即使强度足够,在车轮荷载作用下也会产生过量的变形,构成车辙、沉陷或波浪等破坏。因此,除了研究路面结构的应力和强度之间的关系外,还要研究其荷载与变形或应力与变形之间的关系,使整个路面结构及其各组成部分的变形量控制在容许范围之内。

　　(2)稳定性。

　　路面结构袒露于大气之中,经常受到温度和水分变化的影响,其力学性能也会随着不断发生变化,强度和刚度不稳定,路况时好时坏。例如:沥青路面在夏季高温时会变软而产生车辙和推挤;冬季低温时可能因收缩或变脆而开裂;水泥混凝土路面在高温时会发生拱胀破坏,温度急剧变化时会因翘曲而产生破坏;砂石路面在雨季时,会因雨水渗入路面结构使其含水量增多,强度下降,产生沉陷、轮辙或波浪。因此,要研究路面结构的温度和湿度状况及其对路面结构性能的影响,以便在此基础上修筑能在当地气候条件下足够稳定的路面结构。

　　(3)耐久性。

　　路面结构要承受行车荷载和冷热、干湿气候因素的反复作用,由此而逐渐产生疲劳破坏和塑性变形累积;另外,路面材料可能由于老化衰变而导致破坏。这些都将缩短路面的使用年限,增加养护工作量。因此,路面结构必须具有足够的抗疲劳强度以及抗老化和抗变形累积能力。

　　(4)表面平整度。

　　平整路面会增大行车阻力,并使车辆产生附加的振动作用,造成行车颠簸,影响车速,不利安全、驾驶的平稳和乘客的舒适性。同时,振动作用还会对路面施加冲击力,从而加速路面和车辆机件、轮胎的磨损,增加油耗。而且不平的路面还会积滞雨水,加速路面的破损。所以,要求路面结构表面必须平整。

　　(5)表面抗滑性能。

　　车辆在路面上行驶时,如果车轮与路面之间缺乏足够的附着力和摩擦力,在雨天高速行车，紧急制动或突然启动以及爬坡、转弯时，车轮容易产生空转或打滑，致使车速降低，油耗增多，甚至引起严重的交通事故。因此，路面应具有足够的抗滑性能。

路表面的抗滑性能可通过采用坚硬、耐磨、表面粗糙的集料组成路面表层材料来实现；也可采用一些工艺措施来实现，如水泥混凝土路面的刷毛或刻槽等。

（6）少尘性。

车辆在砂石路面上行驶时，车身后面所产生的真空吸力会将表层较细材料吸出而飞扬尘土，甚至导致路面松散、脱落和坑洞等破坏。扬尘还会减少视距，降低车速，加速车辆机件损坏，影响环境卫生。因此，要求路面在行车过程中尽量减少扬尘。

2.6　桥梁工程构造

桥面构造包括行车道铺装、排水系统、人行道（或安全带）、路缘石、栏杆、护栏和伸缩缝。桥面构造直接与车辆、行人接触，对桥梁的主要构造起保护作用，使桥梁能正常工作。同时，桥面构造多属外露部位，其选择是否合理，布置是否恰当，直接影响桥梁的使用功能、布局和美观。因此，必须了解桥面构造各部件的工作性能，合理选择，认真设计，精心施工。

2.6.1　桥面铺装

桥面铺装即行车道铺装，也就是车轮直接接触的部分。其作用就是车轮轮胎和履带直接磨损行车道板，防止雨水侵蚀主梁，并对车轮集中荷载起分布作用，因此，桥面铺装要有一定的强度、抗裂性及耐磨性。其种类有：水泥混凝土、沥青混凝土、沥青表面处理和泥结碎石等。水泥混凝土和沥青混凝土桥面铺装用得比较广泛，能满足各项要求。沥青表面处理和泥结碎石桥面铺装耐久性较差，仅在中级或低级公路桥上使用。

1. 桥面纵横坡

桥面设置纵横坡，其目的是便于雨水迅速排除，减少雨水对铺装层的渗透，保护行车道板，延长桥梁使用寿命。

对于沥青混凝土和水泥混凝土铺装，横坡为 1.5% ~ 2.0%。行车道路面通常采用抛物线形横坡，人行道则用直线形。对于板桥或直接浇筑的肋梁桥，为了节省铺层材料以及减轻恒载自重，也可将横坡设在墩台顶部而构成倾斜的桥面板。而铺装层在整个桥面上就可以做成等厚度。对于装配式肋梁桥，为架设和拼装的方便，通常采用不等厚的铺装层以构成桥面横坡，如图 2.26 所示。

2. 防水层

防水层设置在行车道铺装层下边，它将透过铺装层渗下的雨水汇集到排水设备（泄水管）排出。常用形式有贴式防水层，即由两层防水卷材和三层胶结材料相间结合而成，一般厚度为 1.0 ~ 2.0 cm；另一种在铺装层加铺一层沥青混凝土或防水混凝土做铺装层来增强防水作用，如图 2.27 所示。

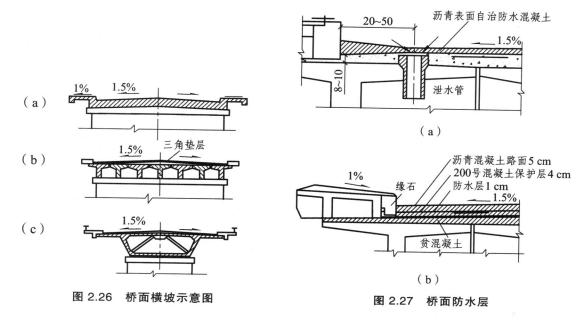

图 2.26　桥面横坡示意图　　　　　图 2.27　桥面防水层

2.6.2　排水系统

为迅速排除桥面积水，防止雨水积滞于桥面并渗入桥梁而影响桥梁的耐久性，在桥梁上需设有一个完整的排水系统。在桥面上除设纵横坡排水外，常常要设置一定数量的泄水管，这样才构成一个完整的桥面排水系统。

2.6.3　伸缩缝

由于桥梁在气温变化时，桥面有膨胀或收缩的纵向变形，在车辆荷载作用下，将引起纵向位移。因此，为了满足桥面变形的要求，通常在两梁端之间、梁端与桥台之间或桥梁的铰接位置上设置伸缩缝。

伸缩缝的构造应满足下列要求：

（1）在平行、垂直于桥梁轴线的两个方向均能自由伸缩。

（2）牢固可靠。

（3）车辆驶过应平顺，无突跳与噪声。

（4）防水及防止杂物渗入阻塞。

（5）安装、检查、养护、清除污物都要简易方便。

2.6.4　人行道、栏杆、灯柱

桥梁上的人行道宽度由人行交通流量决定，宽度可选用 0.5 m、1 m，大于 1 m 按 0.5 的倍数递增。行人稀少地区可不设人行道，为保障行车安全，改用安全带。

1. 安全带

不设人行道的桥上，两边应设宽度不小于 0.25 m、高 0.25 ~ 0.35 m 的护轮安全带。安全带可做成预制块件与桥面铺装层一起现浇。现浇安全带每隔 2.5 ~ 3.0 m 做一断缝，以免因主梁受力而破坏，如图 2.28 所示。

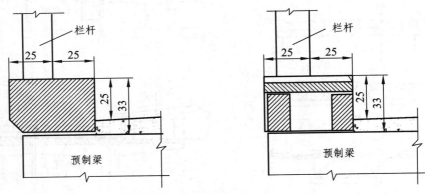

图 2.28　现浇安全带

2. 人行道

人行道一般高出车行道 0.15 ~ 0.30 m。人行道顶面一般铺设 20 mm 厚的水泥砂浆或沥青砂浆做面层，并做成纵向桥面 1% 的排水横坡。人行道在桥面断缝处也必须做伸缩缝。

3. 护栏、灯柱

栏杆是桥上的安全措施，要求坚固。栏杆又是桥面上的表面建筑，也要有一个美好的艺术造型。栏杆的高度一般为 0.8 ~ 1.2 m，标准设计为 1.0 m。栏杆间距一般为 1.6 ~ 2.7 m，标准设计为 2.5 m。公路与城市道路的栏杆通常用混凝土、钢筋混凝土以及钢、铸铁或钢与混凝土混合材料制作，其构造如图 2.29 所示。

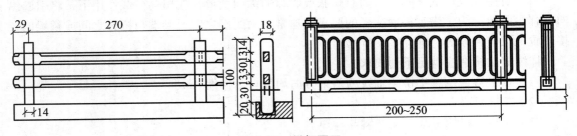

图 2.29　栏杆图示

第 3 章　建筑材料

3.1　建筑材料分类及其基本物理力学性质

3.1.1　建筑材料的分类

建筑材料是指在建筑工程中所应用的各种材料总称。广义上讲，应包括构成建筑物本身的材料（钢材、木材、水泥、砂石、砖、防水材料等）、施工过程中所用的材料（脚手架、模板等）以及各种建筑器材（水、暖、电设备等）。本章所介绍的建筑材料主要是指从基础、地面、墙体、承重构件（柱、梁、板等）直至屋面等组成建筑物本身的材料。

建筑材料种类繁多，为了便于研究及使用，常从不同角度对建筑材料进行分类。

1. 根据材料的化学组成分类

按化学组成可分为无机材料、有机材料、复合材料三大类。

（1）无机材料分为金属材料和非金属材料。金属材料包括黑色金属，如铁、碳素钢、合金钢；有色金属包括铝、锌、铜等及其合金；非金属材料包括天然石材、砖、水泥、石灰、石膏、玻璃、混凝土等。

（2）有机材料分为植物材料（木材、竹材等）、沥青材料（如石油沥青、煤沥青等）、高分子材料（如橡胶、塑料等）。

（3）复合材料有钢筋混凝土、玻璃钢等。

2. 根据建筑材料在建筑物上的使用功能分类

按使用功能可分为结构材料、墙体材料和功能材料三大类，如表 3.1 所示。

表 3.1　按使用功能建筑材料分类表

建筑材料	结构材料	基础、柱、梁、框架、板等	砖、钢筋混凝土、木材、钢材、预应力钢筋混凝土
	墙体材料	内外承重墙、内外非承重墙	石材、普通砖、空心砖、混凝土砌块、加气混凝土砌块、石膏板、金属板材以及复合墙板等
	功能材料	防水材料	沥青制品、橡胶及树脂基防水材料
		绝热材料	玻璃棉、矿棉及制品、膨胀珍珠岩、膨胀蛭石及制品、加气混凝土、泡沫塑料、木丝板等
		吸声材料	同上
		装饰材料及其他功能材料	石材、建筑陶瓷、玻璃及制品、塑料制品、涂料、木材、金属等

3.1.2 建筑材料的物理性质

1. 密 度

密度是指材料在绝对密实状态下单位体积的质量，按下式计算：

$$\rho = \frac{m}{V} \quad (\text{g/cm}^3 \text{ 或 kg/m}^3)$$ （3.1）

式中 m —— 材料在干燥状态下的质量，g 或 kg；

V —— 材料在绝对密实状态下的体积（即不包括孔隙在内的固态所占的实体积），cm³ 或 m³。

材料密度的大小取决于材料的组成和微观结构，因此，相同组成及微观结构的材料，其密度为一定值。在建筑材料中，除玻璃、金属等少数材料外，都含有一些孔隙。为了测得含孔材料的密度，应把材料磨成细粉，除去孔隙，经干燥后用李氏瓶测定其实体积。材料磨得越细，所测得的体积越接近绝对体积。对砂、石等散粒状材料，不经磨细直接求出排开水的体积，这样就包含了颗粒内部的少量空隙，求出的密度称为"视密度"。

2. 体积密度（也称表观密度）

体积密度是指材料在自然状态下单位体积的质量，按下式计算：

$$\rho_0 = \frac{m}{V_0}$$ （3.2）

式中 ρ_0 ——体积密度，g/cm³ 或 kg/m³；

M ——自然状态下材料的质量，g 或 kg；

V_0 ——材料在自然状态下的体积，cm³ 或 m³。

所谓自然状态下的体积，即包含了材料内部的孔隙体积。材料含有水分时，它的质量和体积都会发生变化，故测定体积密度时应注明其含水程度。通常所指的材料体积密度，都以干燥状态为准。砂、石等散粒材料，在颗粒间存在着空隙，空隙的大小与其堆积疏密程度、含水程度有关，故把这种材料的体积密度称为松散体积密度。

表 3.2 列举了几种常用建筑材料的体积密度。

表 3.2 几种常用建筑材料的体积密度

材 料	体积密度/（kg/m³）	材 料	体积密度（kg/m³）	材 料	体积密度/（kg/m³）
铜、铸造钢	7 850	混凝土	2 300～2 400	沥青混凝土	2 300
铸铁	7 250	钢筋混凝土	2 400～2 500	石料	2 400～2 600
铝	2 800	水泥砂浆	2 100～2 200	道床砂、碎石	1 300～1 700

3. 孔隙率和密实度

孔隙率是指材料中的孔隙体积与总体积的百分比。孔隙率及孔隙特征（孔径尺寸大小、分布情况、开口闭口、是否连通等）对材料性质有显著的影响。

材料的孔隙率可以直接测定，也可以根据测得的表观密度 ρ_0 值按下式间接计算：

$$\psi = \left(1 - \frac{\rho_0}{\rho}\right) \times 100\% \qquad (3.3)$$

式中的 $\dfrac{\rho_0}{\rho}$，通常称为密实度。体积密度 ρ_0 与密度 ρ 越接近，即 $\dfrac{\rho_0}{\rho}$ 越接近于 1，表明材料越密实。对同种材料来说，较密实的材料，其强度较高，吸水率较小，导热系数较大。

散粒材料可用式（3.3）来计算孔隙率，体积密度用松散体积密度代入，密度用视密度代入。这样算得的孔隙率，是散粒材料颗粒之间的空隙百分比，而不是颗粒内部的孔隙百分比。

材料孔隙率只表明内部孔隙的多少（不包括散粒材料），但孔隙的特征往往对材料的性能也存在一定的影响。例如：对混凝土加强养护，提高密实度或加入引气剂，引入一定数量的气孔，都可以提高混凝土的抗渗及抗冻性能。

4. 亲水性与憎水性

用做桥墩和基础等处于地下、水中或潮湿环境中的材料，以及用做屋面的防水材料，凡是与水接触的，为了防止结构物或建筑物受到水介质的侵蚀而影响其使用性能，必须研究材料与水有关的性质，以便正确地选用防水材料。

材料在空气中与水接触时，根据其是否能被水润湿，分为亲水性材料和憎水性材料。在材料、水和空气的交点处，沿水滴表面的切线与水和固体接触面所成的夹角（润湿边角）θ 越小，浸润性越好，如果润湿边角 θ 为零，则表示该材料完全被水所浸润。一般认为，当润湿边角 $\theta \leqslant 90°$ 时，如图 3.1（a）所示，水分子之间的内聚力小于水分子与材料分子间的相互吸引力，此种材料称为亲水性材料；当 $\theta > 90°$ 时，如图 3.1（b）所示，水分子间的内聚力大于水分子与材料分子间的吸引力，则材料表面不会被浸润，则把其称为憎水性材料。

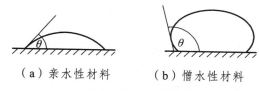

（a）亲水性材料 （b）憎水性材料

图 3.1 材料润湿边角

建筑材料中，各种无机胶凝混凝土、石料、砖瓦等均为亲水性材料，沥青、塑料、油漆等为憎水性材料，憎水性材料常用做防潮、防水及防腐。

5. 吸水性和吸湿性

（1）吸水性。

材料在水中能吸收水分的性质称为吸水性。吸水性大小用吸水率表示。材料的吸水率通常以吸水饱和时材料吸入的水的质量，占材料干燥质量或体积的百分比来表示：

质量吸水率：

$$w_m = \frac{m_1 - m}{m} \times 100\% \qquad (3.4)$$

体积吸水率：

$$w_v = \frac{m_1 - m}{V_0} \times 100\% \qquad (3.5)$$

如果将以上两式相除，则可求得两者之间的关系：

$$w_v = w_m \rho_0$$

式中　　m——材料在干燥状态下的质量，g 或 kg；

m_1——材料吸水饱和后的质量，g 或 kg；

V_0——材料在自然状态下的体积，cm^3 或 m^3；

ρ_0——材料的体积密度，g/cm^3 或 kg/m^3；

w_m——材料的质量吸水率，%；

w_v——材料的体积吸水率，%。

（2）吸湿性。

材料在环境中能自发地吸收空气中水分的性质称为吸湿性。材料的吸湿性用含水率来表示，即用材料吸入水的质量与干燥材料的质量之比的百分数来表示。可见，吸水率只是材料在特殊状态下的一种含水率。材料的吸湿性主要取决于材料的组成及结构状态。一般来说，开口孔隙较大的亲水材料具有较强的吸湿性。材料的含水率还受到环境条件的影响，它随环境的温度和湿度的变化而改变。最后，材料的含水率将与环境湿度达到平衡状态，与空气湿度达到平衡时的含水率称为平衡含水率。材料含一定水分后，对材料性能会产生一系列影响，如使体积膨胀、体积密度增加、强度降低、导热性能增大等。有些材料（如混凝土）长期浸在没有压力的水中，反而有利于强度的继续增长。

6. 抗渗性和耐水性

在压力水作用下，材料抵抗水分渗透的性能，称为抗渗性。材料被压力水渗透，是在压力的作用下，水分透过材料内部孔隙的现象；而材料吸水是内部毛细管自然吸水的现象。一般来说，地下建筑物所用的防水材料以及屋面所用的材料，都要求具有较高的抗渗性。水下结构物或水工建筑物，经常处于一定的水压力作用下，所用材料的抗渗性往往都不够大，因而有必要采用抗渗性较大的防水材料做防水层。

材料抗渗性的大小，与其孔隙率和孔隙特征有关。绝对密实的材料或具有封闭孔隙的材料，实际上是不透水的。具有连通孔隙且孔隙率较大的材料，一般抗渗性较低。

材料在水作用下不发生破坏，同时强度也不显著降低的性质称为耐水性。材料的耐水性用软化系数 K 来表示：

$$K = 材料在吸水饱和状态下的抗压强度/材料在干燥状态下的抗压强度$$

K 值越小，说明材料吸水后强度降低越小，亦即耐水性越差；K 值越大，则表明耐水性越好。故软化系数的大小，有时成为选用材料的主要数据。一般位于水中或潮湿环境中的重要结构物，其所用主要结构材料的软化系数 K 为 0.85 ~ 0.95；次要结构物或受潮较轻的结构物，要求材料的软化系数为 0.75 ~ 0.85。

7. 抗冻性

材料在使用条件下，抵抗多次冻融循环作用而不破坏，强度也无显著降低的性质称为抗冻性。

抗冻性试验通常是使材料吸水至饱和后，在 − 15 ℃温度下冻结一段时间，然后在室温的水中融化，经过规定次数的冻融循环之后，测定其质量及强度的损失情况来衡量材料的抗冻性。

材料遭受冻融循环作用会使内部结构受到损坏，这是由于材料孔隙内水分结冰时，水变成冰，体积增大（约 9%），对孔壁产生很大的压力（可达 100 MPa），冰融化时，压力又骤然消失。无论是冻结还是融化，都会使材料的内外层产生明显的压力差，并且作用于孔壁，使孔壁受到破坏。

材料的抗冻性大小与材料的结构特征、强度、含水程度及冻融循环次数有关，密实的材料以及具有闭口孔的材料有较好的抗冻性；具有一定强度的材料对冰冻有一定的抵抗能力；材料的含水量越大，冰冻的破坏作用越大，循环次数越多，材料遭损越严重。

3.1.3 建筑材料的力学性质

1. 强度的微观概念

材料的力学性质，指的是材料在外力作用下有关强度和变形的性质。材料的力学性质，源于材料质点间既存在吸引力而又有排斥力，因此，在自然状态下，质点在整个系统中处于平衡状态。图 3.2 以 r_0 表示两质点间的相互作用力，以 r 表示两质点间的距离。当 $r = r_0$ 时，相互作用力为零，这就是所谓的平衡点，也就是材料不受外力作用时的初始平衡状态。如果加一外力，使材料受到拉应力或压应力，此时材料质点间的 f 与 r 的关系就会发生变化，这反映到宏观上来，也就成为应力和应变的关系。具体地说，当材料受压时，两质点间的距离缩小，使 $r < r_0$，这时，质点间的排斥力占优势，这种排斥力使材料具有抵抗压缩的能力；当材料受拉时，两质点间的距离增大，使 $r > r_0$，这时两质点间的吸引力占优势，使得材料内部产生抵抗拉伸的内力与外力相抗衡，直到 r 增大到 r_m，这时抵抗拉伸的内力达到最大值 R_{max}，对材料的单位断面积面而言，即为材料的理论抗拉强度。

理论研究还指出，图 3.2（a）所示的两质点间相互作用力曲线，可以通过能量计算把它变为图 3.2（b）所示的能量变化曲线。由图 3.2（b）可以看出，当 $r = r_0$ 时，两质点间的净相互作用能量是一个最低值，这个能量最低值（V_{min}）叫做两质点处于平衡状态的自然结合能。由此可知，当加一外力使材料产生拉伸或压缩变形时，两质点间的距离将会被拉开或缩短，这时质点间的吸引力、排斥力与外力之间将建立新的平衡。而当外力卸除后，这种新的平衡又遭到破坏，质点间富余的净相互作用能量将转化为功，迫使质点回到原来的平衡位置，亦即使质点间的距离发生回缩或回伸，这反映到宏观上，也就出现材料外观形状的恢复。

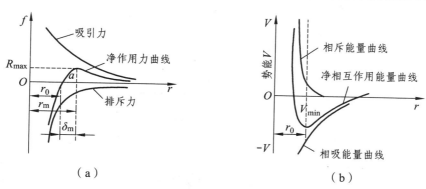

（a）　　　　　　　　　　　　（b）

图 3.2　相互作用力和相互作用能量曲线

2. 静力强度和比强度

材料实际上抵抗外力破坏的强度与上面所讲的理论强度之间存在着巨大的差异，这是由于各种材料在物质结构和构造上存在许多缺陷和疵病的缘故。其中特别是内部的微裂纹，受力时，在其尖端会出现高度应力集中，这使得材料在平均应力远小于理论强度的时候就发生断裂。材料在建筑物中所承受的外力，主要有拉、压、弯、剪四种，如图 3.3 所示，因此，材料抵抗外力破坏的强度也分为抗拉、抗压、抗弯和抗剪四种。这些强度一般是通过静力试验测定的，故而总称为静力强度。抗压、抗拉、抗剪强度的计算公式如下：

$$f = F/A$$

式中 F——材料破坏的最大荷载，N；

       A——材料受力截面面积，mm^2；

       f——材料的强度，MPa。

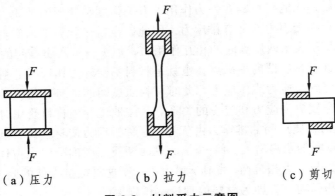

（a）压力　　　　　（b）拉力　　　　　（c）剪切

图 3.3　材料受力示意图

材料的抗弯强度与加荷方式有关，当采用图 3.4（a）试验方法时，其抗弯强度用下式计算：

$$f_m = \frac{FL}{bh^2}$$

当采用图 3.4（b）所示试验方法时，其抗弯强度用下式计算：

$$f_{tm} = \frac{FL}{bh^2}$$

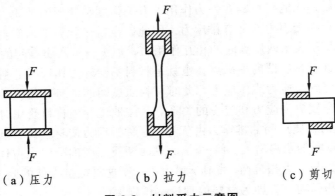

（a）　　　　　　　　　　　（b）

图 3.4　材料受弯示意图

　　除了内因外，外界的因素对材料强度的试验结果也有很大的影响，例如试件的尺寸和形状、试验时的加荷速度、试验温度和湿度以及试验时材料本身的含水量等，均对试验结果有影响。以混凝土为例，其棱柱体的抗压强度试验值较同截面立方体的抗压强度值低。而同是立方体试件，截面尺寸越小，所测得的抗压强度值越高。此外，加荷速度越快，测得的强度值越高。

　　因此，材料的静力强度，实际上只是在特定条件下测定的强度值，只能提供一定程度的相对强度指标。为了对不同材料的强度进行比较，可以采用比强度。比强度是评价材料是否轻质高强的指标，其值等于材料的强度与体积密度之比，数值大者，表明材料轻质高强。表3.3 的数值表明，松木较为轻质高强，而红砖比强度最小。

表 3.3　几种材料比强度数值

材料名称	体积密度/（kg/m³）	强度值/MPa	比强度
低碳钢	7 800	235	0.030 1
松　木	500	34	0.060 8
普通混凝土	2 400	30	0.012 5
红　砖	1 700	10	0.005 9

3. 材料的变形

　　材料的变形分为两类，即弹性变形和塑性变形。当材料在外力作用下产生变形，外力除去后，变形消失，材料恢复至原有形状，这种变形称为弹性变形，这种能够完全恢复的性质叫弹性。材料在外力作用下产生变形，当外力除去后不能完全恢复原有形状，这种变形称为塑性变形，材料具有的这种性质，叫作塑性。这是因为，当外力没有超过材料质点间相互用力时，外力所做的功转变为材料的内能，外力除去后，内能进一步做功，使质点又回至原来的平衡位置，变形消失，此种变形为弹性变形。当外力超过材料质点间的相互作用力，造成材料部分结构或构造破坏，外力撤出后，变形不再消失或不再完全消失，此种变形为塑性变形。材料的弹性变形及塑性变形曲线，如图 3.5 和图 3.6 所示。

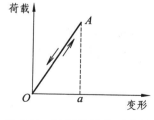

图 3.5　材料弹性变形曲线

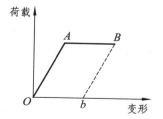

图 3.6　击材料塑性变形

　　实际上，只有单纯的弹性或塑性的材料是不存在的。各种材料在不同的应力下，表现出不同的变形性能，如图 3.7 所示。

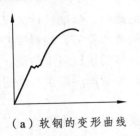 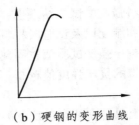 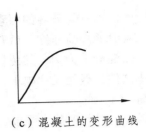

（a）软钢的变形曲线　　　　（b）硬钢的变形曲线　　　　（c）混凝土的变形曲线

图 3.7　几种材料的变形曲线

4. 脆性或韧性

脆性是材料在外力作用下不产生明显变形而突然发生破坏的一种性能，具有这种性质的材料称为脆性材料。脆性材料的抗压强度比抗拉强度大得多，可达几倍到几十倍。脆性材料抵抗冲击或振动荷载的能力差，故常用于承受静压力作用的建筑部位，如基础、墙体、柱子、墩座等。属此类材料的有石材、砖、混凝土、铸铁等。

材料在冲击、振动荷载作用下，能吸收较大的能量，同时也能产生一定的塑性变形而不致破坏的性质称为韧性，如建筑钢材、木材、沥青混凝土等都属于韧性材料。用做路面、桥梁、吊车以及有抗震要求的结构都要考虑材料的韧性，材料韧性通过冲击实验来检验。

3.2　建筑钢材

3.2.1　钢材的基本知识

建筑钢材是指建筑工程中使用的各种钢材，包括结构用各种型材（如圆钢、角钢、工字钢、管钢等）、板材以及钢筋混凝土用钢筋、钢丝、钢绞线。

钢材是在严格的技术条件下生产的材料，它有如下特点：材质均匀，性能可靠，强度高，具有一定的塑性和韧性，具有承受冲击和振动荷载的能力，可焊接、铆接或螺栓连接，便于装配；此外还有容易锈蚀，维修费用高等缺点。

1. 钢材的生产与分类

（1）钢材的生产。

钢是由生铁精炼而成的，炼钢的目的，是在炼钢炉内用高温氧化的方法，使铁水中的杂质氧化成渣排掉，以减少生铁中碳及硫、磷等杂质的含量，获得技术性质和质量远较生铁为佳的钢，因此从钢中除去杂质的程度可以衡量所得产品的质量。

① 炼钢方法。

根据炼钢设备不同，炼钢方法可分为转炉、平炉和电炉三种。

a. 转炉炼钢法。

转炉炼钢法是以熔融状态的铁水（白口铁）为原料，不用燃料，而从转炉底部或侧面吹入高压热空气进行冶炼的一种炼钢方法，故称空气转炉法。冶炼时，高温铁水被空气中的氧先氧化成 FeO，铁水中的杂质再与 FeO 起氧化作用造渣而被排除。这种方法的缺点是在吹炼时，容易混入空气中的氮、氢等有害杂质，同时熔炼时间短（一般只有 15～30 min），炉温较低，化学成分难以得到精确控制，致使炼得的钢中硫、磷、氮、氢等有害杂质含量较高，非金属夹杂物较多，质量较差。但炼钢速度快、产量高、成本低，多用于冶炼普通碳素钢。

为了克服空气转炉钢的特点，近年来创造了氧气转炉法，它是用纯氧代替空气从转炉顶部进行吹炼。该法不仅避免了空气中有害气体的混入，而且炉温有所提高，有利于除去硫、磷等杂质，减少夹杂物，使钢的质量得到显著提高，基本可以赶上平炉钢的水平。

b. 平炉炼钢法。

平炉炼钢法是以固态或液态生铁、铁矿石、废钢等做原料，用煤气或重油作燃料进行冶炼的一种炼钢方法。冶炼时，依靠铁矿石中的氧与杂质起氧化作用而造渣，由于杂质氧化形成的炉渣上浮于表面，隔绝了空气与钢水的直接接触，避免了空气中的氮、氢等气体杂质进入钢中。另外，熔炼时间长（一般 4～12 h），炉温较高，成分可精确控制，炼得的钢中硫、磷、氮、氢等有害杂质含量少，质量较高，和同成分的空气转炉钢相比，具有较小的冷脆和时效敏感性、较好的可焊性和较高的疲劳强度。一般用来炼制优质碳素钢、合金钢和特殊要求的专用钢等。

c. 电炉炼钢法。

电炉炼钢法是用电加热进行高温冶炼的一种炼钢法。电炉炼钢法的优点是：温度可以自由调节，成分可以精确控制，杂质含量极少，钢的质量最好。但成本高，一般只用来炼制优质碳素钢和特殊合金钢。

② 脱氧和铸锭。

冶炼后的钢水一般要注入锭模，浇铸成柱状的钢锭待加工使用。氧在冶炼过程中，对造渣和去杂质是必不可少的，但是冶炼后残留在钢中的氧（以 FeO 的形式存在）却是有害的，在铸锭前要先把氧除去。通常是在炼钢炉内或盛钢桶中，加入少量的锰铁、硅铁或铝块等脱氧剂，使之与钢中残留的 FeO 反应，使铁还原，达到去氧的目的。这个过程称为脱氧。根据脱氧程度的不同，可将钢分为沸腾钢、镇静钢与半镇静钢三种。

a. 沸腾钢。仅用弱脱氧剂锰、铁进行脱氧，是脱氧不完全的钢。由于钢水中残存的 FeO 与 C 化合生成 CO，在铸锭时有大量气泡外逸，状似水沸腾，故而得名。其组织不够致密，气泡含量较多，成分偏析（指在钢锭冷却时，有害杂质向凝固较迟的部位聚集，造成化学成分在钢锭中分布不均匀的现象）较大，故质量较差；但由于成品率高、成本低，所以在一般建筑结构中应用较广泛。

b. 镇静钢。用必要数量的硅、锰和铝等脱氧剂进行彻底脱氧，由于脱氧充分，铸锭时钢水很平静，无沸腾现象，故称镇静钢。其组织致密，化学成分均匀，性能稳定，是质量较好的钢种；但在凝固时，头部会产生收缩孔，加工时必须除去，因而降低了钢的产率，成本较高，适用于承受振动冲击荷载或重要的焊接钢结构。

c. 半镇静钢。脱氧程度介于沸腾钢和镇静钢之间的一种钢，其性能和质量也介于这两者之间。

此外，在铸锭过程中，还可能形成裂纹、非金属夹杂物等缺陷。非金属夹杂物大部分是各种氧化物和硅酸盐，都是硬而脆的物质，易造成微裂缝，破坏钢的整体连续性，并引起应力集中，使钢脆化，降低钢的质量。

③ 热加工。

热加工是将钢锭加热至一定温度，使钢锭呈塑性状态，施加压力使其改变形状，常用的有锻造、热压、轧制等多种方式。钢锭经过热加工后，不但能够得到形状和尺寸合乎要求的钢材，而且还可以使钢锭内的气泡焊合，疏松的组织密实，晶粒细化，从而提高钢的强度。辗轧的次数越多，强度提高的程度越大，故同成分的小截面钢材比大截面钢材的强度高，单向轧制成的轧边钢板，轧制方向的强度高于非轧制方向的强度。

（2）钢材的分类。

钢的品种很多，为了便于选用，此处只介绍按照化学成分和用途来分类的钢。

① 按化学成分分类。

以铁碳合金为主体，含碳量低于 2.11%，除含有极少量的硅、锰和微量的硫及磷之外，不含有别的合金元素的钢，叫作碳素钢。根据含碳量的高低，碳素钢有低碳钢（含碳量小于0.25%）、中碳钢（含碳量在 0.25%~0.6%）和高碳钢（含碳量大于 0.6%）三种。根据硫、磷杂质的含量，碳素钢有普通碳素钢（S 不大于 0.055%，P 不大于 0.045%）、优质碳素钢（S不大于 0.040%，P 不大于 0.040%）和高级优质碳素钢（S 不大于 0.035%，P 不大于 0.030%）三种。

除含有 Fe 和 C 之外，还含有一种或多种合金元素如 Si、Mn、Cr、Ni、Ti、V 等的钢，称为合金钢。按照合金元素总含量的多少，可分为低合金钢（合金元素总含量小于 5%）、中合金钢（合金元素总含量在 5%~10%）、高合金钢（合金元素总含量大于 10%）。

② 按用途分类。

a. 结构钢。这类钢一般都需经过焊接施工，要求有好的焊接性能，所以是含碳量不超过0.25%的低碳钢。

b. 工具钢。用以制造各种工具用的高、中碳钢和合金钢。

c. 特殊钢。用特殊方法生产具有特殊的物理和化学性能，做特殊用途的钢。

2. 钢材的组成和结构

（1）钢材的组成。

钢是铁、碳合金，成分中除铁、碳外，尚有大量的其他元素如硅、锰、硫、磷、氮等。合金钢是为了改性而有意加入一些元素，如锰、钒、钛等。钢材中的 Fe、C 原子有三种基本的结合形式：固溶体、化合物和机械混合物。固溶体是以铁为溶剂、碳为溶质所形成的固体溶液，铁保持原来的晶格，碳溶解其中；化合物是 Fe、C 化合成化合物（Fe_3C），其晶格已与原来的晶格不同；机械混合物是由上述固溶体与化合物混合而成的。所谓钢的组织，是由上述单一结合形式或多种形式构成的，具有一定形态的聚合体，在常温下的基本组织是铁素体、渗碳体和珠光体三种。

① 铁素体。

铁素体是碳在 Q-铁中的固溶体，纯铁在 1 400~1 534 ℃ 为体心立方结构，这种铁称为δ-铁，C 的固溶量很少，接近于纯铁；纯铁在 910 ℃ 以下为体心立方结构，这种铁称为α-铁。由于铁素体原子之间的空隙很小，对 C 的溶解度也小（最大 0.04%），接近于纯铁（指在常温下含 C 量在 0.006%以下的），因此其质软，具有良好的延展性，强度、硬度很低，塑性、韧性大。

② 渗碳体。

渗碳体是铁和碳组成的化合物 Fe_3C，渗碳体的含碳量达 6.67%，其晶体结构复杂，性质硬而脆，是碳钢中的主要强化组分。

③ 珠光体。

珠光体是铁素体和渗碳体的机械混合物，其层状结构可认为是铁素体基体上分布着硬脆的渗碳体片，其强度较高，塑性和韧性介于铁素体和渗碳体之间。在含 C = 0.8%时全部具有珠光体的钢称为共析钢；当含 C 低于 0.8%时的钢称为亚共析钢；当含 C 高于 0.8%时的钢称为过共析钢。建筑钢材都是亚共析钢。

（2）钢材的结构。

钢材属晶体结构，液态金属冷却至凝固点或凝固点以下时，原子按规则的几何形状排列而成固体的过程叫结晶，原子排列成的空间格子叫晶格。金属的晶格有三种类型：体心立方体、面心立方体和密排六方体，如图 3.8 所示。

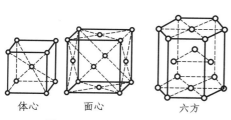

图 3.8　金属晶格的类型

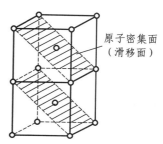

图 3.9　晶格滑移面不蒌

晶体结构中各个原子是以金属键方式结合的，这种结合方式是钢材具有较高强度和良好塑性的根本原因。晶格中有些平面的原子较密集，因而结合力较强，这些面与相邻原子之间间距较大，结合较弱，这种晶格在外力作用下，容易沿原子密集面之间产生相对滑移，如在铁素体晶格中容易导致滑移的面是较多的（见图 3.9），就导致了钢材具有较大塑性变形能力。

钢材晶体中存在很多的缺陷，如点缺陷"空位"、"间隙原子"、线缺陷"位错"和晶粒间的面缺陷"晶界"，如图 3.10 所示。

（a）点缺陷空位和间隙原子

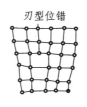

（b）线缺陷刃型位错

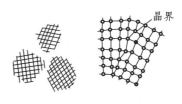

（c）面缺陷晶界面

图 3.10　晶体缺陷示意图

这些缺陷的存在对钢材的宏观性能有两方面的影响：一方面，晶体受力滑移时，不是平行的若干个滑移面同时移动，而是缺陷处滑移面部分原子的移动，这就导致了钢材的实际强度远小于其理论强度；另一方面，缺陷造成了晶体畸变，在初步滑移以后，由于缺陷的进一步增多、密集，缺陷反过来又对进一步滑移起到阻碍、限制的作用，这就是低碳钢在钢材拉力试验中出现"屈服"和"强化"的原因。

3. 钢材的技术性质和工艺性质

（1）抗拉强度。

建筑钢材的抗拉强度包括屈服强度、极限抗拉强度、疲劳强度。

① 屈服强度。

或称为屈服极限，是指钢材在静载作用下，开始丧失对变形的抵抗能力，并产生大量塑性变形时的应力。如图 3.11 所示，在屈服阶段，锯形齿的最高点所对应的应力称为上屈服点（$B_上$）；最低点对应的应力称为下屈服点（$B_下$）。因上屈服点不稳定，所以国标规定以下屈服点的应力作为钢材的屈服强度，用 σ_s 表示。中、高碳钢（硬钢）没有明显的屈服点，通常以残余变形为 0.2% 的应力作为 $\sigma\text{-}\varepsilon$ 图屈服强度，用 $\sigma_{0.2}$ 表示。

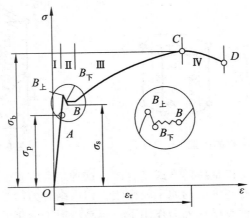

图 3.11　低碳钢拉抻

屈服强度对钢材的使用有着重要意义，当构件的实际应力达到屈服点时，产生塑性变形；当应力超过屈服点时，受力较高的部位应力不再提高，而自动荷载重新分配给某些应力较低的部分，因此屈服强度是确定钢结构容许应力的主要依据。

② 极限抗拉强度。

极限抗拉强度是指钢材在拉力作用下能承受的最大拉应力，用 σ_b 表示，如图 3.11 所示，第Ⅲ阶段的最高点。抗拉强度虽不能直接作为计算的依据，但屈服强度和抗拉强度的比值，即屈强比，用 σ_s / σ_b 表示，在工程上很有意义。此值越小，结构的可靠性越高，即防止结构破坏的潜力越大。但此值太小时，钢材强度的有效利用率太低，合理的屈强比一般在 0.6 ~ 0.75。

③ 疲劳强度。

钢材承受交变荷载的反复作用时，可以在远低于屈服强度时突然发生破坏，这种破坏称为疲劳破坏。钢材疲劳破坏的指标是疲劳强度，或称为疲劳极限。疲劳强度是指试件在交变应力作用下，不发生疲劳破坏的最大主应力值，一般把钢材承受交变荷载 $10^6 \sim 10^7$ 次时不发生破坏的最大应力作为疲劳强度。

（2）弹性模量。

从图 3.11 可看出，钢材在静荷载作用下受拉开始阶段，应力和应变成正比，这一阶段称为弹性阶段。在这一阶段，应力和应变的比值称为弹性模量，即 $E = \sigma / \varepsilon = \tan\alpha$，单位 MPa。弹性模量是衡量材料产生弹性变形的难易程度的指标，E 越大，使其产生一定量弹性变形的应力值也越大，在一定的应力下，产生的弹性变形越小。在工程上，弹性模量也反映了钢材构件的刚度，它是钢材在受力条件下计算结构变形的重要指标，建筑上常用碳素结构钢 Q235 的弹性模量 $E = (2.0 \sim 2.1) \times 10^5$ MPa。

（3）塑性。

建筑钢材应具有很好的塑性，在工程中，钢材的塑性指标通常用伸长率或断面收缩率来表示。

① 伸长率是指试件拉断后，标距长度的增量与原标距长度之比，符号为 δ，常用%表示。

② 断面收缩率是指试件拉断后，颈缩处横截面面积的减缩量占原横截面面积的百分比，符号为 ψ，常以%表示。

为测量方便，一般常用伸长率表示钢材的塑性。伸长率是衡量钢材塑性的重要指标，δ 越大，说明钢材的塑性越好。伸长率与标距有关，对于同种钢材 $\delta_5 > \delta_{10}$。

塑性是钢材的重要技术性质，尽管结构是在弹性阶段使用的，但应力集中处应力可能超过屈服强度，一定的塑性变形能力可保证应力重新分配，从而避免结构的突然破坏。

（4）冲击韧性、冷脆性。

冲击韧性是指钢材抵抗冲击荷载而不破坏的能力。规范规定是以刻槽的标准试件，在冲击试验的摆冲击下，以破坏后缺口处单位面积上所消耗的功来表示，符号 α_k，单位 J/cm^2，如图 3.12 所示。α_k 越大，冲断试件消耗的能量越多，或者说钢材断裂前吸收的能量越多，表明钢材的韧性越好。常温下，随温度的下降，冲击韧性降低很小，此时破坏的钢件断口呈韧性断裂状，当温度降至某一温度范围时，冲击韧性突然发生明显下降，钢材开始呈脆性断裂，这种性质称为冷脆性。

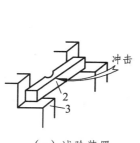

（a）试验装置

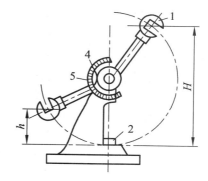

（b）摆冲式试验机工作原理图

图 3.12

1—摆锤；2—试件；3—支座；4—度盘；5—指针

在实际中，对一般建筑钢冷脆性的评定，通常是在 – 20 ℃、– 30 ℃、– 40 ℃ 三个温度下分别测定其冲击值 Q 后，由此来推断脆性转变温度的高低，并要求钢材的脆性转变温度应低于实际使用环境的最低温度。对钢材提出冲击韧性的要求，是防止钢材在使用中产生脆性断裂的有效措施。

（5）硬度。

硬度是指在钢材表面上局部体积内，抵抗变形或破裂的能力，且与钢材的强度具有一定的内在联系。目前测定钢材硬度的方法很多，常用的有布氏法。布氏法是在布氏硬度机上用一定直径的硬质钢球,加以一定的压力,将它压入钢材的光滑表面上使其形成凹陷,将压力除以被压入材料的凹陷面积,即得布氏硬度值(HB)。该值越大,表示钢材越硬。

（6）冷弯性能。

建筑钢材的冷弯性能,是指在常温下能承受弯曲而不破裂的能力,是衡量钢材承受冷塑性变形能力的指标。这种指标通常用弯曲角度(α)以及弯心直径(d)相对于钢材厚度α的比值d/α来表示。在进行冷弯试验时,试件弯曲处的外拱面和两个侧面尚未出现裂缝和起层现象之前,如果弯曲角度越大,d/α的比值越小,则表明图钢材的冷弯性能越好,如图 3.13所示。

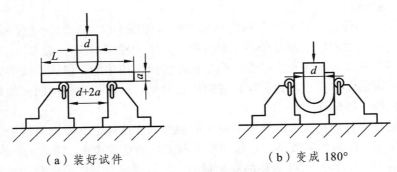

（a）装好试件   （b）变成180°

图 3.13   钢筋冷弯示意图

（7）可焊性。

钢材在焊接过程中,由于高温的作用,焊缝及其附近的过热区将发生晶体组织和结构的变化,使焊缝周围的钢材产生硬脆倾向,降低焊件的使用质量。钢的可焊性就是指钢材在焊接后,体现其焊头联结的牢固程度和硬脆倾向大小的一种性能。可焊性良好的钢,焊接后的焊头牢固可靠,硬脆倾向小,仍能保持与母材基本相同的性质。

可焊性主要受化学成分及其含量的影响,含碳量高,将增加焊接的硬脆性。含碳量小于0.25%的碳素钢具有良好的可焊性。加入合金元素如硅、锰、钒、钛等,也将增大焊接的硬脆性,降低可焊性,特别是硫能使焊接产生热裂纹及硬脆性。

焊接结构用钢应选用含碳量较低的氧气转炉或平炉的镇静钢;对于高碳钢及合金钢,为了改善焊接后的硬脆性,焊接时,一般要采用焊前预热及焊后热处理等措施。

（8）热处理。

热处理是指将钢材按一定规则,如加热、保温和冷却,以改变其组织,从而获得需要性能的一种工艺过程。热处理的方法有正火、退火、淬火和回火。

① 正火。正火主要用于提高钢的塑性和韧性,获得强度、塑性和韧性三者间的良好配合。如对厚度较大的16锰、15锰钒和15锰钒氮等热轧状态下的普通低合金钢钢板进行正火处理,能消除在热轧过程中造成的组织不均匀性和内应力,使塑性和韧性提高很多,而强度却降低很少,从而取得良好的综合技术性质。

② 退火。退火可降低钢的硬度,提高塑性和韧性,并能消除冷、热加工或热处理所形成的缺陷和内应力。

③ 淬火。淬火能显著提高钢的硬度和耐磨度,但塑性和韧性却显著降低,且有很大的内应力,脆性很高,可在淬火后进行回火处理,以消除部分脆性。

④ 回火。根据加热温度的高低，分低温（150～250 ℃）、中温（350～500 ℃）和高温（500～650 ℃）三种回火温度。回火主要是为了消除淬火后钢件的内应力和脆性，可根据不同要求选择加热温度。一般来说，要求保持高强度、高硬度时，采用低温回火；要求保持高弹性极限和屈服强度时，采用中温回火；要求既有一定强度和硬度，又有适当塑性和韧性时，采用高温回火。把淬火和高温回火的联合处理称为调质。调质的目的主要是为了获得良好的综合技术性能，既有较高的强度，又有良好的综合技术性能，既有较高的强度，又有良好的、塑性和韧性。经过调质处理的钢称调质钢，它是目前用来强化钢材的有效措施，如建筑上用的某些高强度低合金钢、某些热处理钢筋等，都是通过调质处理得到强化的。

（9）冷加工与时效。

① 冷加工。是指钢材在常温下进行的机械加工，包括冷拉、冷拔、冷轧、冷扭、冷冲和冷压等各种方式。

钢材在超过弹性范围后，产生冷塑性变形时，强度和硬度相应提高，而塑性和韧性下降，即发生了冷加工强化。在一定范围内，冷加工变形程度越大，屈服强度提高越多，塑性和韧性降低得越多。

② 时效。是指钢材随时间的延长，强度、硬度提高，而塑性、冲击韧性下降的现象。钢材在自然条件下，时效的过程是非常缓慢的，如经过冷加工或使用中经常受到振动、冲击荷载作用时，时效将迅速发展。钢材经冷加工后，在常温下搁置 15～20 d 或加热至 100～200 ℃ 保持 2 h 以内，钢的屈服强度、抗拉强度及硬度都进一步提高，而塑性、韧性继续降低，前者称为自然时效，后者称为人工时效。低碳钢经冷拉时效后，应力应变曲线如图 3.14 所示。

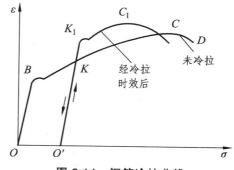

图 3.14　钢筋冷拉曲线

因时效而导致钢材性能改变的程度称为时效敏感性。时效敏感性大的钢材，经时效后，其冲击韧性、塑性改变较大，承受振动、冲击荷载作用的重要结构，应选用时效敏感性小的钢材。

建筑用钢筋，常利用冷加工、时效作用来提高其强度，增加钢筋的品种规格，节约钢材。

3.2.2　常用建筑钢材

1. 钢结构用钢

（1）碳素结构钢。

① 牌号及其表示方法。

国标《碳素结构钢》（GB 700—88）中规定，牌号由代表屈服点的字母、屈服点数值、质量等级符号、脱氧方法等 4 部分按顺序组成。其中，"Q"代表屈服点，屈服点数值共分 195、215、255 和 275 MPa 四种；质量等级以硫、磷杂质含量由多到少，分别由 A、B、C、D 符号表示；脱氧方法以 F 表示沸腾钢、b 表示半镇静钢、Z 和 Tz 表示镇静钢和特殊镇静钢，其中，Z 和 TZ 在钢的牌号中予以省略。

例如：Q235-AF，表示屈服点为 235 MPa 的 A 级沸腾钢。

表 3.4　各牌号钢的化学成分表

牌号	等级	化学成分/%					脱氧方法
		C	Mn	Si	S	P	
					不大于		
Q195		0.06～0.12	0.25～0.50	0.30	0.050	0.045	F，b，Z
Q215	A	0.09～0.15	0.25～0.55	0.30	0.050	0.045	F，b，Z
	B				0.045		
Q235	A	0.14～0.22	0.30～0.65	0.30	0.050	0.045	F，b，Z
	B	0.12～0.20	0.30～0.70		0.045		
	C	0.18	0.35～0.80		0.40	0.040	Z
	D	0.17			0.035	0.035	TZ
Q255	A	0.18～0.28	0.40～0.70	0.30	0.050	0.045	Z
	B				0.045		
Q275		0.28～0.38	0.50～0.80	0.35	0.050	0.045	Z

注：Q235A、B级沸腾钢锰含量上限为 0.60%。

② 技术要求。

各牌号钢的化学成分符合表 3.4 的规定，各牌号钢的力学性能、工艺性能符合表 3.5 和表 3.6 的规定。

表 3.5　各牌号钢的力学性能及工艺性能表

牌号	等级	拉 伸 试 验													冲击试验	
		屈服点δ_s/(N/mm³)						抗拉强度 δ_b /(N/mm²)	伸长率 δ_s/%						温度 /℃	V 形冲击功（纵向)/J
		钢材厚度(直径)/mm							钢材厚度(直径)/mm							
		≤16	>16 ～40	>40 ～60	>60 ～100	>100 ～150	>150		≤16	>16 ～40	>40 ～60	>60 ～100	>100 ～150	>150		
		不小于							不小于							不小于
Q195		(195)	(185)	—	—	—	—	315～390	33	32						
Q215	A	215	205	195	185	175	165	335～410	31	30	29	28	27	26	—	20
	B														20	27
Q235	A	235	225	215	205	195	185	375～460	26	25	24	23	22	21	—	—
	B														20	27
	C														0	
	D														−20	
Q255	A	255	245	235	225	215	205	410～510	24	23	22	21	20	19	—	—
	B														20	27
Q275	—	275	265	255	245	235	225	490～610	20	19	18	17	16	15	—	—

表 3.6　各牌号钢冷变性能试验表

牌　号	试样方向	冷弯试验 $B = 2a(180\,°C)$		
		钢材厚（直径）/mm		
		60	>60~100	>100~200
		弯心直径 d		
Q195	纵	0		
	横	0.5a		
Q215	纵	0.5a	1.5a	2a
	横	0.5a	2a	2.5a
Q235	纵	a	2a	2.5a
	横	1.5a	2.5a	3a
Q255		2a	3a	3.5a
Q275a		3a	4a	4.5

　　选用碳素结构钢，一方面要考虑工程使用条件对钢材性能的要求，另一方面要根据钢材的质量、性能及相应的标准进行选择。

　　国标将碳素结构钢分为 5 个牌号，每个牌号又分为不同的质量等级。一般来讲，牌号数值越大，含碳量越高，其强度、硬度也就越高，但塑性、韧性越低。平炉钢和氧气转炉钢质量均较好，硫磷含量低的 D、C 级钢质量优于 B、A 级钢的质量，质量好的钢成本较高。

　　工程结构的荷载类型、焊接情况及环境温度等条件对钢材性能有不同的要求，是选用钢材必须满足的。一般情况下，在动荷载、焊接结构或严寒低温条件下工作时，往往限制沸腾钢的使用。具体说，沸腾钢的限制条件是：在直接承受动荷载的焊接结构；非焊接结构而计算温度等于或低于 – 20 °C 时；受静荷载及间接荷载作用，而计算温度等于或低于 – 30 °C 时的焊接结构。

　　建筑钢结构中，主要应用的是碳素钢 Q235，包括用 Q235 轧成的各种型材、钢板和钢管。由于 Q235-D 含有足够的形成细粒的元素，同时对硫、磷元素控制较严格，故其冲击韧性好，抵抗振动、冲击荷载能力强，尤其是在一定低温条件下，较其他牌号的钢更为合理。A 级钢一般仅适用于承受静荷载作用的结构。之所以 Q235 在钢结构中应用广泛，主要是因为它的机械强度、韧性和塑性以及可加工等综合性能好，且冶炼方便，成本较低。

　　Q215 号钢机械强度低，塑性大，受力后产生变形大，经冷加工后可代替 Q235 号钢使用。Q275 号钢机械强度高，但塑性较差，有时轧成带肋钢筋用于混凝土中。

　　（2）低合金结构钢。

　　① 牌号及其表示方法。

　　国标《低合金结构钢》（GB 1591—88）规定，低合金结构钢有 17 个牌号，牌号的表示方法是：首位数字是平均含碳量的百分数；其后按主次排列合金元素。如合金元素后面未附数字，表示其平均含量在 1.5% 以下，如附数字"2"，则表示其平均含量在 1.5% ~ 2.5%；牌号末位注明脱氧程度，如注有符号"b"，表示半镇静钢，如无符号，则表示镇静钢。例如：16Mn 表示平均含碳量为 0.16%，平均含锰量低于 1.5%；若改为 16MnNb，除了上述的意义外，还表示含有除锰之外的合金元素，铌含量虽少（小于 0.06%），但对钢性质有较大影响，也记入牌号中。除铌之外，常加入的微量合金元素还有钒、钛等，钢中的铬、镍、铜的残余

土木工程类专业认识实习指导书
TUMUGONGCHENG LEI ZHUANYE RENSHI SHIXI ZHIDAOSHU

合金量都不大于 0.3%。低合金钢有氧气转炉、平炉或电炉冶炼。

② 技术要求。

低合金结构钢的力学性质、工艺性能应符合表 3.7 的要求。

表 3.7　低合金结构钢的力学性质

牌　号	钢材厚度或直径 /mm	抗拉强度 /(N/mm²)	屈服点 σ_s/(N/mm²)	伸长率 δ/%	180 ℃ 弯曲试验 d = 弯心直径 a = 试样厚度	冲击试验	
						温度 /℃	V 形冲击功（纵向）/J
			不小于				不小于
09MnV	≤16	430~580	295	23	d = 2a	20	27
	>16~25		275		d = 3a		
09MnNb	≤16	410~560	295	24	d = 2a	20	27
	>16~25	390~540	275	23	d = 3a		
09Mn₂	≤16	440~590	295	22	d = 2a	20	27
	>16~30	420~570	275	22	d = 3a		
	>30~100 方、圆钢	410~560	255	21	d = 3a		
12Mn	≤16	440~590	295	22	d = 2a	20	27
	>16~25	430~580	275	21	d = 3a		
	>25~36	400~550	255	21	d = 3a		
	>36~50	390~540	235	21	d = 3a		
	>50~100 方、圆钢	390~540	235	40	d = 3a		

③ 低合金结构钢的性能与应用。

合金元素加入钢以后，便与铁和碳共同作用，结果改变了钢的组织、性能。以相近含碳量（0.14%～0.22%）的 18Nb 或 16Mn（屈服点为 345 MPa）与 Q235-A 号钢（屈服点为 235 MPa）相比，屈服点提高了约 32%，同时具有良好的塑性、冲击韧性、可焊性及耐低温、耐蚀性等。在相同使用条件下，可比碳素结构钢节省用钢量 20%～30%。

钢材进行合金化，一般是利用铁矿石或废钢中原有的合金元素如铌、铬等，或者加入一些廉价的合金元素如硅、锰等。在需要使钢具有特殊组织和更高强度时，也可以加入少量的贵重合金元素如钛、钒等，但其加入量是很少的。冶炼设备也基本上与生产碳素钢的设备相同，因此其成本增加不多。

采用低合金结构钢可减轻结构重量，延长使用寿命，特别是大跨度、大柱网结构，采用较高强度的低合金结构钢，技术经济效果更显著。

钢结构采用的上述两类钢材的主要品种有型钢、钢板和钢管，包括型钢中的角钢、工字钢和槽钢以及钢板中的厚钢板。

2. 钢筋混凝土用钢

（1）热轧钢筋。

钢筋混凝土结构要求热轧钢筋有较高的机械强度，具有一定的塑性、韧性、冷弯和可焊性。随着高强度预应力混凝土结构的发展，低合金结构钢轧制的钢筋已代替了 Q275 号钢轧制的钢筋，得到了广泛的应用。

① 热轧钢筋标准。

根据国标《钢筋混凝土用热轧光圆钢筋》（GB 13013—91）和《钢筋混凝土用热轧带肋钢筋》（GB 1499—98）规定，按机械强度的屈服强度和抗拉强度，将钢筋分为 4 级。热轧直条圆钢筋为 I 级，强度等级代号为 R235；热轧带肋钢筋的级别为 II 、III 、IV 级，强度等级代号为 HRB335、HRB400、HRB500，表 3.8 所示为热轧钢筋的分级及相应的技术要求。

表 3.8　热轧钢筋性能表

表　面	钢筋级别	强度等级	公称直径	屈服强度 σ_s/MPa	抗拉强度 σ_b/MPa	伸长率 δ/%	冷弯 180° d—弯芯直径 a—钢筋公称直径
				不小于			
光　圆	I	R235	8～20	235	370	25	$d = a$
月牙肋	II	HRB335	6～25	335	490	16	$d = 3a$
			28～50				$d = 4a$
	III	HRB400	6～25	400	570	14	$d = 4a$
			28～50				$d = 5a$
等高肋	IV	HRB500	6～25	500	835	12	$d = 6a$
			28～50				$d = 7a$

② 热轧钢筋的选用。

普通混凝土非预应力钢筋可根据使用条件，选用 I 级钢筋或 II 、III 级钢筋；预应力钢筋应优先选用 IV 级，也可以选用 III 级或 II 级。

热轧钢筋除 I 级是光圆钢筋，其余的为月牙肋或等高肋钢筋，粗糙的表面可提高混凝土与钢筋之间的握裹力。

（2）冷拉热轧钢筋。

在常温下将 I ～ IV 级热轧钢筋拉伸至超过屈服点，而小于抗拉强度的某一应力，然后卸荷，即制成了冷拉钢筋。冷拉可使屈服点提高 17% ～ 27%，材料变脆，屈服阶段缩短，伸长率降低冷拉时效后强度略有提高。实践中，可将冷拉、除锈、调直、切断合并为一道工序，这样的简化了流程，提高效率；冷拉既可以节约钢材，又可制作预应力钢筋，增加其品种和规格，设备简单，易于操作，是钢筋冷加工的常用方法之一。其技术指标符合表 3.9 的要求。

表 3.9　冷拉热轧钢筋性能表

钢筋级别	钢筋直径 /mm	屈服强度 /（N/mm²）	抗拉强度 /（N/mm²）	伸长率 δ_{10}/%	冷　弯	
		不小于			弯曲角度	弯曲直径
I 级	≤12	280	370	11	180°	$3d$
II 级	≤25	450	510	10	90°	$3d$
	28～40	430	490	10	90°	$4d$
III 级	8～40	500	570	8	90°	$5d$
IV 级	10～28	700	835	6	90°	$5d$

注：① d 为钢筋直径（mm）；
　② 表中冷拉钢筋的屈服强度值，系现行国家标准（混凝土结构设计规范）中冷拉钢筋的强度标准值。

（3）冷拔低碳钢丝。

冷拔低碳钢丝是将直径为 6.6～8 mm 的 Q235 号（或 Q215）盘圆钢筋，通过截面小于钢筋截面的钨合金拔丝模而制成。这种常温下的加工称为冷拔。冷拔钢丝不仅受拉力作用，同时还受到挤压的作用，因此经受一次或多次拔制而得的钢丝，其屈服强度可提高 40%～60%，且已失去了低碳钢的性质，变得硬脆，属硬钢类钢丝。冷拔低碳钢丝按力学强度分为两级：乙级为非预应力钢丝，甲级为预应力钢丝。混凝土构件厂常自行冷拔加工，因此对钢丝的质量严格控制，对其外观要求分批抽样，表面不准锈蚀、油污、伤痕、皂渍、裂纹等，逐盘检查其力学，工艺性能应符合表 3.10 的规定。凡伸长率不合格者，不准用于预应力混凝土构件中。

表 3.10　冷拔低碳钢丝力学性能

钢丝级别	直径/mm	抗拉强度/MPa		伸长率 不小于 /%	弯曲次数 180 ℃
		Ⅰ组	Ⅱ组		
		不小于			
甲级	5	650	600	3	4
	4	700	650	2.5	4
乙级	3～5	550		2	4

（4）冷轧扭钢筋。

冷拔低碳钢丝虽应用广泛，但因表面光滑与混凝土的握裹力低，在普通钢筋混凝土中不能发挥其高强作用，仅适用于预应力混凝土构件中。新研制的冷轧扭钢筋，即用直径为 6.5～10 mm 的 Q235 号钢热轧盘圆，先后经冷轧扁和冷扭转，制成具有一定螺距的冷轧扭钢筋，不仅屈服强度比原材 Q235 号钢筋提高一倍，且与混凝土形成较强的握裹力，因此不需要预应力和弯钩即可用于普通混凝土工程，并可节约钢材 30%左右。

（5）预应力混凝土热处理钢筋。

表 3.11 所示为国标 GB 4463—92 规定的力学工艺性能指标。

表 3.11　预应力热处理钢筋的力学性能

公称直径/mm	牌　号	屈服点 $(\sigma_{0.2})$/MPa	抗拉强度/MPa	伸长率/%
		不小于		
6	40Si^{2}Mn			
8	48Si^{2}Mn	1 325	1476	6
10	45Si^{2}Cr			

热处理钢筋主要用于预应力钢筋混凝土轨枕，代替碳素钢丝。由于其具有制作方便、质量稳定、锚固性好、节省钢材等优点，已开始应用于普通预应力钢筋混凝土中。

（6）预应力混凝土用钢丝及钢绞线。

它们是钢厂用优质碳素结构钢经冷加工、再回火、冷轧或绞捻等加工而成的专用产品，也称为优质碳素钢丝及钢绞线。

预应力混凝土用钢丝分为矫直回火钢丝、矫直回火刻痕钢丝和冷拉钢丝 3 种。钢丝直径有 3、4、5 mm 三种规格，抗拉强度为 1 470 ~ 1 670 MPa，屈服点 6D-2 为 1 100 ~ 1 410 MPa。

钢绞线是由 7 根钢丝，经绞捻热处理制成的。国标 GB 5224—85 规定，钢绞线直径为 9 ~ 15 mm，破坏荷载达 220 kN，屈服荷载可达 185 kN。

上述的钢丝和钢绞线，均具有强度高、塑性好、使用时不需接头等优点，尤其适用于需要曲线配筋的预应力钢筋混凝土结构、大跨度或重荷载的屋架等。

3.2.3　钢材的防锈与防火

1. 防　锈

钢铁因受到周围介质的化学或电化学作用而逐渐破坏的现象称为腐蚀。研究表明，周围介质的性质和钢铁本身的组织成分对钢铁腐蚀影响很大。处在潮湿条件下的钢铁比处在干燥条件下的容易生锈，埋在地下的钢铁比暴露在大气中的容易生锈，大气中含有较多的酸、碱、盐离子时，钢铁比较容易受腐蚀，有害杂质含量较多的钢铁比杂质含量少的容易生锈。所以，沸腾钢比镇静钢、空气转炉钢比平炉钢容易受腐蚀。

防止钢材锈蚀的有效办法是将钢材的表面铁锈清除干净，然后涂上涂料，使之与空气隔绝。目前一般的除锈方法有三种：

（1）钢丝刷除锈。

可采取人工用钢丝刷或半自动钢丝刷将钢材表面的铁锈全部刷去，直至露出金属表面为止。这种方法工作效率低，劳动条件差，除锈质量不易保证。

（2）酸洗除锈。

酸洗除锈指将钢材放入酸洗槽内，分别除去油污、铁锈，直至构件表面全呈铁灰色，并清洗干净，保证表面无残余酸液。这种方法较人工除锈彻底，工效亦高。若酸洗后作磷化处理，则效果更好。

（3）喷砂除锈。

喷砂除锈指将钢材通过喷砂机将其表面铁锈清除干净，直至金属面全呈灰白色为止，不得存在局部黄色。这种方法除锈比较彻底，效率亦高，在较发达的国家中已普遍采用，是一种先进的除锈方法。钢材在清除铁锈及污垢后，应立即涂刷防腐涂料，否则应采取措施（如保证干燥、涂磷化底漆或磷化处理），以免再次生锈。防腐材料一般用油漆。油漆分为底漆和面漆两类，底漆要牢固地附着于钢材的表面，隔断其与外界空气的接触，防止生锈；面漆是为了保护底漆不受损伤或侵蚀。

常用的油漆有以下几种：

① 红丹做底漆，灰铅油或醇酸磁漆做面漆。

② 环氧富锌或无机富锌做底漆或面漆。

③ 磷化底漆、铁红环氧底漆做底漆，各类醇酸磁漆或酚醛磁漆做面漆。

④ 偏硼酸钡和硼酸防锈漆做底漆，各类醇酸磁漆或酚醛磁漆做面漆。

⑤ 环氧底漆或环氧煤焦油做底漆和面漆。

薄壁型钢结构的除锈，在工厂中，以酸洗和磷化处理效果较好。如在工地上，用黏土硫酸除锈法较简单，即用 60% 以上浓度的硫酸加黏土（重量比为 1:1）涂在金属表面 2 ~ 3 mm

厚，48 h 后即可除锈。对薄壁钢材，尚有热浸镀锌或热浸镀锌后加涂塑料涂层作为防腐使用，这种防腐蚀的效果好，但价格较贵。

2. 防　火

裸露的钢结构构件耐火极限仅 0.25 h，在火灾中钢结构温度超过 500 ℃，其强度明显降低，导致建筑物迅速垮塌，应采用防火涂料以达到防火目的。较常用的防火涂料有以下几种：

（1）STL-A 型钢结构防火涂料。

以高强无机黏结剂为基料，配以高效绝热集料、防火添加剂和化学助剂，混合成粉末型涂料，用作钢结构防火层。涂层厚度为 2.8 cm 时，耐火极限为 3 h，干涂料须防潮保存，沾水结块的涂料、部分冻结涂料不宜使用。使用前后 24 h 内，环境温度应维持在 4 ℃ 以上。

（2）M 钢结构防火隔热涂料。

以改性无机高温黏结剂，配以空心微珠、膨胀珍珠岩等吸热、隔热、增强材料和化学助剂合成的一种新型涂料。其特点是附着力强，干燥固化快，而且无毒无污染，用于承重钢构件的防火保护，也可用于防火隔墙。存放在 4～40 ℃ 的干燥通风室内，有效期半年。

（3）LB 钢结构膨胀防火涂料。

LB 钢结构膨胀防火涂料指以水溶性有机与无机相结合的乳胶膨胀防火涂料。其特点是涂层薄、装饰效果好、黏结强度高、施工方便、抗震性能好、抗弯强度高。适用大跨度钢球节网架、工业厂房钢屋架、刚承重构件防火隔热。

（4）JG-276 钢结构防火涂料。

由无机胶结剂、多孔隔热材料、性能调节剂和助剂组成。其具有原料丰富易得、工艺简单、功能显著、价格低廉、性能优异等特点，可用作建筑钢结构表面防火涂层。

3.3　木材、塑料及装饰材料

3.3.1　木　材

木材作为建筑材料，已有悠久的历史，在建筑工程中，木材可用做桁架、梁、柱、支撑、门窗、地板、桥梁、脚手架、混凝土模板及室内装修等。

作为建筑材料，木材的优点是轻质高强、弹性和韧性良好，能承受冲击和振动，导热性低，易于加工，纹理美观，装饰效果良好。木材的缺点有：构造不均匀、各向异性；含水率变化时胀缩显著，导致尺寸、形状的改变；易腐朽及虫蛀；易燃烧；有天然疵病等。但是经过一定加工和处理，这些缺点可以得到相当程度的减轻。

建筑用木材分为针叶树和阔叶树两大类。针叶树如松、杉柏等，一般树干通直而高大，易得木材，纹理通顺，材质均匀，木质较软，易于加工，故又称为软木材；胀缩变形较小，耐腐蚀性强，有较高的强度，为建筑工程的主要用材，广泛用于承重结构材料。阔叶树如榆木、水曲柳、柞木等，树干通直部分较短，材质较硬而重，难于加工，故又称为硬木材；强度较大，胀缩、翘曲变形大，易于开裂，不宜做承重构件。经加工后，常有美观的纹理，故适用于内部装修、家具和胶合板。

1. 构　造

（1）宏观构造。

　　木材的宏观构造是指用肉眼或放大镜所能观察到的木材组织。由于木材构造的不均匀性，研究木材宏观构造特征时，可从树干的3个切面上来进行剖析，即横切面、径切面和弦切面，如图3.15所示。

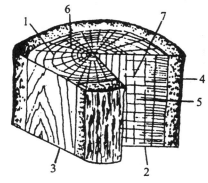

　　横切面：与树干主轴重直的切面。

　　径切面：顺着树干方向，通过髓心的切面。

　　弦切面：顺着树干方向，与髓心有一定距离的切面。

　　从横切面上可以看到，树木由树皮、髓心和木质部组成。木质部是建筑材料使用的主要部分，在木质部靠近髓心部分颜色较深，称为心材；靠近树皮的部分颜色较浅，称为边材。一般来说，心材比边材的利用价值大些。

　　从横切面上可以看到深浅相间的同心圆环，即所谓年轮，一般树木每年生长一轮。在同一年轮内，春天生长的木质色较浅、质松软，称为春材（旱材）；夏秋两季生长的木质色较深，质坚硬，称为夏材（晚材）。相同树种，年轮越密，材质越好；夏材部分越多，木材强度越高。

图3.15　树干的三个切面
1—横切面；2—径切晶；3—弦切；4—树皮；
5—木质部；6—年轮；7—髓线

（2）微观构造。

　　木材的微观构造是指借助显微镜才能见到的组织。用光学显微镜观察木材切片，可以看到木材是由无数管状细胞紧密结合而成，除少数细胞横向排列外，绝大多数细胞纵向排列。每个细胞都是由细胞壁和细胞腔两部分组成，细胞壁由细纤维组成，其纵向连接较横向牢固，造成细胞壁纵向强度高、横向强度低。细纤维间具有极小的空隙，能吸附和渗透水分。木材细胞壁越厚，腔越小，木材越密实，体积密度和强度也越大，但胀缩也大。春材细胞壁薄腔大，夏材则细胞壁厚腔小。

2. 主要性质

　　当木材中仅细胞壁内充满吸附水，而细胞腔及细胞间隙中无自由水时的含水率，称为纤维饱和点。纤维饱和点是木材物理力学性质发生变化的转折点。

（1）湿胀干缩。

　　木材具有显著的湿胀干缩性，这是由于细胞壁内吸附水含量变化所致。当木材由潮湿状态干燥到纤维饱和点时，其尺寸不变，继续干燥，即当细胞壁中吸附水蒸发时，则发生体积收缩。干燥木材吸湿时，将发生体积膨胀，直到含水量达到纤维饱和点时为止，其膨胀值达到最高，然而即使以后木材含水量继续增大，体积也不再膨胀。木材的收缩和膨胀对木材的使用有严重影响，它会使木材产生裂缝或翘曲变形，以致引起木结构的接合松弛或凸起、装修部件的破坏等。

（2）强度具有方向性。

　　木材各向异性的特点，也影响了木材的力学性能，使木材的各种力学强度都具有明显的方向性。当顺纹受力（作用力方向与木纹方向一致），木材抗压、抗拉强度都高；当横纹受力（木文方向与作用力方向垂直），木材的强度都低；而斜纹受力（作用力方向介于顺纹和横纹之间时），木材强度随着力与木纹交角的增大而降低。表 3.12 列出了木材各种强度间数值大小的关系。

表 3.12 木材各项强度值比较（以顺纹抗压强度为 1）

抗 压		抗 拉		抗 弯	抗 剪	
顺 纹	横 纹	顺 纹	横 纹		顺 纹	横 纹
1	1/10 ~ 1/3	2 ~ 3	1/20 ~ 1/3	3/2 ~ 2	1/7 ~ 1/3	1/7 ~ 1

影响强度的因素包括：

① 含水率。

木材的含水率对木材强度影响很大，当细胞壁中水分增多时，木纤维相互间的联结力减弱，使细胞壁软化。因此，当木材含水率在纤维饱和点以内变化时，木材强度随之变化，含水率增大，强度下降，含水率降低，强度上升；而含水率在纤维饱和点以上变化时，木材强度不变。含水率在纤维饱和点以内变化时，对各种强度影响最大的是顺纹抗压强度，其次是抗弯强度，对顺纹抗剪强度影响较小，而对顺纹抗拉强度几乎没有影响。

② 温 度。

当环境温度升高时，木材纤维中的胶结物质逐渐软化，因而强度降低。温度超过 40 ℃ 时，木材开始分解颜色，变黑，强度明显下降；如果环境温度长期超过 50 ℃ 时，不宜采用木结构。当温度降至 0 ℃ 以下时，其水分结冰，木材强度增大，但木质变得较脆。一旦解冻，各项强度都低于未冻时的强度。

③ 长期荷载。

木材对长期荷载的抵抗能力低于对暂时荷载的抵抗能力。这是由于木材长期在外力作用下产生等速蠕滑，经过长时间以后，便急剧产生大量连续变形的结果。木材在长期荷载下不致引起破坏的最大强度，称为持久强度。木材的持久强度比极限强度小得多，一般为极限强度的 50% ~ 60%。

④ 疵病的影响。

木材在生长、采伐、保管过程中，所产生的内部和外部的缺陷，统称为疵病。木材的疵病包括：木节、斜纹、裂纹、腐朽和虫害等。这些疵病都不同程度地降低了木材物理力学性质，降低了木材的等级，甚至使木材失去使用价值。

3.3.2 建筑塑料

塑料是以合成或天然高分子有机化合物为主要原料，在一定条件下塑化成型，且在常温常压下能保持产品形状不变的材料。

塑料用作建筑材料的时间不长，但发展很快，与传统建筑材料相比，有下列几方面的特点：

（1）密度小。一般为 0.9 ~ 2.3 g/cm³，与木材接近，这就可以减轻建筑物的自重，尤其对于高层建筑具有更重要的意义。

（2）比强度高。有些塑料的比强度比金属高得多，例如用玻璃纤维增强的环氧树脂，它的比强度要比一般钢材高 2 倍左右。

（3）耐腐蚀性好。一般塑料对酸、碱等化学药品的耐腐蚀性均比金属材料和无机材料好，特别适合做化工厂房的门窗、墙体、屋架等。

（4）装饰性好。大多数的塑料具有良好的着色性，因此塑料制品色彩丰富。

此外，塑料具有良好的耐磨性、电绝缘性，且抗震、消声和隔热性能也很好；但其易受环境气候、光照等影响而引起老化，使材料开裂破损，缩短使用寿命。相对而言，塑料成本较高，但它不仅可以用于装饰、装修、防水、给排水、隔热、隔音等非结构性材料，而且已发展至结构材料的领域，用途越来越广，正逐步成为与混凝土、木材、钢材一样重要的建筑材料。

1. 塑料的组成

根据塑料组成成分的多少，塑料可分为简单组分和复杂组分两类。简单组分的塑料基本上由一种树脂组成，如聚四氟乙烯，也有仅加入少量着色剂、润滑剂等添加剂而成的，如聚苯乙烯、有机玻璃等。复杂组分的塑料除树脂外，还加入各种添加剂，如填充料、增塑剂、硬化剂、润滑剂、稳定剂、着色剂等，酚醛树脂即属此类。

（1）合成树脂。

合成树脂是塑料的基本组成材料，它是由石油、天然气、煤等制得的低分子量有机化合物，经加聚反应或缩聚反应而制得，其性能类似天然树脂。合成树脂在塑料中起胶黏剂作用，不仅能自身胶结，还能将塑料中的其他组分胶粘成一个整体，并具有加工成型的性能。合成树脂是决定塑料类型、性能和用途的根本因素，合成树脂的种类、性质、用量不同，塑料的物理、力学性质也不同，在多成分塑料中，合成树脂的含量占 30% ~ 60%。

合成树脂分为结晶化的和非晶型的。结晶化的在常温下是半透明的或不透明的；非晶型的（即无定型的聚合物）通常都是坚硬而透明的，且在低温时有些脆性（它们是处于玻璃状态的）。结晶化的聚合物在相对高温下加热时，会在特定的融化点（T_m）融化而成为黏弹性的液体。无定形的聚合物在高于一个特定的温度（玻璃转变温度 T_g）继续加热时，也会出现融化点。一般融化点值比玻璃转变温度值高 33% ~ 100%。

合成树脂按生产时化学反应的不同，可分为聚合树脂和缩合树脂。

聚合树脂是经加聚反应而生成的。加聚反应是由不饱和的或环状的单体分子，相互加聚合为聚合物而不析出低分子副产物的反应，它多为不可逆的连锁反应，可迅速生成聚合物，分子量增长很快，达到定值后一般变化不大，延长反应时间，转化率增大，产物的分子量并不变。例如：

$$n\mathrm{C_2H_4} \longrightarrow \text{⁅}\mathrm{C_2H_4}\text{⁆}_n$$

乙烯　　　　聚乙烯

式中，n 表示聚合度。聚合度越高，树脂的黏稠度越大，随着聚合度的增大，聚合树脂可从黏稠的液体转变为玻璃状的固体物质。聚合树脂的结构大多为线型的。建筑材料中常用的聚合树脂有：聚乙烯、聚氯乙烯、聚苯乙烯、聚甲基丙烯酸甲酯（有机玻璃）等。

缩合树脂是经缩聚反应而生成的。缩聚反应是具有两个或两个以上官能团的单体，相互缩合成聚合物并析出低分子副产物（如水、氨、氯化氢）的反应。它多为可逆的逐步反应，分子量分阶段逐步增长，且比参加反应的单体总和数小。单体转化率与时间无关。缩合树脂的结构有线型的，也有体型的，这取决于加热的温度和催化剂的品种，亦即随反应的程度或阶段而形成不同的结构。建筑塑料中常用的缩合树脂有：酚醛、三聚氰胺甲醛、环氧、聚酯、有机硅等。

按照受热时发生的变化不同,合成树脂又可分为热塑性树脂和热固性树脂。

热塑性树脂具有受热软化,冷却后硬化的性能而不起化学变化,不论加热和冷却重复多少次,均可保持这种性能。它包括全部聚合树脂和部分缩合树脂。

热固性树脂一旦加热即行软化,然后产生化学变化,相邻的分子互相连接而逐渐硬化,最终成为不能熔化和不能溶解的物质,它包括大部分缩合树脂。

合成树脂在塑料中起胶结作用,不仅本身胶结在一起,而且把其他组分也牢固地胶结起来,除作为塑料的主要组成外,还可作为合成纤维、涂料、胶黏剂等材料的主要组成成分。

（2）填充料。

在合成树脂中加入填充料,可以降低链间的流淌性,加入不同填充料可以得到不同性质的塑料,这是塑料制品品种繁多、性能各异的原因之一。对填充料的要求是:易被树脂润湿,与树脂有很好的黏附性,本身性质稳定,价格便宜,来源广泛。填充料的种类很多,按化学成分分为无机填料和有机填料;按形状分为粉状、纤维状和片状等。无机填充料有云母、硅藻土、滑石粉、石灰岩粉、石棉、玻璃纤维等;有机填充料有木粉、纸屑、废棉、废布等。塑料中填充料掺量为 40%~70%。

（3）增塑剂。

在塑料中加入增塑剂,能增加聚合物的可塑性和流动性,使在较低的温度和压力下成形。增塑剂还可改变性能,使其具有要求的强度、韧性等。对增塑性的要求首先是相容性,即必须能与树脂均匀地溶混在一起,不游移而集中到表面上来。再者是稳定性,在光、热、大气作用下,不会使塑料产生破坏或脆性、褪色及气味;当浸入水中时,既不发胀也不收缩。

常用的增塑剂有:邻苯二甲酸酯类、膦酸酯类、樟脑、二苯甲酮、石油磺酸苯脂等。

（4）硬化剂。

硬化剂又称变定剂、固化剂。它的作用是使树脂具有热固性,如环氧树脂本身不硬化,需加入胺类（乙二胺等）硬化剂才能硬化。

（5）着色剂。

着色剂的加入可使塑料具有鲜艳的色彩和光泽。使用时,既要考虑化学方面的相容性、纯度、抗热和抗溶剂性、抗各类试剂的性能,又要考虑物理方面的浑浊度、不透明性,同时还要考虑颜色在塑料中的迁移性,对光、电性质的影响,以及气味、密度、熔点。在加工和使用过程中,着色剂应保持色泽不变,不与塑料组成成分发生化学反应。常用的着色剂是各种颜料和染料,有时也采用能产生荧光和磷光的颜料。

（6）添加剂。

使塑料适用各种使用要求和具有各种特殊性能,例如掺入发泡剂（异氰酸脂、肥皂、乙醇和某些偶氮化合物）,可制得泡沫塑料;掺入某些卤化物和磷化物,可阻滞燃烧;掺入抗氧化剂（亚磷酸三癸苯脂）,可提高聚合物的防老化性能。

2. 常用建筑塑料

（1）热塑性塑料（由热塑性树脂制成）。

① 聚乙烯塑料（PE）。

聚乙烯塑料是最常用的塑料之一,它是由乙烯单体在催化剂作用下聚合而成的,分子量一般为（1.5~35）×10^4,是非极性结晶聚合物。它具有良好的化学稳定性和耐低温性能（－70 ℃），密度小（0.91～0.97 g/cm³），但其结构强度不高，质地柔软。如果加入2%～3%的炭黑，可大大提高化学稳定性和抗老化性能，延长它在室外的使用年限。聚乙烯塑料主要用于生产防水防潮薄膜、给排水管和卫生洁具。

② 聚氯乙烯塑料（PVC）。

聚氯乙烯塑料主要是由乙炔和氯化氢合成的氯乙烯为单体聚合而成，由于分子中含有氯原子，受 C—Cl 键之间的偶极影响，聚氯乙烯的极性、硬度和刚性都较大，能耐酸、碱的侵蚀；又因为分子中含有大量的氯，故聚氯乙烯具有很好的阻燃性。

聚氯乙烯塑料可分为硬质和软质两种。软质聚氯乙烯塑料中含有增塑剂，故比较柔软并具有弹性，断裂时的延伸率较高，可制成各种板、片、型材，作地面材料和装修材料使用。而硬质聚氯乙烯塑料不含或仅含少量的增塑剂，因而强度较高，抗风化力和耐蚀性都很好，可用来制作天沟、水落管、墙面板、天窗以及给排水管等建筑制品。

将聚氯乙烯磨成细粉，悬浮于液态增塑剂中，可制成防水抗蚀的涂料。

③ 聚苯乙烯塑料（PS）。

聚苯乙烯是由苯乙烯单体聚合而成的，它是合成树脂中最轻的，耐光、耐水、电绝缘性好，易加工和着色；缺点是性脆。在建筑中，其主要用作隔热泡沫塑料、饰面板、胶乳涂料等；经改性后，适用于生产卫生洁具及配套材料，与门窗配套的建筑小五金、管材、薄板等。

④ 聚甲基丙烯酸甲酯（PMMA）塑料。

聚甲基丙烯酸甲酯由丙酮、氰化物和甲醇反应生成的甲基丙烯酸甲酯单体经聚合而成，又称有机玻璃，透光性好、质轻、不易碎裂，在低温时有较高的冲击强度，坚韧并具有弹性，优良的耐水性，耐热性好，可制成板材、管材、浴缸、室内隔断等。它耐磨性差，表面易发毛，光泽难以保持。此类塑料易燃烧。

（2）热固性材料（由热固性树脂制成）。

① 酚醛塑料（PF）。

酚醛树脂通常是以苯酚与甲醛缩聚而成的，具有耐热、耐湿、耐化学侵蚀和电绝缘的性能，但本身很脆，加入不同的填充料，可得不同性能的酚醛塑料。以纸、棉布、木片、玻璃布等填充料，可制成强度很高的层压塑料。加入木粉而得的酚醛塑料就是我们常说的"电木"。酚醛塑料在建筑上的主要用途是制造各种层压板、保温绝热材料、玻璃纤维增强塑料、胶黏剂及聚合物混凝土。

② 玻璃纤维增强塑料（FRP 或 GFRP）。

玻璃纤维增强塑料是用玻璃纤维增强不饱和聚酯树脂、酚醛树脂等为胶结材料而得到的，通常称作玻璃钢。其主要优点是轻质高强，机械强度可与钢材相比，此外还具有优良的耐水性、耐有机溶剂性、耐热性和抗老化性；缺点是刚度不如金属，有较大的变形性能（如徐变等），且不耐浓酸、浓碱腐蚀。玻璃钢在建筑上的主要用途是做装饰材料、屋面及墙体围护材料、防水材料、浴缸和水箱，也可制成采光材料代替玻璃。

3.3.3　装饰材料

为了使建筑物满足适用、坚固、耐久、美观等基本要求，处于建筑物不同部位的建筑材料应充分发挥应有的性能，以满足各种不同的要求。建筑师们在建筑设计中，常需要通过材料和结构上的处理，充分利用并显露建筑材料的本质和特性，来加强和丰富建筑的艺术表现力。近年来，建筑装饰材料得到空前发展，在建筑上，把铺设、粘贴或涂刷在建筑物内外表面、用来起装饰作用的材料称为装饰材料，又称为饰面材料。对装饰材料的评价与选用，首先以对建筑物的美化作用为出发点。这取决于材料一系列的外观性质，如颜色、光泽、花纹、图案、形状、尺寸大小等。同时，还应考虑材料对装饰部位应具有的使用功能，如绝热、抗冻、耐腐蚀、吸声、耐水等。此外，还应考虑到其耐久性、材料施工的难易程度以及价格的高低等因素。这样才能对装饰材料给出全面的评价，达到合理选用的目的。

建筑装饰材料按其在建筑物上所装饰的部位，分为外墙装饰材料、内墙装饰材料、地面装饰材料及吊顶装饰材料四大类。

1. 外墙装饰材料

外墙装饰材料是指包括外墙、阳台、台阶、雨篷等建筑物全部外露（除屋面以外）的外部结构装饰所用的材料。通常有清水砖墙、砂浆类、石渣类、贴面类、涂料类、装饰混凝土、铝合金、玻璃装饰等。

（1）清水砖墙。

砖墙表面只做勾缝处理的墙面称为清水墙。由于黏土砖有较好的耐久性，不易变色，并有其独特的线条质感和较好的装饰效果，通过多样化的砌筑方法或者与混水墙配合使用，来增加墙面的装饰效果。

（2）砂浆类。

砂浆料饰面是指以水泥、石灰等砂浆作为装饰用材料，通过各种工艺直接形成饰面层。这类装饰，做法除普通砂浆料抹面外，还有搓毛面、拉毛、甩毛、扒拉灰、假面砖、拉条等做法。

（3）石渣类。

石渣是天然大理石、花岗石以及其他天然石材经破碎后而成，俗称"米石"。常用的规格有"大八厘"（粒径为 8 mm）、"中八厘"（粒径为 6 mm）和"小八厘"（粒径为 4 mm）。以石渣作为墙体饰面，通过水泥浆（或用白水泥、彩色水泥）并掺入"107 胶"，使石渣黏结牢固，以不同的做法达到装饰的效果。常见的做法有剁假石、水刷石、干黏石等。

（4）贴面类。

某些天然或人造材料具有装饰、耐久、适合墙体需要的特性，但因工艺条件或造价昂贵，不能直接作为墙体或在现场墙上制作，只能根据材质加工制成大小不等的板块，通过构造联结或镶贴于墙体表面形成装饰面层。常用的贴面材料有陶瓷制品，如墙地砖、陶瓷锦砖；水泥石碴预制板，如水刷石、剁假石；天然石材，如大理石、花岗石等。

（5）装饰混凝土。

装饰混凝土是近年来发展起来的一种饰面混凝土，它利用混凝土本身的水泥和集料的颜色、质感、线型或外罩涂料层而发挥装饰作用。装饰混凝土可用模板或模衬预制或现浇成一定的图案、线型等达到装饰的效果。常见的有彩色混凝土、带有图案的混凝土砌块及墙板、露石混凝土等。

（6）铝合金材料。

铝合金材料在建筑装饰工程中应用日益扩大。由于铝合金质量轻，耐腐蚀性强，具有银白色的光亮表面,对太阳的辐射热有很强的反射能力,具有防潮、防火性能,其表面可以镀上各种色彩,因此宜作为室内、外装饰材料。常见的有铝合金压型板、波纹板、铝合金门窗等。

（7）玻璃装饰材料。

外墙采用玻璃作为装饰,常组成玻璃幕墙。玻璃幕墙是以铝合金型材为边框,玻璃为外露面,内衬隔热材料的一种复合墙体。玻璃幕墙常用的玻璃有吸热玻璃、热反射玻璃、中空玻璃、钢化玻璃、彩色玻璃等。此外,玻璃马赛克也是当前常用于外墙贴面的一种理想的装饰材料,它质地坚硬、性能稳定、耐热耐寒、耐大气腐蚀、色彩艳丽、美观大方;还可以组成独具特色的大型壁画。

2. 内墙装饰材料

内墙装饰材料是指对建筑内部墙面、墙裙、踢脚线、柱面、梁面等全部外露部分进行装饰所用的材料。通常有:

（1）抹灰类。

室内抹灰主要是以石灰膏或石膏作为抹面材料。常见的做法有纸筋灰、麻刀灰、石膏、膨胀珍珠岩灰的罩面;石灰拉毛、拉条、扫毛抹灰等装饰抹灰。

（2）贴面类饰面材料。

用于内墙贴面材料,主要有内墙面砖（釉面砖）、大理石以及一些人造大理石板。

（3）石膏类装饰板。

石膏板具有质轻、绝热、吸声、不燃和可钉可锯等性能,但其抗水性、抗冻性差,宜用于室内装饰。常用的有纸面石膏板、空心石膏条板、纤维石膏板、石膏花饰以及石膏组合内墙板等。

（4）卷材饰面材料。

这类材料是在纸面、布面以及石棉织品表面涂以树脂类材料所制成。施工时,可在现场刷胶裱糊,或原有背面预涂压敏胶,在墙面直接铺设来装饰内墙面。常用的有纸基面涂氯乙烯醋酸乙烯的纸基涂塑壁纸、纸基面热压聚氯乙烯树脂的纸基复塑壁纸、玻纤布基面进行染色和树脂色浆印花的玻纤贴墙布。

3. 地面装饰材料

地面装饰材料是指地面、楼梯、楼面等装饰的材料。它包括:

（1）传统的地面材料。

传统的地面有水泥砂浆地面、细石混凝土地面、水磨石地面、木地板、硬木地板、硬质纤维板地面、拼木地板、木屑菱苦土地面、陶瓷锦砖地面、墙地砖地面、水泥砖地面、预制水磨石地面、大理石及花岗石地面等。

（2）涂布地面。

它是建筑物室内地面上采用涂层作饰面的一种装饰地面。主要有地面涂料,如地板漆、过氯乙烯地面涂料、苯乙烯地面涂料、涂布无缝地面、不饱和聚酯涂布地面、聚氨酯涂布地面、聚乙烯醇缩甲醛胶水泥地面。

（3）塑料地面。

塑料地面常有橡胶地毡、聚氯乙烯塑料地面等。

（4）化纤地毯。

主要有丙纶地毯、腈纶地毯以及混纺地毯等。

4. 吊顶装饰材料

吊顶材料即房屋顶棚装饰材料。顶棚的做法一般有两种：一种是在楼板下表面直接抹面处理，其抹面材料基本上与内墙面抹灰相同，这种做法造价较低，施工方便。另一种做法是在楼板下设置吊顶，这种做法是从楼板中伸出预埋吊筋将主阁棚扎牢，在主阁棚下固定次阁棚，在次阁棚下做面层。常用的阁棚主要有木质、薄壁型钢以及镀锌铁皮制品，面层材料常采用纸面石膏板、矿棉装饰吸声板、钙塑板、石膏装饰板、木丝板、硬质木纤维穿孔板、贴塑钢板以及铝合金吊顶。

5. 建筑涂料

建筑涂料是指涂于建筑物表面，可形成连续性薄膜，且具有保护、装饰或其他功能的材料。

（1）涂料的组成。

涂料品种繁多，组成各不相同，但归纳起来，大致可分为成膜物质、颜料、溶剂和助剂四个组成部分。

① 成膜物质。

常称为成膜剂或胶结剂，它能粘在材料表面，经过一定的物理化学变化，干结硬化成具有一定强度的薄膜，与基面牢固黏结，是涂料最重要的组成部分。有油料和树脂两类。

② 颜料。

通常是不溶于水和油的无机颜料。常为金属氧化物及盐类，如钛白、铬黄、铁红、炭黑等。颜料除起着色作用外，还起到填充和骨架作用，可提高涂料的密实度和强度，具有较高的稳定性，不褪色并对底色有足够的遮盖力。

③ 溶剂。

溶剂主要起稀释作用，又称稀释剂。常用的溶剂有松香水、香蕉水、汽油、苯、甲苯、乙醇等。溶剂还用于提高涂料的渗透能力，改善黏结性能。

④ 助剂。

能改善涂料的某些性能，按其功能，分为催干剂、增塑剂、固化剂、稳定剂、乳化剂、引发剂、紫外线吸收剂等。

（2）传统涂料的类型。

① 油料类油漆。

油料类油漆是指以干性油或半干性油为成膜物质的油漆。

a. 清油。清油是指由精制的干性油加入催干剂而制成的油漆。常用作木材及金属表面的防潮或防水涂层以及用来调制原漆、调和漆等。

b. 油性原漆。它是由清油与颜料混合，经研磨配至适宜稠度，俗称铅油，使用时，还需用清油配至适宜稠度。因其涂膜较软、干燥慢，只限于要求不高的建筑工程装饰。

c. 油性防锈漆。它以清油加入适量的体质颜料、溶剂以及防锈颜料（如红丹、锌粉、偏磷酸钡等）而制得。这类漆漆膜附着力强，柔韧性好，是黑色金属的优良防锈涂料。

② 树脂类油漆。

a. 清漆。以天然树脂、合成树脂等加入挥发性的溶剂（汽油、酒精、松节油等）制得。各类清漆主要用来调制磁漆、磁性调和漆等。

b. 酚醛树脂漆。它是以酚醛树脂为主要成膜物质的一类涂料。酚醛树脂清漆中加入颜料，可制得各色的酚醛调和漆、磁漆、底漆等。酚醛树脂漆干燥成膜速度快，漆膜附着力强，硬度高，耐化学腐蚀，光泽好，故被广泛用于室内外金属、木材及抹灰表面。

c. 醇酸树脂漆。凡以醇酸树脂为主要成膜物质的一类漆统称为醇酸树脂漆。这类漆具有较好的光泽和较高的机械强度，能在常温下干燥，耐久性好，保光性好，漆膜平整，坚韧而丰满，附着力强，常用于室内外金属、木材、砂浆及混凝土等制品表面涂饰。

d. 硝基漆。硝基漆是以硝化纤维素为主体加入合成树脂、增韧剂、溶剂等制得漆料，再加入颜料，经研磨、拌匀、过滤而成。硝基漆光亮平滑，坚硬耐久，适用于金属和木材表面涂装。由于这种漆用喷涂法施工，故又称为喷漆。

（3）新型涂料的种类。

按组成物质，可分为有机涂料、无机涂料及复合涂料三大类。

① 有机涂料。

a. 溶剂型涂料。是以高分子合成树脂作为成膜物，加入适量的有机溶剂作为稀释剂，再加入颜料、填料等辅助材料制成的一种挥发性涂料。这类涂料成膜后，由于溶剂挥发，成膜物质形成连续状薄膜而成膜。常用的有聚乙烯醇缩丁醛、过氯乙烯、氯化橡胶、聚氨酯树脂、环氧树脂、丙烯酸类等。这类涂料可用于内外墙及地面等建筑部位。

b. 水溶性涂料。它是以溶于水的树脂为成膜物质，掺入一定量的颜料、填料等配制而成。这类涂料涂刷后，随水蒸发而逐渐成膜，如聚乙烯醇系的涂料，常用于室内墙面及顶棚等建筑部位。

c. 水性乳液型涂料。由合成树脂以微小的颗粒分散在水中形成非均匀的乳状液为成膜物质，加入颜料、填料等配制而成的涂料，称水性乳液型涂料。这类涂料有聚酯酸乙烯乳液、丙烯酸乳液、苯-丙乳液、乙-丙乳液、氯-醋-丙三元共聚乳液等。乳液型涂料涂刷后水分蒸发，成膜物质微粒相互靠近，逐渐连成连续状薄膜而形成涂膜。这类涂料适用于内外墙面及顶棚等建筑部位。

② 无机涂料。

无机涂料是以碱性硅酸盐类（$Na_2O \cdot nSiO_2$、$K_2O \cdot nSiO_2$ 等）为成膜物质，加入硬化剂、颜料、填料及助剂配制而成的涂料。这类涂料涂刷后，水分蒸发，使成膜物质分子间的 Si—O 键结合形成无机高分子聚合物而成膜，因此，这类涂料既耐高温，又耐老化，可用于室内外墙面及顶棚等建筑部位。

③ 复合涂料。

复合涂料是以有机材料与无机材料复合制成的涂料。这类涂料可以取长补短，充分发挥各自的优势，从而获得良好的技术经济效果。

3.4　水硬性材料和气硬性材料

凡是自身经过物理、化学作用，能够由浆状体变为石状体，并能将松散材料胶结成整体的物质，称为胶凝物质或胶凝材料。

胶凝材料按其化学组成，可分为有机胶凝材料与无机胶凝材料。

无机胶凝材料又称矿物胶凝材料，它根据硬化条件，可分为水硬性胶凝材料与气硬性胶凝材料。

3.4.1 水硬性材料

水硬性材料是指不仅能在空气中，而且能更好地在水中硬化，保持并继续发展其强度的附料，如水泥等。

水泥的种类繁多，按其主要水硬性物质名称，分为硅酸盐水泥、铝酸盐水泥、硫铝酸盐水泥、氟铝酸盐水泥、铁铝酸盐水泥。按其用途和性能，又可分为通用水泥、专用水泥以及特性水泥三大类。

通用水泥指用于建筑工程的水泥，如硅酸盐水泥、普通硅酸盐水泥、矿渣硅酸盐水泥、火山灰质硅酸盐水泥、粉煤灰硅酸盐水泥以及复合硅酸盐水泥，即所谓的"六大水泥"。

专用水泥是指专门用途的水泥，如砌筑水泥、道路水泥等。特性水泥是指某种性能比较突出的水泥，如快硬水泥、白色水泥、抗硫酸盐水泥、中热低热矿渣水泥以及膨胀水泥。下面主要介绍常用的硅酸盐水泥。

1. 硅酸盐水泥的生产

硅酸盐水泥是以石灰质原料（如石灰石）与黏土质原料（如黏土、页岩等）为主，有时辅以少量铁粉，按一定比例配合磨细成生料粉，送入回转窑或立窑，在 1 450 ℃ 左右的高温下燃烧使其达到部分熔融，得到以硅酸钙为主要成分的水泥熟料，再将熟料与适量石膏共同磨细而制成的水泥，称为硅酸盐水泥。硅酸盐水泥生产工艺流程如图 3.16 所示。

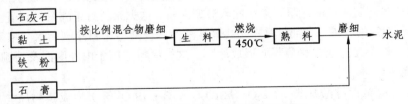

图 3.16 硅酸盐水泥生产工艺流程

生料在高温过程中，首先脱水、分解，生成氧化钙（CaO）、二氧化硅（SiO_2）、三氧化二铝（Al_3O_2）、三氧化二铁（Fe_2O_3），然后在更高的温度下，CaO 与 Si_2O_2、Al_3O_2、Fe_2O_3 相结合，形成新的水泥熟料矿物化合物，即

硅酸三钙（$3CaO \cdot SiO_2$，简写为 C_3S）；

硅酸二钙（$2CaO \cdot SiO_2$，简写为 C_2S）；

铝酸三钙（$3CaO \cdot Al_3O_2$，简写为 GA）；

铁铝酸四钙（$4CaO \cdot Al_3O_2 \cdot Fe_2O_3$，简写为 C_4AF）。

除上述四种主要熟料矿物外，水泥熟料中还含有少量的游离氧化钙（CaO）、氧化镁（MgO）、氧化钾（K_2O）、氧化钠（Na_2O）与三氧化硫（SO_3）等有害成分。熟料中所含的游离 CaO 和 MgO 均系过火石灰，一般在水泥硬化并具有一定强度后，才开始与水缓慢作用，并增大体积，使已硬化的水泥浆体开裂，造成水泥体积安定性不良。Na_2O 与 K_2O 则能与某些作为混凝土集料的岩石发生所谓碱-集料反应，使水泥石胀裂，危害很大。SO_3 数量过多，会引起水泥产生假凝、强度下降或导致水泥石开裂等不良影响。

水泥熟料是具有不同特性的多种熟料矿物的混合物，因此，如果熟料中各种矿物的相对含量不同时，水泥的性质也会发生相应的变化。例如：提高 C_3S 的含量，可以制成高强度水泥；提高 $C_3S + C_3A$ 的总含量，可以制得快硬早强水泥；降低 C_3A 与 C_3S 的含量，提高 C_2S 的含量，则可得低水化热水泥（如大坝水泥）等。

2. 水泥的水化与凝结硬化

水泥加水拌和后，就开始发生水化反应，成为可塑性的水泥浆。随着水化的不断进行，水泥浆逐步变稠，失去可塑性，但尚不具有强度的过程，称为水泥的凝结。随着水化的进一步进行，水泥浆将产生明显的强度并逐渐发展成为坚硬的人造石-水泥石的过程，称为硬化。水泥的水化是复杂的化学反应，凝结、硬化实质上是一个连续的、复杂的物理化学变化过程，是水化的外在表现，其凝结硬化阶段则是人为划分的。

硅酸盐水泥在一般使用情况下，是在少量水中进行水化作用的。其中 C_3S 水化时，会析出大量的 $Ca(OH)_2$。此外，水泥磨细时所掺的石膏也溶解于水，并与某些成分互相化合。故而，水泥的水化作用，基本上是在 $Ca(OH)_2$ 和 $CaSO_4$ 的饱和溶液或过饱和溶液中进行的，忽略水泥中一些次要的和少量的成分，可认为硅酸盐水泥的水化产物主要是 C—S—H 与水化铁酸钙的凝胶，以及氢氧化钙、水化铝酸钙与水化硫铝酸钙的晶体。

经过一定时间，水化物的凝胶体的浓度上升，凝胶粒子相互凝聚成网状结构，使水泥浆变稠、失去塑性，这种状态称为凝结。再过若干时间，生成的凝胶增多，被紧密填充在水泥颗粒间而逐渐硬化。图 3.17 为水泥凝结硬化示意图。

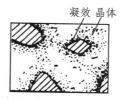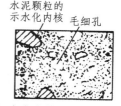

（a）分散在水中未水化　（b）大水泥颗粒表面　（c）膜层长大并互相　（d）水化物进一步发展，
　　的水泥颗粒　　　　形成水化物膜层　　　连接（凝结）　　填充毛细孔（硬化）

图 3.17　水泥凝结硬化过程示意图

凝结与硬化没有截然的界限。水泥浆从流动状态到开始不能流动的塑性状态称为初凝；继续凝固直至完全失去塑性而还不具备强度时称为终凝。

水泥的假凝：水泥和水拌和几分钟内所出现的一种反常的过早变硬的现象称为假凝。它与急凝不同，在这种假凝的过程中没有明显的热放出。一旦出现假凝，可以不用加水再拌和水泥浆，水泥浆又能恢复塑性，直到以普通形式凝结为止，而且没有强度损失。

3. 水泥的技术指标

（1）细度。

水泥颗粒越细，颗粒总表面越大，水化反应越快，越充分，强度（特别是早期强度）越高，收缩也增大。

（2）凝结时间。

为使混凝土与砂浆有充分时间进行搅拌、运输、浇灌和砌筑，初凝不能太早。当施工结束后，则要求混凝土或砂浆尽快结硬并具有强度，终凝时间不能太迟。

国家标准规定：硅酸盐水泥的初凝时间不得早于 40 min，终凝时间不得迟于 12 h。

（3）体积安定性。

水泥在硬化过程中体积变化是否均匀的性质，称为体积安定性。国家标准规定：游离 MgO 的含量应小于 5%，SO_3 的含量不得超过 3.5%，以保证水泥在这两方面的体积安定性。用煮沸法检验水泥体积安定性时，若用标准稠度水泥净浆做成的试饼煮沸 4 h 后，经肉眼观察未发现裂纹，用直尺检查没有弯曲，可认为体积安定性合格。

（4）强度。

强度是选用水泥的主要技术指标。目前，我国测定水泥强度的试验按照 GB/T17671 进行。按国家标准 GB 175—1999 规定，根据 3 d、28 d 的抗折强度及抗压强度，将硅酸盐水泥分末 42.5/5、52.5、62.5 三个强度等级。按早期强度大小及强度等级，又分为两种类型，冠以"R"，属于早强型。

（5）水化热。

水泥的放热过程可以延续很长时间，但大部分热量在早期释放，特别是在前 3 d，水化热及放热速率与水泥的矿物成分及水泥细度有关。

3.4.2 气硬性材料

气硬性材料只能在空气中硬化，并且只能在空气中保持或继续发展其强度，如石膏、石灰等。

1. 石 膏

建筑石膏是将天然二水石膏（生石膏）加热至 107~170 ℃ 的温度条件下煅烧脱水成为 β 型半水石膏（熟石膏）。

建筑石膏是把熟石膏磨细而制成的白色粉末，密度为 2.60~2.75 g/cm³。其凝结硬化过程是半水石膏与水发生水化反应，生成二水石膏。由于在常温下二水石膏的溶解度比半水石膏小得多，二水石膏不断析出，其胶体微粒数量不断增加，微粒比半水石膏粒子小得多，生成物总表面积大，吸附水量大，水分不断参与水化与蒸发，自由水减少，而浆体变稠，颗粒间的摩擦力和黏结力增大，逐渐失去可塑性。

由于建筑石膏加水拌和后，初凝时间仅为 3~5 min，为避免其施工成型困难，常加入缓凝剂，以使半水石膏溶解度降低或者降低其溶解速度，使水化减慢。常用的缓凝剂有硼砂、柠檬酸、亚硫酸盐酒精废液、动物胶等。

建筑石膏凝结速度快，早期强度高，如优等石膏，1 d 的强度约为 5.8 MPa，7 d 的最高强度为 8~12 MPa。

建筑石膏在硬化初期，不出现收缩和干燥裂缝，略有膨胀且不开裂。这一性质可使石膏不需加任何集料而单独使用，因其微膨胀性而使形体饱满密实，表面光滑细腻。

建筑石膏耐水性差，具有抗火性。

建筑石膏适用于装修工程，如加水调制成石膏浆体，用做室内粉刷涂料，也可调制成石膏砂浆，用于室内抹灰或作为油漆打底底层，但不宜靠近 65 ℃ 以上高温的地方，因为二水石膏在此温度以上将开始脱水分解。

建筑石膏还可以制成各种石膏雕塑、装饰制品和石膏板。石膏板具有轻质、高强、不燃、隔热保温、隔音吸声和可锯可钉可黏结等优良性能，加工设备简单，燃料消耗低，生产周期短。

为了减轻石膏板体积密度，降低导热性和传声性，制造时可掺入锯末、膨胀珍珠岩、膨胀矿石、陶粒、膨胀矿渣、煤渣等轻质多孔填料。同样，也可制成空心石膏板和加气石膏板。为提高石膏板抗拉强度和减小脆性，可掺入纸筋、麻刀、锯末、玻璃棉等纤维状填料。而掺入水泥、粉煤灰、磨细的粒化高炉矿渣、硅藻土及各种有机防水剂，可在不同程度上提高石膏板的耐水性。

将二水石膏在 0.13 MPa 气压（124 ℃）的密闭压蒸锅内蒸炼，结晶水将以液体状态析出，石膏晶体不分裂，成为晶粒粗大的α型半水石膏，这就是高强度石膏。这种石膏硬化后，具有较高的密实度和强度，硬化 7 d 的抗压强度可达 15～40 MPa。高强石膏中加入有机材料，如聚乙烯醇水溶液、聚酯酸乙烯乳液等，可配成黏结剂，其特点是无收缩。

2. 石　灰

建筑石灰是以石灰石为原料经煅烧而成的。其主要成分为氧化钙（CaO），称为生石灰。工地上使用生石灰时，都要进行熟化，就是将生石灰加水进行水化，使之消解为熟石灰——氢氧化钙[$Ca(OH)_2$]，这个过程称为熟化。根据熟石灰的用途不同，有两种熟化石灰方法：

（1）用于调制石灰砌筑砂浆或抹灰砂浆时，需要将生石灰熟化成石灰膏。一般把生石灰放在化灰池中加水熟化成含水量较大的石灰乳，通过筛网流入储灰池中（一般要两周以上的时间），经沉淀除去上层水分，即为石灰膏。

（2）用于拌石灰土（石灰、黏土）、三合土（石灰、黏土、砂石或炉渣等）时，应将生石灰熟化成熟石灰粉。可采用分层浇水法，每层生石灰块厚约 50 cm，淋上的水以充分熟化而不过湿成团为度。

石灰浆体的硬化包括干燥、结晶和碳化三个交错进行的过程。石灰浆体在干燥过程中，因水分蒸发形成孔隙网，而留在孔隙内的自由水，由于水的表面张力作用，使石灰颗粒更加紧密而获强度。同时由于水分蒸发，还能引起 $Ca(OH)_2$ 溶液过饱和而结晶析出，产生强度。而潮湿状态下的 $Ca(OH)_2$ 与空气中的 CO_2 反应，生成碳酸钙结晶。碳化反应式如下：

$$Ca(OH)_2 + CO_2 + nH_2O \Longrightarrow CaCO_3 + (n+1)H_2O$$

所生成的碳酸钙晶体相互交叉连生或与氢氧化钙共生，构成紧密交织的结晶网，从而使硬化浆体的强度逐渐提高。但是因为空气中 CO_2 的含量较低（约占 0.03%体积），同时，当浆体表面生成一层较致密的 $CaCO_3$ 膜层后，使 CO_2 不易深入内部，这使碳化速度大大减慢，而内部水分也不易蒸发，使 $Ca(OH)_2$ 结晶的速度变慢，因而石灰的硬化过程进行得非常缓慢。

生石灰熟化为石灰浆时，能自动形成颗粒极细的呈胶体分散状态的氢氧化钙，保水性好。

在水泥砂浆中掺入石灰浆，可显著提高塑性。因其硬化时形成碳酸钙硬壳起阻碍作用，石灰硬化后强度不高，以 1：3 配成的石灰砂浆，28 d 强度通常只有 0.2～0.5 MPa。

尚未硬化的石灰浆体在干燥环境下方可硬化。已硬化的石灰，受潮后会溶解，强度降低，在水中还会溃散，即耐水性差。所以石灰不能用于潮湿的环境。

石灰在硬化过程中，蒸发出大量水分，由于毛细管失水收缩将引起体积显著收缩，所以除调成石灰乳作薄层涂刷外，石灰不宜单独使用，常掺入纸筋、麻刀、砂等以减少收缩和节约石灰。

建筑石灰在建筑品种中用途广泛：在消石灰粉或石灰膏中加入大量的水，可配制成石灰乳涂料，用于内墙及天棚粉刷；石灰膏、砂加水拌制而成的石灰砂浆，用于砌筑墙体和墙体饰面；以熟石灰粉或磨细生石灰粉与硅质材料（如砂、粉煤灰、火山粉、煤矸石等）为主要原料，经过配料拌和，成型和湿热处理而制成的制品，如粉煤灰砖及砌块等。

3.5　陶粒、混凝土、砂浆

3.5.1　砂、石

一般规定，粒径在 0.16～5 mm 的集料，称为细集料（砂）。混凝土的细集料可采用人工砂（破碎各种硬质岩石的细粒）和天然砂（河砂、海砂、山砂）。选择集料时，应在满足设计要求和施工要求的前提下，能最大限度地减少水泥用量，降低混凝土成本为原则。混凝土拌和物中，水泥浆要包裹所有集料的颗粒，并填满所有集料间的空隙，以使混凝土达到最大限度密实。因此，理想的集料应是具有较小的孔隙率和总表面积，这样才能使水泥浆用量最小。砂的颗粒总表面积取决于砂的粗细程度，其孔隙率则与颗粒级配有关。

砂的粗细程度和颗粒级配的确定采用筛分法，用细度模数表示砂的粗细，用级配区表示砂的颗粒级配。

筛分法是称取预先通过孔径为 10.0 mm 筛的干砂 500 g，用一套孔径为 5.00、2.50、1.25、0.630、0.315、0.16 mm 的标准筛由粗到细依次过筛，然后称取各筛筛余试样的质量，用各号筛上的筛余量被试样总量除，得各筛的分计筛余百分比，记 a_1、a_2、a_3、a_4、a_5、a_6。各号筛上的分计筛余百分比与大于该号筛的各号筛上的分计筛余百分比之总和，称为累计筛余百分率，记作 A_1、A_2、A_3、A_4、A_5、A_6。砂的细度模数可用下式计算：

$$M_x = \frac{(A_2 + A_3 + A_4 + A_5 + A_6) - 5A_1}{100 - A_1}$$

细度模数越大，表示砂越粗，根据 GB/T14684—93 规定，按细度模数的大小，可将混凝土用砂分为

粗砂　　$M_x = 3.7～3.1$　　　中砂　　$M_x = 3.0～2.3$

细砂　　$M_x = 2.2～1.6$　　　特细砂　$M_x = 1.5～0.7$

同时对细度模数为 3.7～1.6 的砂，按 0.63 mm 筛孔的累计筛余量（以质量百分比计），分为 3 个级配区，混凝土用砂的颗粒级配处于表 3.13 中的任何一个级配区内。

表 3.13　砂的颗粒级配

累计筛余/%　级配区 筛孔/mm	1	2	3
10.0（圆孔）	0	0	0
5.00（圆孔）	10～0	10～0	10～0
2.50（圆孔）	35～5	250～0	15～0
1.25（方孔）	65～35	50～10	25～0
0.630（方孔）	85～71	70～41	40～16
0.315（方孔）	95～80	92～70	85～55
0.160（方孔）	100～90	100～90	100～90

　　粒径大于 5 mm 的集料，称为粗集料（石）。粗集料是组成混凝土骨架的主要成分，其质量对混凝土强度及耐久性有直接影响。因此，粗集料除了同细集料一样，应有一定的颗粒粗细程度和良好的颗粒级配外，对其颗粒形状、表面状态及强度等应有要求。比如，限制粗集料中易折断的片状和针状的颗粒；要求集料的强度高于混凝土的设计强度；同时，还要根据混凝土的强度等级，限制粗集料的最大粒径。粗集料的颗粒级配与细集料级配原理基本相同。

　　在拌制混凝土时，由于集料的含水量不同，将影响集料的用量和拌和水量。因此，在一般建筑工程计算混凝土中各项材料的配合比时，以干燥状态为基准。而在施工工地上，砂石常是含水湿润状态，施工时应对配合比加以调整。

　　用轻集料配制的轻集料混凝土是一种轻质、高强、多功能材料，现已大量用于建筑工程。轻集料的种类很多，按其原料来源分三大类：

　　（1）以工业废料为原料制成的粉煤灰陶粒、膨胀矿渣珠、自然煤矸石及其轻砂。

　　（2）以天然形成的多孔岩石经加工而成的浮石、火山渣、珍珠岩、石灰质贝壳岩及其轻砂。

　　（3）以地方材料为原料制成的页岩陶粒、黏土陶粒、膨胀珍珠岩集料及其轻砂。

　　其中（1）、（3）两类为人造轻集料。目前生产使用较多的是粉煤灰陶粒和陶砂、黏土陶粒和陶砂。前者是以工业废渣粉煤灰为主要原料，加入一定量的胶结料和水，经加工成球、烧结而成的一种混凝土人造轻集料，粒径在 5 mm 以上者为粉煤灰陶粒，粒径小于 5 mm 者为陶砂。后者是黏土、亚黏土等为主要原料，经加工制粒、烧胀而成的一种人造轻集料。同样以 5 mm 划分为陶粒和陶砂。

3.5.2　混凝土

　　凡由胶凝材料将粒状材料胶结成整体的复合固体材料均称为混凝土。它是一种人造石材。

　　根据所用胶凝材料不同，分为水泥混凝土、石膏混凝土、硅酸盐混凝土、水玻璃混凝土、沥青混凝土及聚合物混凝土等。

　　根据用途，分为结构混凝土、道路混凝土、水工混凝土、耐热混凝土、耐酸混凝土、隔热混凝土、防射线混凝土等。

根据混凝土的特性或施工方法，分为防水混凝土、高强混凝土、纤维混凝土、泵送混凝土及喷射混凝土等。

在混凝土中，应用最广、用量最大的是水泥混凝土，按其体积密度分为：

重混凝土：体积密度大于 2 600 kg/cm³，由特别密实和特别重的集料（如重晶石、铁矿石等）制成，它具有防射线能力。

普通混凝土：体积密度 1 950～2 500 kg/cm³，用天然砂、石等作为集料制成。可用于建筑结构、道路及水工等工程。

轻混凝土：体积密度小于 1 950 kg/cm³，它又可分为轻集料混凝土、多孔混凝土和大孔混凝土，常用做保温隔热结构兼做保温材料。

这里仅就普通混凝土，介绍混凝土的工作性质、强度。

1. 混凝土拌和物的工作性

（1）含义。

工作性又称和易性，是指混凝土拌和物易于施工操作（搅拌、运输、浇注、捣实），并能获得质量均匀、成型密实的混凝土的性能，包括流动性、黏聚性和保水性三个方面的含义。

流动性是指混凝土拌和物在自重或施工机械振动作用下，能产生流动并均匀密实地填满模具的性能，又称为稠度。它直接影响施工时浇注捣实的难易以及混凝土的质量。

黏聚性是指混凝土拌和物的各组成材料间具有一定的黏聚力，在施工过程中不致产生分层和离析，仍能保持整体均匀的性质。

保水性是指混凝土拌和物保持水分，不致产生严重泌水的性能。

三种性质之间相互联系，在实际工程中，不可片面强调某一方面。通常采用坍落度法测定拌和物的稠度。

（2）影响工作性的主要因素。

① 水泥品种。

不同品种的水泥，需水量不同，因此在相同配合比时，拌和物的稠度也有所不同，需水量大者，制成混凝土拌和物坍落度小。

② 集料的种类。

粗细程度及级配，河砂及卵石多呈圆形，表面光滑无棱角，拌制的混凝土拌和物比碎石拌制的拌和物流动性好，采用粒径较大的级配良好的石子，因其集料总表面积和孔隙率小，包裹集料表面和填充空隙的水泥浆用量少，因此拌制的拌和物流动性好。

③ 水灰比。

当水泥浆与集料用量比一定时，水灰比越小，水泥浆越稠，拌和物流动性便越小。过小，拌和物流动性过低，使施工困难，不易保证质量；过大，造成拌和物黏聚性和保水性不良，使混凝土的强度降低。宜根据混凝土的强度和耐久性合理选用。

④ 浆集比。

水泥浆与集料的数量比称为浆集比。在集料一定的情况下，可用水泥浆数量表示，水泥浆是影响混凝土稠度的因素。但是，必须指出，在施工中，为了保证混凝土的强度和耐久性，不准单纯用改变用水量的方法来调整拌和物的稠度。

⑤ 砂率。

砂率是指混凝土中砂的质量占砂石总质量的百分比。砂率过大，集料的总表面积及孔隙率都会增大，在水泥浆不变的情况下，拌和物流动性差；过小，会影响拌和物的黏聚性和保水性。采用合理砂率时，会有良好的流动性。

⑥ 外加剂。

在拌制混凝土时，加入少量外加剂（减水剂），能使混凝土拌和物在不增加水泥和用水量的条件下，流动性显著增加，且具有较好的黏聚性和保水性。

2. 混凝土的强度

（1）混凝土的结构形成。

硬化后的混凝土是由水泥黏结集料而成。水泥水化产物大部分为 C—S—H 凝胶构成凝聚结构，其中分布着 $Ca(OH)_2$ 等各种晶体。凝胶体将随时间的增长而逐渐向晶态转变，各种晶体物质形成结晶骨架，使水泥石强度不断提高。与此同时，在混凝土硬化过程中，混凝土内部的物理化学反应以及混凝土的湿度变化还会造成混凝土收缩，这些收缩主要发生在水泥石中。由于集料具有较大的刚度，所以，这些收缩将使集料界面上的水泥石中产生拉应力和剪应力，一般随集料的粒径增大而增大，如果这些应力超过了水泥石与集料的黏结强度，则会出现细小的裂缝，这些裂缝在水泥砂浆中也会出现。可见，在结构形成时，也存在对结构不利的因素。

混凝土受外力作用时，其内部产生了拉应力，在拉应力作用下，一方面会产生裂缝，另一方面还很容易在上述的结构缺陷处，尤其是在具有楔形微裂缝顶部形成应力集中，随应力的逐渐增大而有新的裂缝不断出现，原有裂缝不断延伸、汇合、扩大，形成连通，最后导致结构破坏。

（2）混凝土的强度与强度等级。

混凝土的强度包括抗压、抗拉、抗弯、抗剪以及握裹强度等。其中以抗压强度最大，故工程上混凝土主要承受压力。混凝土的抗压强度与其他强度间有一定相关性，可根据抗压强度的大小来估计其他强度值。立方体抗压强度是以边长 150 mm 的立方体试件为标准试件。在标准养护条件下养护 28 d，测得其抗压强度，所测得抗压强度称为立方体抗压强度，以 f_{cu} 表示。混凝土的强度等级按立方体抗压强度标准值划分，通常分为 C7.5、C10、C15、C20、C25、C30、C35、C40、C45、C50、C55、C60 等多个强度等级，例如强度等级 C25，表示立方体抗压强度标准值为 25 MPa。

工程设计时，应根据建筑物的不同部位及承受荷载情况的不同，选取不同强度等级的混凝土。

轴心抗压强度是用来在结构设计中混凝土受压构件的计算。因为混凝土是一种脆性材料，受拉时，只产生很小的变形就开裂，抗拉强度是确定混凝土抗裂度的重要指标。

3. 混凝土的变形性质

混凝土在硬化和使用过程中，受多种因素的影响产生变形，这些变形是混凝土产生裂缝的主要原因之一，直接影响混凝土的强度和耐久性。

混凝土在受力作用之前，由于水泥的水化会产生化学收缩、混凝土受干湿变化和温度变化的影响而产生变形以及碳化变形。其中，温度变形对于大体积混凝土极为不利，通常采用水化热低的水泥。对于很长的混凝土及钢筋混凝土结构，采取设置温度缝和温度钢筋等措施。混凝土在长期荷载作用下，除产生瞬间的弹性变形和塑性变形外，还会产生随时间增长的非弹性变形。这种在长期荷载作用下，随时间增长的变形称为徐变。

4. 混凝土的耐久性

混凝土的耐久性是指混凝土在使用条件下抵抗周围环境各种因素长期作用的能力。结构用混凝土的耐久性可包含抗冻、抗渗、抗腐蚀、抗碳化、防碱集料反应等方面的内容。碱集料反应是指水泥中的碱性氧化物（Na_2O 和 K_2O）水解后形成碱与集料中的活性氧化硅之间发生化学反应，在集料表面生成复杂的碱-硅酸凝胶，这种凝胶具有无限膨胀性（即吸水后体积不断肿胀），使混凝土受到膨胀压力作用而开裂。这种反应称为碱集料反应。可采用掺入活性混合材料及掺入引气剂等方法来减轻碱集料反应的破坏作用。

提高耐久性措施包括：

（1）选择适当的原材料。合理选择水泥品种，以适应混凝土的使用环境；选用质量良好、技术条件合格的砂石集料，也是保证混凝土耐久性的重要条件。

（2）提高混凝土的密实度。选取集料级配及合理砂率；掺入减水剂，减少混凝土拌和水量；在混凝土施工中，应搅拌均匀，合理浇注，振捣密实，加强养护，保证混凝土的施工质量。

（3）掺入引气剂可改善混凝土内部孔结构，闭口孔可显著提高混凝土耐久性。

3.5.3 建筑砂浆

建筑砂浆是由胶凝材料、水和细集料按适当比例配制而成的，所以它又可以看作是一种细集料混凝土。砂浆可以把块体材料胶结成整体结构或用做表面涂层，起修饰、保护主体结构的作用，因而使用量很大。

根据用途不同，建筑砂浆主要分为砌筑砂浆和抹面砂浆两大类。此外，还有一些保温、吸声、防水、防腐蚀等特殊用途的砂浆以及专门用于装饰方面的装饰砂浆。

按所用胶凝材料的不同，建筑砂浆又可分为水泥砂浆、石灰砂浆、石膏砂浆、混合砂浆、聚合物水泥砂浆等。常用的混合砂浆有水泥黏土砂浆和石灰黏土砂浆。其中，胶凝材料的品种应根据砂浆的使用环境和用途来选择。对于干燥环境下的结构物，可以选用气硬性胶凝材料。处于潮湿环境或水中的结构物，则须选用水硬性胶凝材料。对于特殊用途的砂浆，应选用相应的特种水泥。例如：采用白色水泥配制成具有各种颜色的装饰砂浆；用膨胀水泥配制成加固、修补和防水用砂浆；用水玻璃和磨细矿渣配制水玻璃矿渣砂浆，可用来黏结加气混凝土板；以合成树脂为胶结材料配制的树脂砂浆，具有耐酸、抗水的特点，可用做防腐蚀抹面。

砂浆用砂，应符合混凝土用砂的技术性质要求，但砂的最大粒径受灰缝厚度的限制。燃烧完全或未燃煤中有害杂质含量较少的炉渣，经筛选后可以用做砂浆集料。有时，还可利用一些其他工业废料或电石渣等做代用材料，但必须经过技术性质检验合格，确认不会影响砂浆质量后才能使用。

1. 砂浆的主要技术性质

砂浆的主要技术性质包括流动性、保水性，这主要是针对新拌砂浆而言的。

2. 硬化砂浆的性质

（1）抗压强度。

砂浆在砌体中主要起黏结块体材料和传递荷载的作用，应具有一定的抗压强度。砂浆以边长为 7.07 cm 的立方体试块，在标准养护条件下，经 28 d 养护后测定的抗压强度值，以 MPa 数划分为 0.4、1、2.5、7.5、10、15 及 20 七个等级。常用的砂浆等级在 10 以内，特别重要的砌体才用 10 级以上的砂浆。

（2）黏结力。

由于块状的砌体材料是靠砂浆黏结成为整体的，因此，黏结力的大小直接影响整个砌体的强度、耐久性、稳定性和抗震能力。一般来说，砂浆的黏结力随其抗压强度的增大而提高。此外，也与砌体材料的表面状态、清洁程度、润湿情况以及施工养护条件有关。

（3）变形。

砂浆在承受荷载或温度、湿度条件变化时，容易变形。如果变形过大或者变形不均匀，就会降低砌体及抹面层的质量，引起沉陷或开裂。为防止抹面砂浆因收缩变形不均匀而开裂，可在砂浆中掺入麻刀、纸筋等纤维材料。

3.6　砖、瓦、石材

3.6.1　砖

按其加工工艺的不同，可分为烧结类和非烧结类。前者主要是指通过高温焙烧而制成的砖。常根据主要原料命名，分烧结黏土砖、烧结粉煤灰砖、烧结煤矸石砖、烧结页岩砖等；按孔隙率命名，分为烧结普通砖和烧结空心砖两类。后者是指由工业废渣、石灰、砂子等，经常压蒸汽养护及高压蒸汽养护硬化而成的砖类，如蒸压灰砂砖、粉煤灰砖、炉渣砖等。

1. 烧结黏土砖

以黏土为主要原料，经焙烧而制成的砖叫作烧结黏土砖。其形状为矩形体，标准尺寸为 240 mm×115 mm×53 mm，加上砌筑灰缝 10 mm，则 4 块砖长、8 块砖宽或 16 块砖厚均为 1 m³，故 1 m³ 砖砌体需用砖为 512 块。在砖窑中焙烧火候应适当，才能得到外形整齐、强度高、有一定吸水性的合格砖。因未达到烧结温度或保持烧结温度时间不够而使砖形成黄皮黑心砖，击之声哑、强度低、耐久性差，这样的砖称为欠火砖。过火砖是指因超过烧结温度或保持烧结温度时间过长的砖。其特征是颜色过深，击之声响亮，有弯曲等变形。砖的颜色主要取决于铁的氧化物含量及火焰性质：当砖在窑中焙烧时，为氧化气氛，铁被氧化成三氧化二铁，砖呈红色；如果砖坯在氧化气氛中焙烧至 900 ℃ 以上，再在还原气氛中燃烧，使三氧化二铁还原成低价氧化铁，则砖呈青灰色。烧结黏土砖按抗压和抗折强度，分为 MU30、

MU25、MU15、MU10 四个强度等级；砖的吸水率随焙烧火候而定，欠火砖内部孔隙多，吸水率大，强度低，耐水性差，不宜用于承重砌体和基础；过火砖孔隙小，吸水率低，强度高，但导热性大，不宜用于有隔热要求的砌体。砖的吸水率一般为 8% ~ 16%，容重一般为 1 600 ~ 1 800 kg/m³。

2. 烧结粉煤灰砖

烧结粉煤灰砖是以火力发电厂排出的粉煤灰作为主要原料，再掺入适量黏土，二者体积比为 1 : 1 ~ 1 : 1.25，这种烧结砖颜色一般呈淡红色至红色。

3. 烧结煤矸石砖

烧结煤矸石砖是以开采煤炭时剔除的废渣（煤矸石）为原料，根据其含碳量和可塑性进行适当配料，焙烧时，基本上不需要外投煤，实现制坯不用土，烧砖不用煤。这种砖的颜色较烧结黏土砖略深，色均匀，声音清脆。

4. 烧结页岩砖

以页岩为主要原料，由于页岩粉末细度不如黏土，成型时所需水分较少，因此砖坯干燥速度快，且制品体积收缩小。这种砖颜色与普通砖相似。

5. 蒸压灰砂砖

蒸压灰砂砖指以砂和石灰为原料，经配料、拌和、压制成型和蒸压养护等而制成的实心墙体材料。灰砂砖呈灰白色，掺入耐碱颜料后，可制成各种颜色。灰砂砖组织均匀密实，尺寸偏差小，外形光洁整齐，长期受热温度高于 200 ℃，受急冷、急热或有酸性介质侵蚀的建筑部位不得使用灰砂砖。

6. 粉煤灰砖

以粉煤灰和石灰为主要原料，掺入适量石膏和炉渣，加水混合拌成坯料，压制成型后，经高压或常压蒸汽养护而成的实心粉煤灰砖，其不得用于长期受热（200 ℃ 以上）、受急冷、急热和有酸性介质侵蚀的建筑部位。

7. 炉渣砖

以煤燃烧后的残渣为主要原料，加入适量石灰和少量石膏，加水搅拌，成型后，经蒸汽养护而制得的一种墙体材料。对于经常受干湿交替及冻融作用的建筑部位（如勒脚、窗台、落水管等），最好采用高强度的炉渣砖，或采用水泥砂浆抹面等措施。

3.6.2　瓦

1. 黏土平瓦

以黏土为主要原料，经过模压或挤出成型后焙烧而成的平瓦。

2. 石棉水泥瓦

以石棉纤维和水泥为原料，经制板、压制而成。具有防火、防潮、防腐、保温而耐热、耐寒、隔音、绝缘等性能。

3. 钢丝网石棉水泥波形瓦

钢丝网石棉水泥波形瓦亦称夹丝瓦，是以石棉和普通硅酸盐水泥为基本原料，中间夹一层钢丝网加工而成。可用于屋面及墙身，特别适用于高温、有防震或防爆要求的工业厂房建筑。

4. 玻璃钢波形瓦

采用不饱和聚酯树脂和玻璃纤维制成，特点是耐腐蚀性能好，对酸、碱、油均有良好的耐腐蚀作用。它集中了玻璃纤维和不饱和聚酯的优点，具有重量轻、强度高、耐冲击、耐高温、耐腐蚀、介电性能好、透微波性好、不反射雷达波、透光率高、色彩鲜艳、成型方便、工艺简单等特点。不能用于接触明火的场合；厚度在 1 mm 以下的波形瓦，只可用在凉棚、遮阳等临时建筑，有防火要求的建筑物应采用阻燃型树脂。

5. 木质纤维波形瓦

以废木料加工处理成的木纤维为原料，酚醛树脂为胶结剂，加入适量防水剂，经混合、成型、高温高压蒸养而成的轻质屋面材料，具有重量轻、强度高、耐冲击等性能，并且不易损坏，施工简便，可用于轻结构房屋、活动房屋以及仓库和一般建筑的屋面。

6. PVC 耐候塑胶波形瓦

以聚氯乙烯树脂和红泥为主要原料，加入其他配合剂，经塑化、挤出（或压延）、压波成型而成的轻质屋面材料。具有耐候、滞燃、耐腐蚀、耐冲击等性能，并有多种颜色、透明性好等特点。可用于厂房、库棚、苗圃的屋面，也可用于施工现场、庭园的围墙，更适合于有腐蚀性的场所。在 ± 50 ℃ 的环境温度下可长期使用。

3.6.3　石　材

通常分为天然石材和人造石材两种。

1. 天然石材

由天然岩石中开采，经加工制成块状或条状的石材。一般天然石材具有较高的抗压强度、硬度、耐磨性及耐火性等优点，但其抗拉强度小，容重大，运输不便，开采加工不易，在使用上受到一定限制。

（1）花岗石。

花岗石是火成岩中分布最广的岩石，属于硬石材，由长石、石英和云母组成。其容重 2 700 ~ 2 800 kg/m^3，强度 100 ~ 300 MPa。花岗石有不同的色彩，如黑白、灰色、粉红色等，纹理多呈斑点状。花岗石不易风化变质，外观色泽可保持百年以上，因而多用于外墙饰面及地面；经斩凿加工的，可铺设勒脚及阶梯踏步等。

（2）大理石。

大理石为石灰岩、白云岩经变质作用而形成的细晶粒结构的岩石。大理岩构造致密，强度大，可达 100～300 MPa，但硬度不大，易于加工及磨光；含有杂质时，具有灰色、玫瑰色、绿色、黑色等各种不同的色彩，而且常带有美丽的花纹，故适用于做室内的饰面材料，如地板、墙裙、楼梯、栏杆等。除少数几种（如汉白玉、艾叶青等）比较稳定能用于室外以外，其他的一般因对风化抵抗较弱，易于破坏，不宜用于室外。

2. 人造石材

（1）仿大理石饰面石膏板。

仿大理石饰面石膏板是以石膏为主要原料，经压制、磨光而成的人造大理石。它具有美丽的花纹，光亮的色泽，可与天然大理石媲美，且质量轻，安装方便，用途与天然大理石板相同。

（2）水磨石饰面板。

水磨石是将白水泥和白色石子（按重量 1∶1.8～1∶3.5）及适量耐碱颜料，加水拌和后，浇制成预制台底胎模中，待结硬时，经反复打磨、修补，最后抛光而成。多用于室内地面、柱面、台阶、踢脚板等处。

（3）装饰混凝土。

装饰混凝土是混凝土在预制或现浇的同时，完成自身的饰面处理的产物。与在混凝土表面加做饰面材料（面砖、锦砖等）相比，不仅成本低，而且耐久性高；利用新拌混凝土的塑性，可在立面上形成各种线型；利用组成材料中的粗、细集料，表面加工成露集料，可获得不同的质感，如采用白水泥或掺入颜料，可具有各种色彩。

3.7　防水材料

3.7.1　沥青防水材料

沥青是工程建设中常用的一种有机胶凝材料，是由多种有机化合物所组成的复杂混合物。沥青属于憎水性材料，几乎不溶于水，由于本身结构致密，因而具有很高的不透水性。根据不同产源可将其分为两大类，即地沥青和焦油沥青。地沥青分为天然沥青和石油沥青。焦油沥青分为煤沥青、页岩沥青、木沥青和泥炭沥青。建筑工程中，用得较多的是石油沥青。

沥青的使用方法很多，可以加热熔化，直接浇铺施工（称为热用）；可以加溶剂稀释或加乳化剂乳化，在常温下施工（称为冷用）；也可以加热后掺入矿质粉料和纤维材料，配成沥青胶，用来粘贴卷材；还可以制成沥青制品（如沥青卷材、沥青油膏、沥青涂料等），供施工时直接使用。

1. 乳化沥青

乳化沥青是沥青微粒分散在有乳化剂的水中而形成的乳胶体。乳化工艺是将沥青加热至180～200 ℃，脱水后，冷却至 150 ℃，徐徐加入到 60～80 ℃ 的乳化剂水溶液中，同时强烈搅拌，加完后再拌 5～6 min，冷却后，除掉表面膜层并筛去杂质后制得。乳化沥青涂刷在材料基面，或与砂、石材料拌和成型后，水分蒸发，沥青微粒靠拢，将乳化剂薄膜挤裂，相互团聚而黏结，这个过程叫乳化沥青成膜。

乳化沥青可作防水、防潮涂料，可粘贴玻璃纤维毡片（或布）作屋面防水层，可拌制冷用沥青砂浆和沥青混凝土铺筑路面。

乳化沥青储存时间不能过长（一般 3 个月左右），否则容易引起凝聚分层而变质。储存温度不得低于 0 ℃，不宜在 –5 ℃ 以下施工，以免水分结冰而破坏防水层；也不宜在夏季烈日下施工，因水分蒸发过快，乳化沥青结膜快，膜内水分蒸发不出，产生气泡。

2. 冷底子油

冷底子油是将沥青熔化后，用汽油或煤油、轻柴油、苯等溶剂（稀释剂）融合而配成的沥青涂料，由于它可以在常温下直接用于打底层，故称为冷底子油。其作用是在做三毡四油或二毡三油整体防水层中提高与基层黏结力。冷底子油要随用随配，储存时，应使用密闭容器，以防止溶剂挥发。

3. 沥青胶（玛碲脂）

沥青胶是沥青中掺入适量粉状或纤维状矿质填充料配制而成的胶结剂，用于粘贴沥青卷材、沥青防水涂层、沥青砂浆防水或防腐层的底层及用作接头填缝补漏材料。

用于防水、防潮工程的沥青胶，一般采用粉状的填料，如滑石粉、石灰石粉、白云石粉和普通硅酸盐水泥；用于耐酸性腐蚀的工程时，采用耐酸性强的石英粉等；掺用分散的纤维状填料，如石棉粉、木屑粉等，能提高沥青胶的柔韧性和抗裂能力。

沥青胶有热、冷用两种，一般工地都是热用。配制热用沥青胶时，将沥青加热至 180～200 ℃，使其脱水后，与干燥的填料热拌后热用施工。

4. 建筑防水沥青嵌缝油膏

建筑防水沥青嵌缝油膏是以石油沥青为基料，加入改性材料、稀释剂及填充料混合制成的冷用膏状材料，简称油膏。主要用在屋面、墙面的沟和槽等处的防水层做封缝材料。

油膏中的改性材料有废橡胶粉和硫化鱼油，其作用是与沥青混溶，提高油膏的塑性、黏结性、弹性、耐热性和低温柔韧性；稀释剂有松焦油、松节重油和机油，其作用是提高油膏的柔韧性，增强耐老化能力和防水性。

使用油膏嵌缝时，要注意使接缝基层表面清洁、干燥，先用冷底子油打底，待其干燥后即填油膏。油膏表面可加石油沥青、油毡、砂浆、塑料等作为覆盖层。

5. 橡胶沥青防水涂料

橡胶沥青防水涂料是以沥青为基料，加入改性材料橡胶和稀释剂及其他助剂制成的黏稠胶状材料。改性材料常用氯丁橡胶或废橡胶粉。稀释剂有苯、甲苯、汽油和水等。橡胶沥青防水涂料克服了单用沥青时塑性低、冷脆性及大气稳定性差等缺点，具有防水性、柔韧性、抗冻性及抗老化性好的优点。

橡胶沥青防水涂料无毒，冷施工，可用喷涂或人工涂刷；可单独涂布，也可与玻璃布配合使用，做成"一布三油"或"二布四油"复合防水层；还可与嵌缝油膏使用，先用油膏嵌缝，再涂刷三遍防水涂料（不用玻璃布），主要涂刷于屋面、墙面、沟槽等处，起防水、防潮、防腐和防碳化等作用。

6. 沥青防水卷材

凡用厚纸或玻璃布、石棉布、棉麻织品等胎料浸渍石油沥青制成的卷状材料，称为浸渍卷材（有胎卷材）；将石棉、橡胶粉等掺入沥青材料中，经碾压制成的卷状材料称为辊压卷材（无胎卷材）。

7. 沥青砂浆和沥青混凝土

沥青砂浆是由沥青、矿质粉料和砂所组成的材料，如再加入碎石或卵石，就成为沥青混凝土。

沥青防水砂浆主要适用不受振动和具有一定刚度的混凝土或砖石砌体的表面；沥青防水混凝土主要用于有防渗要求的水工、给排水工程（水池、水塔）和地下构筑物以及有防渗要求的屋面。

3.7.2 其他品种的防水材料

我国过去一直沿用石油沥青油毡做建筑防水，除消耗大、污染环境外，还存在低温脆裂，高温流淌，产生起鼓、老化、渗漏等工程质量问题。随着高分子材料的发展，以合成橡胶或塑料为主体的高效能防水卷材及其他品种防水材料（粉状、涂料）为辅的防水材料体系得到广泛地开发和应用。

1. 橡胶和树脂基防水材料

目前，采用的橡胶和树脂基防水材料大多制成卷材或片材、膏状的密封材料、液体状的涂料或喷涂材料以及其他具有特殊形状或形态的制品，主要用于建筑工程防水、气密、水密或防腐等工程。

我国 20 世纪 80 年代起，相继研制出了三元乙丙橡胶防水卷材（具有良好的耐老化、耐低温、耐化学腐蚀及电绝缘性能，适用于屋面、地下、水池防水，化工建筑防腐等）、氯丁橡胶薄膜（耐油性、耐日光、耐臭氧、耐气候性很好，适用于屋面、桥面、蓄水池及地下室混凝土结构的防水层等）、聚氯乙烯（PVC）和氯化聚乙烯（CPE）等系列产品。此外，还有一种以合成纤维无纺布为胎体，以弹塑性能良好的合成塑胶改性沥青为防水体，以铝箔作面层，经配制复合、分卷、包装而制成的铝箔胶油毡，其对太阳光反射率大，是一种良好的防水材料。

2. 防水涂料

能形成具有防水性涂层，可保护物料不被水渗透或湿润的材料，称为防水涂料。它除具有防水卷材的基本性能外，还有施工简单、容易维修等特点，特别适用于特殊结构的屋面和管道较多的厕浴间防水。按其分散介质的不同，分为溶剂型涂料（以汽油或煤油、甲苯等有机溶剂为分散介质）和水乳型涂料（以水为分散介质）；按涂层的防水机理，分为隔离性和憎水性两种；按防水层构造，又可分为单层或多层涂膜。

这里简单介绍高分子防水涂料：

（1）氯丁橡胶-海帕伦涂料。

这种涂料做防水层是以两种合成橡胶为基料的（海帕伦为商标名）。一般氯丁橡胶打底，再涂两道氯丁橡胶，然后再涂 1～2 道海帕伦涂料；耐久性很好，耐气候性及抗基层发丝裂纹的能力很好。

（2）硅酮涂料。

这种涂料是双组分合成橡胶涂料，具有良好的化学稳定性，但黏性较差。为了提高与基的黏结力，需适当打底。

（3）聚氨酯涂料。

它固体含量高，黏结性好，不需打底，涂一道即可。此种涂料涂刷于新建和维修工程需防水的基层上特别有用。值得注意的是，常见的聚氨酯防水涂料很大一部分是焦油聚氨酯产品，而煤焦油对人体极为有害，故这类涂料严禁用于冷库内壁及水池等的防水工程。

3. 粉状防水材料

防水粉避免了黑色卷材、涂料的吸热和对防水层易穿刺，以及现有防水材料粘贴不牢或易老化等缺点，具有使内应力分散、适应变形能力较强的特点，同时透气不透水、不燃、施工方便，适用于屋面防水、地面防潮、地铁工程的防潮与抗渗、水库及隧道的防渗漏等工程。其缺点是露天风力过大时施工困难，建筑物节点处理稍难等。

第4章 土木建筑工程结构与基本构件

4.1 概 述

4.1.1 结构的分类

1. 结构的概念

结构是指房屋建筑和土木工程的建筑物、构筑物及其相关组成部分的实体，但从狭义上说，是指各种工程实体的承重骨架。应用在土木工程中的结构称工程结构，如桥梁、堤坝等；局限于房屋建筑中采用的结构，称为建筑结构。

2. 结构的分类

根据所用材料的不同，结构有钢结构、钢筋混凝土结构、木结构、砌体混合结构等。

建筑结构按结构的空间形态，有单层、多层、高层和大跨度结构等。

组成结构的基本单元称为基本构件。基本构件按其受力特点，分为梁、板、柱、拱、壳与索六大类。这些基本构件可以单独作为结构使用，在多数情况下，常组成多种多样的结构体系，如桁架、框架、壳体结构、网架结构、悬索结构、剪力墙、筒体结构、板柱结构等。

结构体系是随着建筑而发展的，并且在一定程度上受到自然界实物的启发。

4.1.2 结构上的作用

1. 结构上的作用概述

结构上的作用指施加在结构上的集中或分布荷载以及引起结构外加变形或约束变形素的总称。

施加在结构上的集中荷载和分布荷载称为直接作用。地震、地基沉降、混凝土收缩、温度变化、焊接等因素虽然不是荷载，但可以引起结构的外加变形或约束变形，称为结构上的间接作用。图 4.1（a）中简支梁上的作用是荷载；图 4.1（b）中两跨连续梁上的作用是中间支座的沉降。

2. 作用效应

脚在结构上的各种作用，将在支座处产生反力，同时还将使结构产生内力与变形，甚至使结构出现裂缝。它们总称为作用效应。

第 4 章　土木建筑工程结构与基本构件

（a）　　　　　　　　　　　　　　　　　（b）

图 4.1　结构上的作用示意图

3. 结构抗力

土建结构构件的抗力，是指土建结构或构件承受作用效应的能力，如结构构件承载力（轴力、弯矩、扭矩）、变形（刚度）、抗裂等的统称。与作用效应一样，结构构件抗力的变化规律，受混凝土、钢筋材料性能（强度标准值）、几何参数和计算模式的精确性等的影响。

4.1.3　荷载

1. 荷载分类

荷载是建筑物或构筑物在使用和施工过程中所受到的各种直接作用，如结构自重、人群重量、设备重量以及土压力、水压力、风压力、雪压力等。

（1）按作用性质分类。

① 永久荷载。

结构使用期间，其值不随时间变化或其变化与平均值相比可以忽略不计的荷载，称永久荷载，也叫恒载。如结构自重、土压力等。

房屋是由基础、墙（柱）、梁、板这样一些较重的结构构件组成的。它们首先要承受自身重量，这就是恒载。除此之外，地面、屋面、顶棚、墙面上的抹灰层和门窗都是恒载。

② 可变荷载。

在结构使用期间，其值随时间变化，且变化值与平均值相比不可忽略的荷载，称可变荷载，也叫活载。如吊车荷载、风荷载、雪荷载等。

③ 偶然荷载。

在结构使用期间不一定出现，一旦出现，其值很大且持续时间较短的荷载，称偶然荷载。如爆炸力、撞击力等。

（2）按作用力分布情况分类。

① 集中荷载。

当荷载的分布面远小于结构受荷的面积时，为简化计算，可近似地将荷载看成作用在一点上，称为集中荷载。如次梁传给主梁的荷载可近似地看成一个集中荷载，屋架传给柱子的压力、吊车的轮子对吊车梁的压力都是集中荷载。

② 分布荷载。

当荷载满布在结构构件某一表面上，此荷载称为分布荷载。根据荷载分布均匀与否，又分为均布荷载和非均布荷载。

荷载的确定是结构设计第一步，结构设计就是要根据荷载的大小及其作用形式，决定构件的内力和尺寸，使结构和构件具有足够的强度、刚度和稳定性，并应经济合理、便于施工。

2. 荷载代表值

荷载代表值是为了结构设计而给荷载规定以一定的量值。根据不同的设计要求，规定不同量值的代表值。《荷载规范》给出四种代表值：标准值、准永久值、频遇值和组合值。其中，标准值是荷载的基本代表值，其代表值是采用相应的系数乘以标准值得出的。

（1）永久荷载代表值。

对永久荷载，采用标准值作为代表值；结构自重标准值可按构件的尺寸与材料单位体积自重计算确定。对于常用的材料和构件，单位体积的自重可由我国国家标准《建筑结构荷载规范》（GB 5000—2001）附录一查得。例如，下列几种常见材料，单位体积的自重可查得为：

素混凝土　　22～24 kN/m³

钢筋混凝土　24～25 kN/m³

普 通 砖　　18 kN/m³　240×115×53 mm（684 块/m³）

水泥砂浆　　20 kN/m³

混合砂浆　　17 kN/m³

钢　　材　　78.5 kN/m³

（2）可变荷载代表值。

对活荷载，应根据设计要求，采用标准值、组合值或准永久值作为代表值。

① 标准值。

可变荷载的标准值是可变荷载的基本代表值。我国《建筑结构荷载规范》对于楼面和屋面活荷载、吊车荷载、雪荷载和风荷载等可变荷载的标准值，规定了具体数值或计算方法，可以直接查用。例如：住宅、办公楼的楼面均布活荷载标准值为 2.0 kN/m²，办公楼内的走廊、门厅、楼梯为 2.5 kN/m²。

② 组合值。

当结构承受两种或两种以上的可变荷载时，考虑到这两种或两种 1～2 L 可变荷载同时达到最大值的可能性较小，因此，可以将它们的标准值乘以一个小于或等于 1 的荷载组合值系数即频遇值系数、标准值系数。这种将可变荷载标准值乘以系数后的数值，称为可变荷载的组合值。

③ 准永久值。

可变荷载虽然在设计基准期内，其值会随时间而发生变化，但研究表明，不同的可变荷载在结构上的变化情况不一样。以住宅楼面的活荷载为例，人群荷载的流动性较大，家具荷载流动性相对较小。对可变荷载，在设计基准期内，其超越的总时间约为设计基准期一半的荷载值，即可理解为总的持续时间不低于 25 年的那部分荷载值，称为该可变荷载的准永久值。

可变荷载准永久值为可变荷载标准值乘以荷载准永久值系数。由于可变荷载准永久值只是可变荷载标准值的一部分，因此，可变荷载准永久值系数小于或等于 1.0。

正常使用极限状态按长期效应组合设计时，应采用准永久值作为可变荷载的代表值。

（3）偶然荷载的代表值。

对于偶然荷载，应根据试验资料，结合工程经验确定其代表值。

3. 荷载分项系数与荷载设计值

（1）荷载分项系数。

荷载分项系数是设计计算中反映荷载不确定性并与结构可靠度相关联的分项系数。荷载分项系数可按下列规定采用：

① 永久荷载的分项系数。

当其效应对结构不利时，由可变荷载效应控制的组合取 1.2；由永久荷载效应控制的组合为 1.35。

当其效应对结构有利时，应取 1.0；对倾覆、滑移或漂浮验算，应取 0.9。

② 可变荷载的分项系数。

一般情况下应取 1.4；对活荷载标准值大于 4 kN/m² 的工业房屋楼面应取 1.3。

（2）荷载设计值。

荷载代表值乘以荷载分项系数后的值，称为荷载设计值。

结构计算中，按承载力极限状态计算时，采用荷载设计值。按正常使用极限状态设计中，当考虑荷载短期效应组合时，恒载和活荷载都用标准值；当考虑荷载长期效应组合时，恒载用标准值，活荷载用准永久值。

4.1.4　材料强度标准值与设计值

1. 强度标准值

我国《建筑结构设计统一标准》规定，材料性能的标准值是结构设计时采用的材料性能的基本代表值，保证率为 95%。

2. 强度分项系数

材料性能分项系数和荷载分项系数，是设计时为了保证所设计的结构或构件具有规定的可靠度而在计算模式中采用的系数。

我国规范根据规定的可靠指标，求出了各种结构材料的强度分项系数。例如：混凝土的材料强度分项系数：$\gamma_C = 1.40$。

3. 强度设计值与强度标准值的关系

$$材料强度设计值 = \frac{材料强度标准值}{材料强度分项系数}$$

在验算结构构件的承载力设计值时，材料强度按设计值取值。

4.1.5　结构的可靠度

1. 结构的可靠性

设计任何建筑物和构筑物时，必须使其结构满足安全性、适用性和耐久性，它是结构可靠的标志，总称为结构的可靠性。

（1）安全性：结构构件能承受在正常施工和正常使用时可能出现的各种作用，以及在偶然事件发生时及发生后，仍能保持必需的整体稳定性，即结构构件的强度和整体稳定性要求。

（2）适用性：在正常使用时，结构构件具有良好的工作性能，不出现过大的变形和过宽的裂缝。

（3）耐久性：在正常的维护下，结构构件具有足够的耐久性能，不发生锈蚀和风化现象。

2. 结构的可靠度

结构的可靠度是指结构在规定的时间内，在规定的条件下，完成预定功能的概率。

（1）这个规定的时间为设计基准期，我国规定的设计基准期为 50 年。

（2）规定的条件为正常设计、正常施工和正常使用的条件，即不包括错误设计、错误施工和违反原来规定的使用情况。

（3）预定功能指的是结构的安全性、适用性、耐久性，因此，结构的可靠度是结构可靠性的概率度量。

4.1.6 结构的极限状态

1. 极限状态概述

整个结构或结构的一部分超过某一特定状态，就不能满足设计规定的某一功能要求，此特定状态称为该功能的极限状态。极限状态分为以下两类：

（1）承载能力极限状态。

结构或结构构件达到最大承载力、出现疲劳破坏或不适于继续承载的变形，叫承载能力极限状态。

当结构或结构构件出现下列状态之一时，即认为超过了承载能力极限状态：

① 整个结构或结构的一部分失去平衡，如倾覆等。

② 由于超过材料的允许强度而导致结构构件或连接的破坏，包括疲劳破坏，或因过度的塑性变形被拉断、压碎，而不适于继续承载。

③ 结构由静定、超静定变为机动体系。

④ 结构或结构构件丧失稳定，如梁在平面外扭曲、柱压曲等。

（2）正常使用极限状态。

结构或结构构件达到正常使用或耐久性能的某项规定限值，叫正常使用极限状态。

当结构或结构构件出现下列状态之一时，即认为超过了正常使用极限状态，而失去了正常使用和耐久功能：

① 影响正常使用或外观的变形。

② 影响正常使用或耐久性能的局部破坏，包括裂缝。

③ 影响正常使用的震动。

④ 影响正常使用的其他特定状态，如混凝土受腐蚀、钢材生锈等。

2. 极限状态设计的实用表达式

（1）承载能力极限状态设计的实用表达式。

为了满足可靠度的要求，在实际设计中采取如下措施：

① 在计算杆件内力时，对荷载标准值乘以一个大于 1 的系数，称荷载分项系数。

② 在计算结构的抗力时，将材料的标准值除以一个大于 1 的系数，称材料分项系数。

③ 对安全等级不同的建筑结构，采用一个重要系数进行调整。

极限状态设计表达式如下：

$$\gamma_0 S \leq R \tag{3.1}$$

式中　γ_0 —— 结构重要性系数（对安全等级为一级或设计使用年限为 100 年及以上的结构构件，不应小于 1.1；对安全等级为二级或设计使用年限为 50 年的结构构件，不应小于 1.0；对安全等级为三级或设计使用年限为 5 年及以下的结构构件，不应小于 0.9；在抗震设计中，不考虑结构构件的重要性系数）；

　　　　S —— 承载能力极限状态的荷载效应组合的是计值；

　　　　R —— 结构构件的承载力设计值。

采用上述措施后，可靠度指标便得到了满足，这就是以分项系数表达的承载能力极限状态设计方法。

（2）采用正常使用极限状态设计的表达式：

$$S \leq C \tag{3.2}$$

式中　S —— 正常使用极限状态的荷载效应组合值；

　　　　C —— 结构构件达到正常使用要求所规定的变形、裂缝宽度和应力等的限值。

4.2　多层砌体结构

4.2.1　概述

1. 砌体结构

以砖、石或砌块用砂浆砌筑而成的砌体作为主要承重构件的结构，称为砌体结构。砖狭义指黏土烧结砖，广义也可统称一切人工砌块。由各种天然或人工砌块砌筑而成的砌体结构，习惯上称砖混结构。

2. 砌体结构的特点

（1）黏土、砂和石是天然材料，分布较广，砌块可采用工业废料（如矿渣、煤灰），容易就地取材，且较水泥、钢材和木材的价格便宜。

（2）具有良好的耐火性和较好的耐久性。

（3）砌体中，尤其是砖砌体，保温、隔热、隔音性能好，节能效果明显，既美观又舒适。

（4）施工方法简单，不需要模板和特殊的施工设备，且能较好地连续施工。在寒冷地区，冬季可用冻结法施工，不需特殊的保温措施。

砌体结构的主要缺点在于：砌体强度低，构件截面尺寸较大，材料用量多，结构自重大；砌体的抗拉、抗剪强度低，砌体结构的抗震性能差，应用范围受到限制；此外，砌体基本采用手工方式砌筑，劳动量大，生产率较低。尤其值得注意的是，黏土是制造黏土砖的主要原材料，要增加砖产量，势必过多占用农田，不但严重影响农业生产，对保持生态平衡也很不利，因此，我国已开始使用各种砌块及空心砖代替黏土砖。

3. 砌体材料强度等级与选材

砌体的抗压强度较之抗拉、抗弯和抗剪强度要高，主要用作受压构件。砌体材料主要是块体和砂浆，常用块体有砖、砌块和石。其强度等级是根据抗压强度划分的，块体的强度等级 ~ 6 MU99 表示，砂浆强度等级以 ~ 6 M 99 表示。烧结普通砖、烧结多孔砖的强度等级有：MU30、MU25、MU20、MU15、MU10；蒸压灰砂砖、蒸压粉煤灰砖的强度等级有：MU25、MU20、MU15、MU10；砌块的强度等级有：MU20、MU15、MU10、MU7.5、MU5；石材的强度等级最高 MU100，最低 MU20；砂浆的强度等级有：M15、M10、M7.5、M5、M2.5。各数据是由边长为 70.7 mm 的立方体试块进行抗压试验而确定的。

砌体所用的块材和砂浆，应根据砌体结构的使用要求、使用环境、重要性以及结构构件的受力特点等因素来考虑。选用的材料应符合承载能力、耐久性、隔热、保温、隔声等要求。

4.2.2 砌体结构的选型

1. 横墙承重体系

楼屋盖上的竖向荷载，通过板或梁传至横墙，并经横墙基础传至地基的承载体系，称为横墙承重体系。图 4.2 为某学生宿舍楼标准层结构平面布置图，其预制板沿房屋纵向布置，两端搁置在横墙上，外纵墙主要起围护作用。其特点如下：

（1）房屋横向刚度较大，整体性好。

（2）楼盖结构较简单，施工方便，楼盖的材料用量较少，但墙体材料用量较多。

（3）外纵墙不承重，便于设置洞口大的门窗，外墙面的装饰也容易处理。

这种体系适用于横墙间距较密的多层住宅、宿舍和旅馆等建筑。

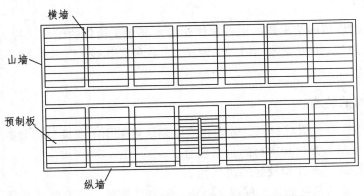

图 4.2　某学生宿舍楼标准层结构平面布置图

2. 纵墙承重体系

由纵墙直接承受屋、楼盖竖向荷载的结构体系，称为纵墙承重体系。跨度较小的房屋，楼板可以直接搁置在纵墙上。跨度较大的房屋，可采用预制屋面梁（或屋架），上铺大型屋面板，屋面梁（或屋架）搁置在纵墙上，如图 4.3 所示。其特点如下：

（1）横墙较少，建筑平面布置较灵活，但纵墙承受的荷载较大，往往要设扶壁柱；且纵墙上的门窗洞口尺寸和位置受到一定的限制。

（2）房屋的横向刚度较横向承重体系的要差。

（3）楼盖跨度较大，材料用量较多，但墙体材料用量较少。

这种体系适用于要求空间较大的教学楼、办公楼、实验楼、影剧院和仓库等建筑。

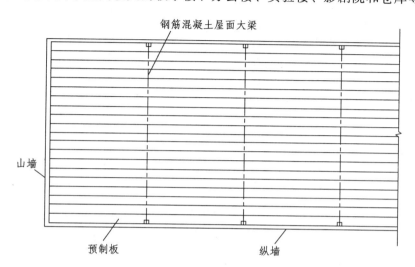

图 4.3　某单层工业厂房平面结构布置图

3. 纵横墙承重体系

指由纵墙和横墙混合承受屋盖、楼盖荷载的结构承重体系，兼有上述两种承重体系的优点。在多层房屋中，实际上多采用这种承重体系，见图 4.4。

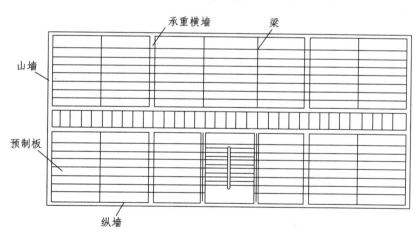

图 4.4　某纵、横墙承重方案房屋标准层平面布置图

4. 底层框架或多层内框架承重体系

指底层为钢筋混凝土框架而上面各层仍为混合结构，或由房屋内部的钢筋混凝土框架和外部砌体墙、柱构成的承重体系（见图 4.5）。其特点如下：

（1）房屋或房屋底层开间大，平面布置较为灵活，但横墙或房屋底层的横墙较少，房屋刚度或底层刚度较差。

111

（2）与全钢筋混凝土框架结构承重的房屋相比较，可节省钢材、水泥和木材。

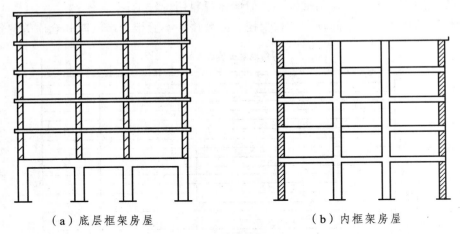

（a）底层框架房屋　　　　　　　　　（b）内框架房屋

图 4.5　框架承重体系

（3）多层内框架房屋由钢筋混凝土和砌体两种性能不同的材料组成，在荷载作用下，墙、柱将产生不同的压缩变形，从而在结构中引起较大的附加内力，抵抗地基不均匀沉降能力较弱。对于底层为框架、上层为混合结构的房屋，其抗震性能也较差。为此，在抗震设防地区，选用这种承重体系时，不应任意超高、超层。

4.3　钢筋混凝土受弯构件基本原理和基本构件

4.3.1　概　述

钢筋混凝土由钢筋和混凝土两种物理-力学性能完全不同的材料组成。混凝土的抗压强度高而抗拉强度低，钢材的抗拉和抗压强度都很高，为了充分利用材料的性能，就把混凝土和钢筋这两种材料结合在一起共同工作，使混凝土主要受压，钢筋受拉，以满足工程结构的使用要求。

1. 钢筋混凝土结构的优点

（1）耐久性和耐火性较好，混凝土保护钢材以免高温软化。

（2）整体性好，延性好，与其他材料构成的结构构件相比，混凝土结构构件可整体浇注，提高了刚度，抗震能力较强。

（3）可模性好，可以较多地满足建筑体型要求支模进行浇注，可以做成多种几何形态。

（4）取材容易，混凝土原材料中大量的砂、碎石以及工业废料，如矿渣、粉煤灰、陶粒等均为地方性材料，多而易得，毁土地少。

2. 钢筋混凝土结构的缺点

自重大，限制结构往高度及大跨度发展；隔音隔热性能稍差；结构加固维修较难；支模、绑扎、焊接钢筋与混凝土浇筑施工比较复杂，技术性较高，现场作业量大，施工连续性要求高，易受季节性影响，比较费工费时。因此，一方面，发展轻质高强材料，扩大预应力混凝土结构使用面，改善结构与构件形式（如拱、壳、折板等空间结构替代板、梁、柱等），充分发挥材料及结构性能，减轻结构构件自重等；另一方面，提高施工技术，减少现场作业量（如预制构件、生产工厂化），积极采用先进施工技术（如大模、滑模等），进行现代化施工，改革经营承包机制，以先进设计促进施工，均能削弱混凝土结构的缺陷。

3. 钢筋和混凝土的材料性能

（1）钢筋的力学性能。

建筑钢筋分两类：一类为有明显流幅的钢筋；另一类为没有明显流幅的钢筋。

普通混凝土结构所用钢筋宜采用 HRB400 和 HRB335，也可采用 HPB235 和 RRB400，其特点是有明显的流幅，含碳量少，塑性好，延伸率大。

预应力混凝土结构的钢筋宜采用预应力钢绞线、钢丝，也可采用热处理钢筋。其特点是无明显流幅、含碳量多、强度高、塑性差、延伸率小、没有屈服台阶和脆性破坏。

对于有明显流幅的钢筋，其性能的基本指标有屈服强度、延伸率、强屈比和冷弯性能四项。冷弯性能是反映钢筋塑性性能的另一个指标。

（2）混凝土的强度。

① 立方体抗压强度。立方体抗压强度是确定混凝土强度等级的标准，它是混凝土各种力学指标的基本代表值，混凝土的其他强度可由其换算得到。立方体抗压强度系指按照标准方法制作养护的边长为 150 mm 的立方体试件，在 28 d 龄期，用标准试验方法测定的抗压强度。规范中规定共分十四个等级：C15～C80，级差为 5 N/mm²。

②轴心抗压强度。实际工程中的受压构件并非立方体，而是棱柱体，棱柱体的抗压强度比立方体抗压强度低，因此计算时，应采用棱柱体轴心抗压强度。

③轴心抗拉强度是计算抗裂的重要指标。混凝土的抗拉强度很低。

（3）钢筋与混凝土的共同工作。

钢筋与混凝土的相互作用叫黏结。钢筋与混凝土能够共同工作，依靠的是它们之间的黏结强度。混凝土与钢筋接触面的剪应力称黏结应力。

影响黏结强度的主要因素有混凝土的强度、保护层的厚度和钢筋之间的净距离等。

4.3.2　钢筋混凝土梁的配筋原理

1. 梁的破坏形式

（1）适筋梁破坏。

适筋梁是指含有正常配筋的梁。其破坏的主要特点是受拉钢筋首先达到屈服强度，受压区混凝土的压应力随之增大，当受压区混凝土达到极限压应变时，构件即告破坏[见图 4.6（a）]，这种破坏称为适筋破坏。这种梁在破坏前，钢筋经历较大的塑性伸长，从而引构件较大的变形和裂缝，其破坏过程比较缓慢，破坏前有明显的预兆，为塑性破坏。适筋梁因其材料强度能得到充分发挥，受力合理，破坏前有预兆，所以实际工程中，应把钢筋混凝土梁设计成适筋梁。

（2）超筋梁破坏。

超筋梁是受拉钢筋配得过多的梁。由于钢筋过多，所以，这种梁在破坏时，受拉钢筋还没有达到屈服强度，而受压区混凝土却因达到极限压应变先被压碎，而使整个构件破坏[见图4.6（b）]，这种破坏称为超筋破坏。超筋梁的破坏是突然发生的，破坏前没有明显预兆，为脆性破坏。这种梁配筋虽多，却不能充分发挥作用，所以是不经济的。由于上述原因，工程中不允许采用超筋梁。

（3）少筋梁破坏。

梁内受拉钢筋配得过少时的梁称为少筋梁。由于配筋过少，只要受拉区混凝土一开裂，钢筋就会随之达到屈服强度，构件将发生很宽的裂缝和很大的变形，甚至因钢筋被拉断而破坏[见图 4.6（c）]，这种破坏称为少筋破坏。这也是一种脆性破坏，破坏前没有明显预兆，工程中不得采用少筋梁。

为了保证钢筋混凝土受弯构件的配筋适当，不出现超筋和少筋破坏，就必须控制截面的配筋率（钢筋面积与梁截面积的比），使它在最大配筋率和最小配筋率（0.2%）范围之内。

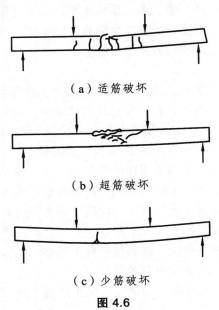

（a）适筋破坏

（b）超筋破坏

（c）少筋破坏

图 4.6

2. 适筋梁工作的三个阶段

适筋梁的工作和应力状态，自承受荷载起，到破坏为止，可分为三个阶段，见图4.7。

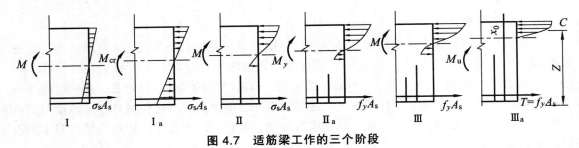

图 4.7　适筋梁工作的三个阶段

第Ⅰ阶段：当开始加荷时，弯矩较小，截面上混凝土与钢筋的应力不大，混凝土基本上处于弹性工作阶段，应力应变成正比，受压区及受拉区混凝土应力分布可视为三角形，受拉区的钢筋与混凝土共同承受拉力。荷载逐渐增加到这一阶段的末尾时，受拉区边缘混凝土达到其抗拉强度，即将出现裂缝，此时用I_a表示。

第Ⅱ阶段：M增大，拉区混凝土开裂，逐渐退出工作。中和轴上移，压区混凝土出现塑性变形，压应变（单位杆件的纵向伸长$\Delta L/L$）呈曲线，应力刚到达屈服时，Ⅱ阶段结束。此阶段梁带裂缝工作，这个阶段是计算正常使用极限状态变形和裂缝宽度的依据。

第Ⅲ阶段：钢筋屈服后，应力不再增加，应变迅速增大，混凝土裂缝上移，中和轴迅速上升，混凝土压区高度减小，梁的挠度急剧增大。当混凝土达到极限压应变时，混凝土被压碎，梁即破坏。第Ⅲ阶段是承载能力的极限状态计算的依据。

3. 梁的正截面受力简图与配筋原理

（1）梁的正截面受力简图。

正截面承载力的计算是依靠上述第Ⅲ阶段的截面受力状态建立的。为了简化计算，压区混凝土的应力图形用等效矩形应力图形代替（见图4.8）。同时引入了截面应变保持平面的假定及不考虑混凝土抗拉强度的假定。

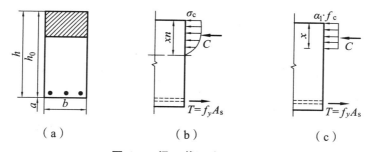

（a）　　　　　　　（b）　　　　　　　（c）

图4.8　梁正截面应力图形

（2）梁的正截面承载力计算原理。

根据静力平衡条件，建立平衡方程式，见图4.8（c）。

$$\sum N = 0 , \quad \alpha_1 f_c \cdot b \cdot x = f_y \cdot A_s \tag{4.3}$$

对受拉区纵向受力钢筋的合力作用点取矩：

$$\sum M = 0 , \quad M \leqslant \alpha_1 f_c \cdot b \cdot x(h_0 - x/2) \tag{4.4}$$

对压区混凝土压应力合力作用点取矩：

$$\sum M = 0 , \quad M \leqslant f_y \cdot A_s(h_0 - x/2) \tag{4.5}$$

式中　M——荷载在该截面产生的弯矩设计值；

α_1——等效矩形应力系数；

f_y——钢筋抗拉强度设计值；

x——混凝土受压区高度；

f_c——混凝土轴心抗压强度设计值；

A_s——钢筋受拉区截面面积。

对梁的配筋量，规范中有明确的规定，不允许设计成超筋梁和少筋梁，它们的破坏是没有预兆的脆性破坏。

4. 梁的斜截面强度保证措施

受弯构件截面上除作用弯矩 M 外，通常还作用有剪力 τ_0 在弯矩和剪力 τ 的共同作用下，有可能产生斜裂缝，并沿斜裂缝截面发生破坏。

为了防止斜截面的破坏，通常采用下列措施：

（1）限制梁的截面最小尺寸，其中包含混凝土强度等级因素。

（2）适当配置箍筋，并满足规范的构造要求。

（3）当上述两项措施还不能满足要求时，可适当配置弯起钢筋，并满足规范的构造要求。

4.3.3 钢筋混凝土梁板结构

1. 梁板结构的分类

（1）按结构布置分类。

① 单向板肋梁楼板。

它是由板、次梁及主梁组成，板四周与次梁和主梁整体浇筑。当板在次梁间的跨度与其在主梁间的跨度之比小于 1/2 时，楼板的均布荷载将主要沿短跨方向传至次梁，沿长跨方向传至主梁的荷载极小，可以忽略，因此称为单向板。次梁承受由板传来的荷载后，即连同其本身自重集中传至主梁，主梁将这些集中荷载及其自重传至柱，柱再传至基础，通过基础，将柱的集中荷载分散开，传至地基。在这种楼板体系中，板支承于次梁上，次梁则支承在主梁上，见图4.9。

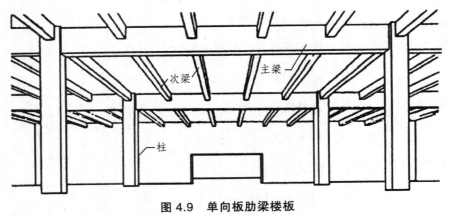

图 4.9 单向板肋梁楼板

② 双向板肋梁楼板。

当板在次梁间的跨度与其在主梁间的跨度之比大于1/2，特别是接近 1：1 时，则成双向板肋梁楼板，即这时楼板荷载传至四周的梁上。这种梁板一般用于现浇的全框架或周边有墙的砌体结构中。

第 4 章　土木建筑工程结构与基本构件

③ 井式梁楼盖。

双向均匀布梁，板双向支承与梁整浇。梁跨度 10～24 m，梁距可控制在 3 m 为宜，梁区格的长边与短边之比不大于 1.5，当平面为正方形或接近正方形时，梁高为短边长度的 1/18～1/16，梁宽为梁高的 1/4～1/3，梁支承在周边的柱或刚度较大的边梁上，梁的布置有正井字和斜井字，均较美观。

④ 密肋楼盖。

双向密布小肋，肋间距 1～1.5 m，以减小板厚和肋断面尺寸，降低材料消耗，减少结构占用的层高。由于模板量大，一般采用工具式模壳。支承小肋的梁按柱网设置或仅布置在房屋的外周。用于大型商场、图书馆等，见图 4.10。

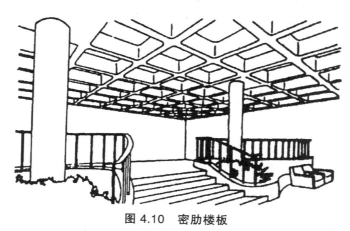

图 4.10　密肋楼板

⑤ 无梁楼盖。

为板柱结构，又分为有柱帽楼盖结构和无柱帽楼盖结构。每个方向板应不少于 3 跨，柱距以 7.9 m 为宜；无梁楼板顶棚平整，室内净空大，采光通风好，但钢筋消耗量大，多用于商场和现代化办公大楼等，见图 4.11。

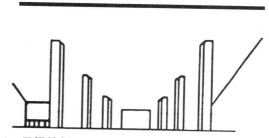

图 4.11　无梁楼板

（2）按施工方式分类。

① 现浇结构。

梁板全现浇，整体性好，刚性强，抗震性能和防水防渗较好；开间、进深尺度可灵活择。

② 预制结构。

又分为梁、板全部预制装配，梁现浇、板预制的半装配和在预制楼板上现浇钢筋混凝土面层的装配整体式三种。

2. 梁、板结构构造要求

（1）梁的构造要求。

梁的截面尺寸应根据设计计算确定，最小高度一般可按表 4.1 选用，b 为梁宽。

表 4.1　梁截面尺寸的一般规定

序 号	类 型	h			b/h	
		简　支	多跨连续	悬　臂		
1	次　梁	（1/12～1/15）L	（1/8～1/12）L	≥（1/8）L	1/2～1/3	1/2.5～1/3
2	主　梁	（1/8～1/12）L	（1/14～1/8）L	（1/6）L		
3	独立梁	（1/8～1/12）L	（1/10～1/12）L	（1/6）L		
4	框架梁	现　浇　（1/10～1/12）L				
		装　配　（1/8～1/10）L				

注：① 表中 L 为计算跨度，$L>9$ m 时，表中数宜乘以系数 1.2。
　　② 现浇结构中主梁 h 应比次梁 h 高至少 50 mm。
　　② 板的支承长度。

次梁的经济跨度 $L=4\sim7$ m，主梁的经济跨度 $L=5\sim9$ m，梁在砖墙上的支承长度不应小于 240 mm，沿梁全长应配置封闭式箍筋，第一根箍筋可距支座边 50 mm，在简支梁的支座范围内宜布置1根箍筋。

（2）板的构造要求。

① 板的厚度。

板的厚度主要由设计计算确定，即除应满足承载力、变形和裂缝宽度要求外，还应注意使用要求、施工方便和经济等方面的要求。板的最小厚度应满足表 4.2 的要求，板的厚度与板的短边计算跨度的比值应满足表 4.3 的要求。

表 4.2　现浇钢筋混凝土板的最小厚度（mm）

板的类别		最小厚度
单向板	屋面板	60
	民用建筑楼板	60
	工业建筑楼板	70
	行车道下的楼板	80
双向板		80
密肋板	肋间距小于或等于 700	40
	肋间距大于 700	50
悬臂板	板的悬臂长度小于或等于 500	60
	板的悬臂长度大于 500	80
无梁楼板		150

表 4.3　钢筋混凝土现浇板厚度与计算跨度的最小比值

序　号	支承情况	有梁楼板		无梁楼板	
		单向板	双向板	有柱帽	无柱帽
1	简支板	1/35	1/4	1/35	1/30
2	连续板	1/40	1/50		
3	悬臂板	1/12			

　　现浇钢筋混凝土楼板或屋面板伸进纵、横墙内的长度，均不应小于 120mm。装配式钢筋混凝土楼板或屋面板，当圈梁未设在板的同一标高时，板端伸进外墙的长度不应小于 120mm，伸进内墙的长度不应小于 100 mm，在梁上不应小于 80mm。

　　③ 板的配筋要求。

　　板中受力钢筋一般采用 I 级钢 HPB235，常用直径 $\phi 8$、$\phi 10$、$\phi 12$；Ⅱ级钢 HRB335 常用直径 $\phi 12$、$\phi 14$、$\phi 16$；Ⅲ级钢常用直径 $\phi 8$、$\phi 10$ 等。板中受力钢筋的间距不小于 70 mm，当板厚 $h \leqslant 150$ mm 时，不宜大于 200 mm；当板厚 $h > 150$ mm 时，不宜大于 $1.5h$，且不宜大于 250 mm。简支板或连续板下部纵向受力钢筋伸入支座的锚固长度不应小于 $5d$（d 为下部纵向受力钢筋的直径）。

4.4　单层厂房排架结构

4.4.1　单层厂房排架结构的组成

　　装配式单层厂房的主要承重结构是屋架（或屋面梁）、柱和基础。当柱与基础为刚接，屋架与柱顶为铰接时，这种结构叫排架（见图 4.12）。由于厂房有吊车，所以排架柱多采用阶梯形变截面。图 4.13 所示为钢筋混凝土排架结构的几种形式。

（a）单跨排架剖面

（b）单跨排架受力简图

图 4.12　排架结构

　　装配式钢筋混凝土单层厂房排架结构，是一种由横向排架和纵向联系构件以及支撑系统等组成的空间体系。它通常由屋盖结构、吊车梁、柱子、支撑、基础和维护结构组成，并相互连接成一个整体（见图 4.14）。

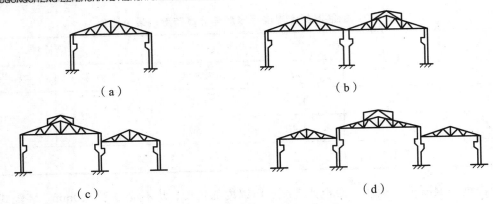

（a） （b）

（c） （d）

图 4.13　钢筋混凝土排架结构的形式

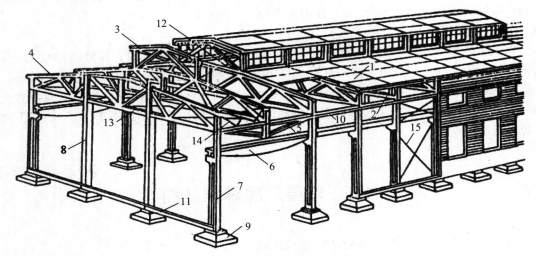

图 4.14　装配式单层厂房的组成

1—屋面板；2—天沟板；3—天窗架；4—N 形架；5—托架；6—吊车梁；7—排架柱；
8—抗风柱；9—基础；10—连系梁；11—基础梁；12—N 形窗架垂直支撑；
13—屋架下弦横向水平支撑；14—屋架端部支撑；15—柱间支撑

1. 屋盖结构

屋盖结构分无檩体系及有檩体系两种。常用无檩体系，即将大型屋面板直接支承在屋架上。屋盖包括如下构件：

（1）屋面板——支承在屋架或天窗架上，直接承受屋面的荷载，并传给屋架或天窗架。

（2）天窗架——支承在屋架上，承受天窗上的屋面荷载及天窗重，并传给屋架。

（3）屋架（或屋面梁）——支承在柱上，承受屋盖结构的全部荷载（包括有悬挂吊车时的吊车荷载）并将它们传给柱子。当设有托架时，屋架则支承在托架上。

（4）托架——当柱子间距比屋架间距大，例如柱距不小于 12 m 时，则用托架支承屋架，并将其上的荷载传给柱子。

2. 吊车梁

吊车梁支承在柱子牛腿上，承受吊车荷载（包括吊车的竖向荷载和水平荷载），把它传给柱子。

第 4 章　土木建筑工程结构与基本构件

3. 柱　子

柱子承受由屋架（或托梁）、吊车梁、连系梁和支撑等传来的竖向荷载和水平荷载，并把它们传给基础。常用柱子的截面形式见图 4.15。

矩形截面柱，外形简单，设计、施工方便，但有一部分混凝土不能充分发挥作用，自重大，费材料，仅在截面不大时采用，图 4.15（a）。工字形截面柱的用料比矩形柱合理，这种柱整体性能较、好，刚度大，用料省，适用范围较广，在单层厂房中采用最为普遍，图 4.15（b）。双肢柱有平腹杆双肢柱和斜腹杆双肢柱两种，如图 4.15（c）、（d）所示。前者构造简单，制作方便，形成的矩形孔便于布置工艺管道，应用较广泛。但当吊车吨位大且承受较大水平荷载时，则宜采用斜腹杆双肢柱，斜腹杆双肢柱呈桁架形式，受力比较合理。双肢柱整体刚度较差，钢筋布置复杂。当柱的截面高度在 500 mm 以内时，采用矩形柱；600～800 mm 时采用工字形或矩形柱；900～1 200 mm 时采用工字形柱；1 300～1 500 mm 时采用工字形或双肢柱；柱的截面高度在 1 600 mm 以上时，采用双肢柱。

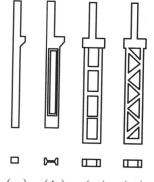

（a）　（b）　（c）　（d）

图 4.15　柱子的形式

4. 支　撑

支撑体系包括屋盖支撑及柱间支撑两部分。

（1）屋盖支撑。

屋盖支撑包括屋架上弦横向水平支撑、屋架下弦横向水平支撑、屋架下弦纵向水平支撑（见图 4.16）、屋架竖向支撑等（见图 4.17）。其主要作用是传递屋架平面外荷载，保证屋架构件在其平面外稳定以及屋盖结构在平面外的刚度。

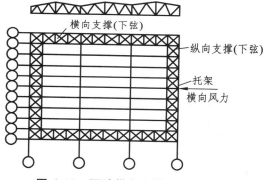

图 4.16　下弦纵向和横向水平支撑

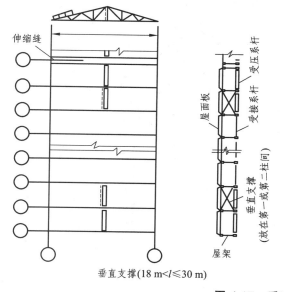

垂直支撑(18 m<l≤30 m)

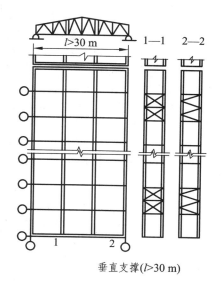

垂直支撑(l>30 m)

图 4.17　垂直支撑

（2）柱间支撑。

柱间支撑的作用在于提高厂房的纵向刚度和稳定性，将吊车纵向制动力、纵向地震力及风荷载传至基础。

承受柱子和基础梁传来的荷载，亦即整个厂房在地面以上的荷载，并将它们传给地基。当柱基需深埋时，为不使预制柱过长，可做成高杯口基础，如图4.18（c）所示。

5. 围护结构

包括纵墙、山墙以及由墙梁、抗风柱和基础梁等组成的墙架。这些构件所承受的荷载主要是墙体和构件的自重以及作用在墙上的风荷载。

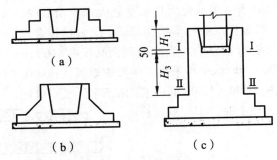

图 4.18　杯形基础

4.4.2　单层厂房的荷载

单层厂房所承受的主要荷载如下（见图4.19）：

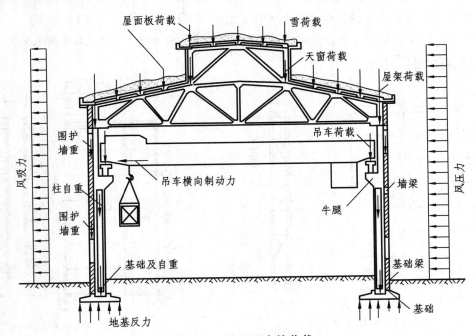

图 4.19　单层厂房的荷载

1. 永久荷载

即长期作用在厂房结构上的不变荷载（恒载），如各种构件和墙体的自重等。

2. 可变荷载

即作用在厂房结构上的活荷载，主要有：雪荷载；风荷载，包括风压力与风吸力；吊车荷载，包括吊车竖向荷载即吊车自重及最大起重量引起的轮压和吊车水平荷载即吊车制动时作用于轨顶的纵向和横向水平制动力；积灰荷载，大量排灰的厂房及其邻近建筑应考虑屋面积灰荷载；施工荷载，即厂房在施工或检修时的荷载。

此外，厂房还可能受到某些间接作用，如地震作用和温度作用等。单层厂房结构主要荷载的传递路线如下所示：

$$
\begin{array}{l}
\text{竖向荷载}\left\{\begin{array}{l}\text{雪、屋面荷载}\rightarrow\text{屋面板}\rightarrow\text{屋架}\rightarrow\\ \text{吊车竖向荷载}\rightarrow\text{吊车梁}\rightarrow\text{柱牛腿}\rightarrow\\ \text{墙自重}\rightarrow\text{墙梁、基础梁}\rightarrow\end{array}\right\}\\[2mm]
\text{水平荷载}\left\{\begin{array}{l}\text{风荷载}\rightarrow\text{墙圈梁}\rightarrow\\ \text{吊车横向制动力}\rightarrow\text{吊车梁}\rightarrow\\ \text{吊车纵向制动力}\rightarrow\text{吊车梁}\rightarrow\text{柱间支撑}\rightarrow\end{array}\right\}
\end{array}\left.\begin{array}{l}\\ \text{柱}\rightarrow\text{基础}\rightarrow\text{地基}\end{array}\right.
$$

厂房的横向排架为基本承重结构，由横梁（屋面梁或屋架）与横向柱列组成，上述竖向荷载以及横向水平荷载主要通过横向排架传到基础和地基。

除横向排架外，厂房的纵向柱列通过吊车梁、连系梁、柱间支撑等构件，也形成纵向排架。纵向排架的作用是：保证厂房结构纵向的稳定和刚度；承受作用在山墙和天窗端壁然后通过屋盖结构传来的纵向风荷载；承受吊车纵向水平荷载，见图 4.20。

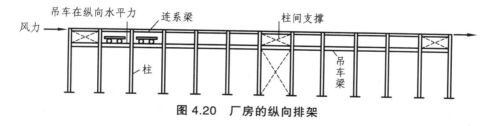

图 4.20　厂房的纵向排架

4.5　高层建筑结构

高层建筑所采用的结构主要是钢筋混凝土结构和钢结构。钢筋混凝土结构造价较低，且材料来源丰富，可节约钢材，防火性能好，经过合理的设计可获得满意的抗震性能，发展中国家主要采用钢筋混凝土建造高层建筑，我国的高层建筑以钢筋混凝土结构为主。

钢结构自重较轻，地基与基础易于处理，建于软弱地基时尤为明显。钢结构现场作业量较小，施工周期短。钢结构的抗震可靠性也明显地优于钢筋混凝土结构。由于上述情况，发达国家的高层建筑采用钢结构的较多。我国北京京广中心 57 层（208 m）即为钢结构高层建筑。

钢筋混凝土高层建筑结构可供选择的结构体系有：框架结构、剪力墙结构、底层大空间剪力墙结构、框架-剪力墙结构、简体结构、伸臂结构、悬挂结构和巨型结构等，我国目前采用较多的是前五种结构体系。

合理的高层建筑结构体系的确定，不仅涉及选择和布置主要结构构件，使其更有效地抵抗由重力荷载和水平荷载引起的各种组合荷载，而且应考虑建筑功能、建筑设备、水平荷载的性质与大小、建筑的高度与高宽比等因素。

1. 框架结构

框架结构由梁、柱构件通过节点连接构成，框架梁和柱既承受垂直荷载，又承受水平荷载。框架结构最主要的优点是具有开阔的空间，使建筑平面布置灵活，便于门窗设置，常用于体型较规则、刚度较均匀的公共建筑，如学校、办公楼、医院和旅馆等。框架结构的主要缺点是抗侧刚度较小，侧向变形较大，结构的使用高度受到限制，特别是在地震作用下，非结构构件破坏比较严重。因此，钢筋混凝土框架结构的建筑高度，一般宜控制在 15 层以下，见图 4.21。

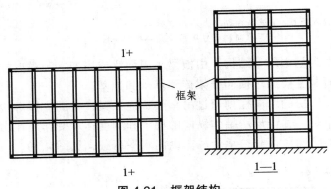

图 4.21　框架结构

2. 剪力墙结构

由纵横方向的竖向连续墙体组成的抗侧体系，称为剪力墙结构体系。在这种体系中，竖向连续墙既可以构成隔墙，同时又作为结构，承担重力和水平力。

剪力墙结构的抗侧刚度要比框架结构大得多，在水平力作用下侧向变形小，同时抗震能力强，空间整体性能好。从经济上分析，剪力墙结构以 30 层左右为宜。剪力墙结构的缺点是：结构自重大，建筑平面布置局限性大，难以满足建筑内部大空间的要求。它适用于墙体布置较多的旅馆、住宅、公寓、办公楼等建筑。这类建筑各层平面重复，允许墙体竖向连续，并且能够同时满足各房间之间的隔音和防火的要求。

3. 底层大空间剪力墙结构

当建筑物的底层需要布置商店、门厅、大厅、会议室和餐厅等大房间时，可把墙的底层做成框架，称为"框支剪力墙"。框支剪力墙底层的抗侧刚度突然变小，形成上下刚度突变，在地震作用下引起反应的显著改变，底层柱会产生应力和变形集中，致使结构破坏。

为了满足住宅、公寓、旅馆、写字楼等需要在底层设置商店或大的公共空间的要求，可以采用部分框支剪力墙、部分落地剪力墙，形成底层大空间的剪力墙结构。

4. 框架、剪力墙结构

在框架结构中的适当部位设置一些剪力墙，就形成框架-剪力墙结构。剪力墙可以单片分散布置，也可以集中布置，将它们与框架组合在一起，通过相互作用，具有剪力墙结构刚度大、抗侧移能力强、抗震性能好和框架结构布置灵活、方便使用的双重优点，见图4.22。我国 10～20 层的旅馆和办公楼、医院、科研教学楼等公共建筑，很多采用框架-剪力墙结构。

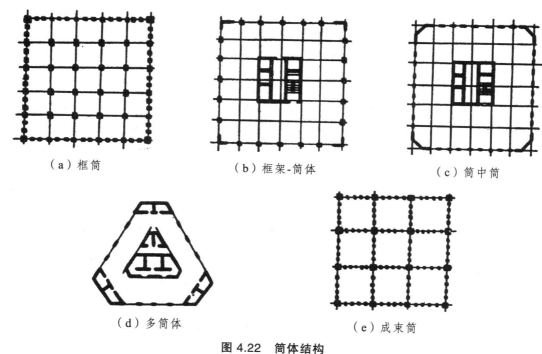

（a）框筒　　　　　　　　　（b）框架-筒体　　　　　　　　　（c）筒中筒

（d）多筒体　　　　　　　　　　　（e）成束筒

图 4.22　筒体结构

4.6　建筑结构抗震基本知识

4.6.1　地震震级和烈度

1. 地震成因

地震的成因主要有三种：构造地震、火山地震和陷落地震。

构造地震是由于地质构造作用，使岩层的薄弱部位突然错动断裂而引起的。构造地震约占地震总数的 90%，震源可深可浅。20 世纪 70 年代我国唐山、海城发生的地震，均属构造地震。火山地震是由于火山爆发所引起的，其分布范围同火山分布相一致，它的影响范围小，约占地震总数的 7%。陷落地震是由于地层内石灰岩溶洞陷落或矿山巷道塌下而引起的，为数很少，约占地震总数的3%，且震源浅，影响范围小。

房屋结构抗震主要研究构造地震发生时房屋结构的抗震设防能力。地震发生后，它的能量以波的形式向各个方向传播，称为地震波。地震波从震源传播到地球表面，由地基土把地震波传递给建筑物。当建筑物接收地基土所输入的地震波，会引起建筑物左右摇晃和上下颠动（持续时间很短），造成不同程度的破坏。

地震波主要有纵波和横波。纵波的振动方向与波的传播方向一致，又称压缩波或 P 波，P 波周期较短、振幅较小、传播速度较快；横波的振动方向与波传播的方向相垂直，又称剪切波或 S 波，S 波周期较长、振幅较大、传播速度比 P 波慢。

地震对地面和建筑物直接产生灾害。由直接灾害而引发的其他灾害，如火灾、水灾、疾病等是地震产生的次生灾害。

2. 震级与烈度

（1）震级。

地震用震级 M 来表示其能量的大小，也是地震规模的指标。震级的大小采用 1935 年美国加州理工学院的里克特提出的震级定义，即：震级大小是用标准地震仪在距震中 100 km 处记录的，以 μm（1 μm = 10^{-3} mm）为单位的最大水平地面位移 A（振幅）的常用对数值 $M = \lg A$ 来表示的。震级小于 2 的地震，人们感觉不到，称作微震；2 ~ 4 级地震称有感地震；5 级以上地震统称破坏性地震；7 级以上地震称强烈地震；8 级以上地震称特大地震。

（2）烈度。

地震发生后，各地区的地震灾害一般不相同，通常用地震烈度来描述地震的宏观现象，如人的感觉、器物反应、地表现象、建筑物破坏程度。世界上多数国家使用的基本上是 12 等级划分的烈度表。

对应于一次地震，震级只有一个，而地震烈度在不同地区却是不同的。通常震中的地震烈度最高，随着震中距的增加，地震烈度逐渐降低。

一个地区的基本烈度是指该地区今后一定时间内，在一般场地条件下可能遭遇的最大地震烈度。根据我国有关单位对华北、西南、西北 45 个城镇的地震烈度所作出的概率分析，基本烈度大体为在设计基准期内超越概率 10% 的地震烈度。

地震设防的依据是抗震设防烈度，它是按国家规定的权限批准作为一个地区抗震设防的地震烈度，在一般情况下采用基本烈度。

4.6.2 抗震设防的基本思想和抗震构造措施

1. 抗震设防的基本思想

抗震设防是以现有的科技水平和经济条件为前提的。以北京地区为例，抗震设防烈度为 8 度，超越 8 度的概率为 10% 左右。

我国规范抗震设防的基本思想和原则是以"三个水准"为抗震设防目标。简单地说，是"小震不坏、大震不倒"。

"三个水准"的抗震设防目标是：当遭受低于本地区抗震设防烈度的多遇地震影响时，建筑物一般不受损坏或不需修理仍可继续使用；当遭受相当于本地区抗震设防烈度的地震影响时，可能损坏，经一般修理或不需修理仍可继续使用；当遭受高于本地区抗震设防烈度预估的罕遇地震影响时，不会倒塌或发生危及生命的严重破坏。

2. 抗震结构的概念设计

在强烈的地震作用下,建筑物的破坏机理和过程是十分复杂的,对一个建筑物要进行精确的抗震计算也是非常困难的。因此,在对建筑物进行抗震设防的设计时,根据以往地震灾害的经验和科学研究的成果,首先进行"概念设计"。概念设计可以提高建筑物总体上的抗震能力。

概念设计内容主要包括:选择对抗震有利的场地;建筑形状力求简单、规则;建筑物平面上的质量中心和刚度中心尽可能地靠近;选择技术先进、经济合理的抗震结构体系,传力明确,并有多道抗震防线;选用抗震性能较好的建筑材料;非结构构件应满足抗震要求。

3. 抗震构造措施

(1)多层砌体房屋的抗震构造措施。

砖石砌体房屋除满足抗震计算要求外,还必须针对砌体结构的弱点,提高结构的整体稳定性、延性和砌体的抗拉、抗剪强度,可采取如下的抗震增强措施。

① 抗震设计对砌体结构的高度与横墙间距的限制。

历次大地震震害情况表明,震害随砌体房屋高度而加剧,特别是在高烈度区尤为严重。因此,在抗震设防地区,必须严格执行现行《建筑抗震设计规范》中关于房屋总高度和总层数等方面的规定(见表4.4、4.5、4.6)。

表4.4 房屋的层数和总高度的限值(mm)

房屋类别		最小墙厚度/mm	高度	层数	高度	层数	高度	层数	高度	层数
			烈度 VI		烈度 VII		烈度 VIII		烈度 IX	
多层砌体	普通砖	240	24	8	21	7	18	6	12	4
	多孔砖	240	21	7	21	7	18	6	12	4
	多孔砖	190	21	7	18	6	15	5	—	
	小砌块	190	21	7	21	7	18	6		
底部框架-抗震墙		240	22	7	22	7	19	6		
多排柱内框架		240	16	5	16	5	13	4		

注:房屋的总高度指室外地面到主要屋面板板顶或檐口的高度。

表4.5 房屋最大高度比

烈 度	VI	VII	VIII	IX
最大高度比	2.5	2.5	2.0	1.5

注:① 单面走廊房屋的总高度不包括走廊高度;
② 建筑平面接近正方形时,其高度比宜适当减小。

表 4.6 房屋抗震横墙最大间距（mm）

房屋类别		烈　　度			
		VI	VII	VIII	IX
多层砌体	现浇或装配整体式钢筋混凝土楼、屋盖	18	18	15	11
	装配式钢筋混凝土楼、屋盖	15	15	11	7
	木楼、屋盖	11	11	7	4
底部框架、抗震墙	上部各层	同多层砌体房屋			
	底层或底部两层	21	18	15	
多排柱内框架		25	21	18	

② 结构布置。

震害表明，横墙承重房屋破坏率最低，破坏程度也轻，纵横墙承重情况居中，纵墙承重方案最重。因此，砌体结构布置时，应优先采用横墙承重或纵横墙共同承重的结构体系。

③ 设置钢筋混凝土构造柱。

试验证明，砖石结构设构造柱，能大幅度提高结构极限变形能力，使原比较脆性的墙体，具有相当大的延性，从而可提高结构抵抗水平地震作用的能力。此外，构造柱与各层水平钢筋混凝土圈梁相交连接起来，形成对砖墙的约束边框，可阻止地震下裂缝开展，限制开裂后块体的错位，使墙体竖向承载力不致大幅度下降，从而防止墙体坍塌或失稳倒塌。

构造柱一般设置在内外墙交接处和门厅、楼梯间墙的端部，其数量与房屋层数和地震烈度有关。砖墙构造柱最小截面为 240 mm × 180 m，纵向钢筋为 $4\phi12 \sim 4\phi14$，箍筋间距为 $200 \sim 250$ mm。构造柱必须与砖墙有良好的连接，应先砌墙后浇柱，结合面应砌成大马牙槎，沿墙高每 500 mm 设 $2\phi6$ 拉结筋，拉结筋每边伸入墙内不小于 1 mm。

④ 设置钢筋混凝土圈梁。

圈梁的作用主要在于提高结构的整体性由于圈梁的约束，预制板散开以及砖墙出平面倒塌的危险性大大减小了，使纵横墙能够保持一个整体的箱形结构，增强了房屋的整体性，可充分发挥各片墙的平面内抗剪抗震能力。圈梁作为楼盖的边缘构件，提高了楼盖的水平刚度，使局部地震作用能够传给较多的墙体共同分担，从而减轻了大房间纵横墙平面外破坏的危险性。圈梁限制墙体斜裂缝的开展和延伸，使裂缝仅在两道圈梁之间的墙体内发生，减轻了墙体坍塌的可能性。圈梁减轻地震时地基不均匀沉陷对房屋的不利影响；圈梁可防止或减轻地震时地表开裂将房屋撕裂。圈梁的设置要求应视楼盖、屋盖种类及结构布置方案而定。

⑤ 楼盖及屋盖构件应有足够的支承长度和可靠的连接。

楼盖、屋盖是墙柱的水平支承，起协调各墙受力和有效传递水平地震的作用。现浇楼盖宜连续配筋、整体浇筑。预制楼板，应由板端伸出钢筋，在接头处相互搭接，所有接缝做成现浇接头，与圈梁结为一体。

⑥ 加强楼梯间的整体性。

楼梯间没有楼盖作墙的水平支承，因此不宜将楼梯间布置在转角等薄弱环节。

（2）框架结构的抗震构造措施。

① 框架柱中纵筋、箍筋及弯钩等应满足规范构造要求。

② 框架梁截面尺寸、顶筋、底筋、箍筋的构造应满足规范要求。
③ 框架节点核心区应满足规范构造措施要求。

4.7　道路工程设计

4.7.1　柔性路面设计

柔性路面设计可分为结构设计和厚度设计两个部分。

1. 柔性路面结构设计

路面结构设计就是根据任务要求，全面考虑当地的各种条件，选择路面结构，拟定几种可能的路面结构组合，并根据技术经济的原则，选择合理的结构设计方案，并据此进行厚度设计。

（1）路面结构的强度组合和最小厚度。

路面应力的分布规律是上大下小，故路面结构的强度组合应是面层弹性模量值要高，基层和土基的弹性模量值可依次递减，各层的强度一般应自上而下递减。路面厚度应根据路面各结构层的强度和稳定性计算决定。各类结构层的最小厚度可参见表 4.7。

表 4.7　各类结构层的最小厚度

结构层类型		最小厚度/cm
沥青混凝土 热拌沥青碎石	粗粒式	5.0
	中粒式	4.0
	细粒式	2.5
沥青石屑		1.5
沥青砂		1.0
沥青贯入式		4.0
沥青上拌下贯式		5.0
沥青表面处治		1.5
石灰、水泥稳定类、石灰工业废渣类		15*
级配碎（砾）石、泥结碎石、填隙碎石		8.0

（2）路面结构组合要有良好的稳定性稳定性。

包括气候稳定性和结构稳定性。

路面结构气候稳定性是指水稳定性、干稳定性、高温稳定性和冰冻稳定性。为了保证路面结构气候稳定性，防止路面冰冻，要求路面总厚度不小于表 4.8 的要求。结构稳定性要求各层次配合得当，连接牢靠。

表 4.8　路面防冻层最小厚度

冰冻深度/cm	土基干湿类型	粉性土/mm	砂性土、黏性土/mm
50~100	中湿	30~50	30~40
	潮湿	40~60	35~50
100~150	中湿	50~60	40~50
	潮湿	60~70	50~60
150~200	中湿	60~70	50~60
	潮湿	70~80	60~70
200 以上	中湿	70~80	60~70
	潮湿	80~110	70~90

注：① 表中数值以砂石材料为准，若采用其他防冻性能好的材料，如煤渣、矿渣及二灰类等，其值可酌情减少。
　　② 中级路面和低级路面可不考虑防冻最小厚度。

2. 柔性路面厚度设计

柔性路面设计是以双圆垂直均布荷载作用下的弹性层状体系理论为基础，以路面容许弯拉值作为路面整体强度的控制指标，进行厚度计算，并对整体性材料结构层的弯拉应力进行验算。城市道路还要对面层进行容许剪应力计算。

4.7.2　刚性路面设计

1. 基层、垫层和路基

刚性路面是指水泥混凝土路面，其路面由水泥混凝土板、基层、垫层所组成，三者形成统一整体，共同承受行车荷载和自然因素的作用。

（1）基层。

水泥混凝土板刚性大，整体性强，在荷载作用下变形很小，基本上处于弹性工作状态。另外，板体在垂直荷载作用下产生的挠度很小，因而支承它的基层和土基的变形也很小。因此，路基应具有足够的强度和稳定性，整体性好，透水性小，断面正确，表面平整。基层的作用不仅能给水泥混凝土板提供均匀而稳定的基础，而且要能防止唧泥和错台，抵御冰冻作用，防止水渗入路基。

（2）垫层。

在水温状况不良路段的路基与基层之间宜设置垫层。垫层应具有一定的强度和较好的水稳定性，在冰冻地区还需具有较好的抗冻性。垫层的最小厚度为 15 cm。在季节性冰冻地区，当路面结构总厚度小于表 4.9 规定的最小厚度时，应通过设置垫层补足。

表 4.9　水泥混凝土最小抗冻层厚度（mm）

冰冻深度/cm	干湿条件 土质	中湿路段		潮湿路段	
		黏性土、细亚砂土	粉性土	黏性土、细亚砂土	粉性土
50~100		30~40	40~50	40~50	50~65
100~150		40~60	50~70	50~70	65~80
150~200		60~70	70~80	70~90	80~100
>200		70~95	90~110	90~120	100~130

（3）路基。

水泥混凝土路面下的路基必须坚实、稳定和均质，排水良好。一般要求路基处于干燥或中湿状态。路基必须有足够的压实度。

2. 水泥混凝土面板的尺寸和厚度

（1）板的平面尺寸。

水泥混凝土面板一般采用矩形。其纵向和横向接缝应垂直相交，纵缝两侧的横缝不得互相错位。纵向缩缝间距（即板宽）可按路面宽度和每个车道宽而定，其最大间距不得大于4.5 m。横向缩缝间距（即板长）应根据当地条件、板厚和已有经验确定，一般为 4 ～ 5 m，最大不得超过 6 m。

（2）板的厚度。

《公路水泥混凝土路面设计规范》规定，混凝土板的厚度，按行车产生荷载疲劳应力叠加，温度疲劳应力（因板底和板顶温差产生的翘曲应力）之和不大于混凝土设计弯拉强度的条件确定板厚。板的最小厚度为 18 cm。板厚设计框图如图 4.23 所示。

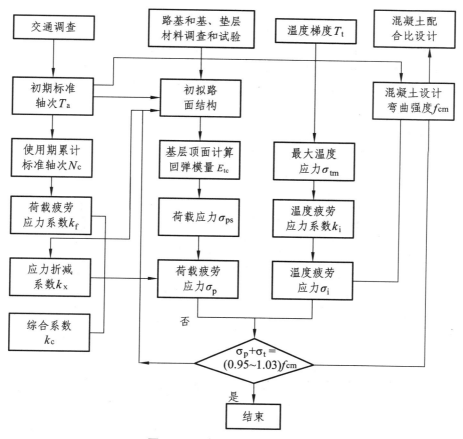

图 4.23　板厚设计过程框图

4.8 桥梁结构

桥梁的墩台及基础部分称为下部结构或下部构造；墩、台以上的部分称为上部结构或上部构造。桥梁的形式有很多种，按照体系划分，有梁、拱、刚架、悬吊和组合体系等。

4.8.1 梁式桥

梁式桥的承重结构是以它的抗弯能力来承受荷载的，桥跨结构在垂直荷载作用下，支座只产生垂直反力而无推力。按静力特性，分为简支梁、悬臂梁、固端梁和连续梁等。后三者都是利用支座上的卸载弯矩去减少跨中弯矩，使梁跨内的内力分配更合理，以提高梁的跨越能力。梁式桥的建筑高度较小，特别适用于对建筑高度要求严格的平原区。

1. 梁桥纵断面布置

梁桥的纵断面布置，亦称为立面布置。其内容包括桥梁体系的选择、桥长及分跨、桥面标高的确定、梁高选择、桥梁下部结构和基础式等。这里着重介绍梁式桥上部结构的梁高、跨径及其相互关系。

（1）简支梁桥体系。

目前国内外简支梁桥中所采用的钢筋混凝土和预应力混凝土简支梁，一般为装配式结构。装配式钢筋混凝土简支梁常用的跨径为 8.0 ~ 20.0 m。梁的高跨比一般为 1/11 ~ 1/18，当跨径超过 20 m 时，一般采用预应力混凝土。我国装配式后张法预应力混凝土简梁的标准设计有 25 m、30 m、35 m、40 m 四种，其高跨比为 1/17 ~ 1/20。

（2）悬臂梁桥。

悬臂梁桥常用的几种纵向布置如图 4.24 所示。

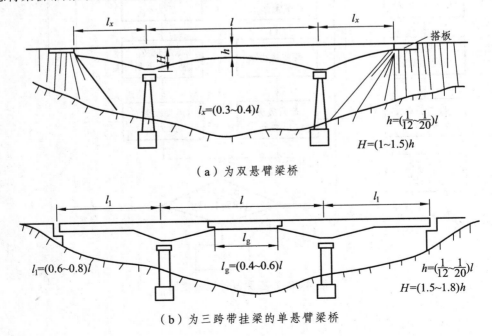

（a）为双悬臂梁桥

（b）为三跨带挂梁的单悬臂梁桥

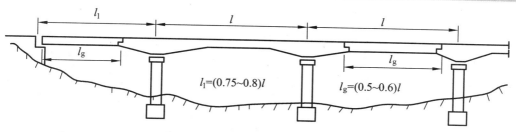

（c）为多孔带挂梁的双悬臂梁桥

图 4.24　各种悬臂桥梁纵向布置

对于普通钢筋混凝土悬臂长度，由于支点的负弯矩不宜太大，一般为（0.15 ~ 0.3）L，而预应力悬臂长度达（0.3 ~ 0.5）L，当悬臂达 0.5L 时，跨中采用剪力铰联接。另外，预应力混凝土悬臂桥的梁高可以减小。

（3）连续梁桥。

钢筋混凝土连续梁桥因需要用支架施工，除在城市立交桥中采用外，在跨河流的桥梁中很少采用。一般多采用预应力混凝土连续梁桥。

从预应力混凝土连续梁桥的受力特点来看，连续梁的立面应采取变高度的布置为宜。变高度梁的截面变化规律可采用圆弧线、二次抛物线和直线等，通常以二次抛物线为最常用。等高连续梁的缺点是，梁在支点上不能利用增加梁高而只能增加预应力索用量来抵抗较大的负弯矩，材料用量较费，但其优点是结构简单。

变截面连续梁桥一般采用不等跨布置，各孔跨径的划分，通常按照边跨与中跨跨中最大弯矩趋近于相等的原则来确定。

梁高与跨径的比值，变截面预应力混凝土连续梁桥，跨中截面 $h = (1/50 ~ 1/30) L$，支点截面 $h = (1/20 ~ 1/16) L$；等截面预应力混凝土连续梁桥 $h = (1/20 ~ 1/18) L$。

2. 梁桥横截面布置

梁式桥横截面布置主要是确定横截面形式，包括主梁截面形式、主梁间距和主梁各部尺寸等。梁式桥的横截面形式一般有板式、肋梁式和箱形截面三种。

（1）板式截面。

板式截面包括矩形实心板和空心板。施工方法分整体现浇和装配式两种。

为了避免现场浇筑混凝土的缺点，我国交通部制定有预制板的标准图。其中有跨径 1.5 ~ 8.0 m 装配式实心板的标准图，板的宽度 1.0 m，板厚 0.16 ~ 0.36 m；跨径 6 ~ 13 m 的三种钢筋混凝土空心板标准图，相应板的厚度 0.4 ~ 0.8 m；跨径 8 ~ 16 m 四种预应力混凝土板桥（先张法）标准图，空心板截面，板的厚度 0.4 ~ 0.7 m。空心板分为单孔和多孔两种型式，见图 4.25。

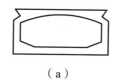 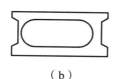 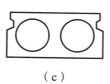 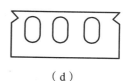

（a）　　　　　　（b）　　　　　　（c）　　　　　　（d）

图 4.25　空心板的截面形式

（2）肋梁式截面。

肋梁式截面中，梁肋（或称腹板）与顶部的钢筋混凝土桥面板结合在一起作为承重结构。由于肋与肋之间处于受拉区域的混凝土挖空大，显著减轻了结构自重，特别对仅承受正弯矩作用的简支梁来说，既充分利用了扩展的混凝土桥面板的抗压能力，又有效地发挥了集中布置在梁肋下部的受力钢筋的抗拉作用。目前，中等跨径（13～15 m及以上）的梁桥，通常采用肋梁式桥。我国用得最多的是装配式T形简支梁桥，见图4.26。

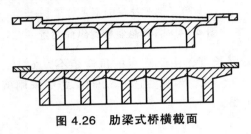

图4.26　肋梁式桥横截面

（3）箱形截面。

当梁式桥的跨径较大时，一般多采用箱形截面。常见的箱形截面基本形式有：单箱单室、单箱双室、双箱单室、单箱多室、双箱多室等。这种闭合薄壁截面，抗扭刚度远大于开口的肋板式截面。同时，因其顶板和底板都具有较大的面积，所以能够有效地抵抗正负弯矩，并满足配筋的要求。因此，箱形截面特别适用于大跨径的悬臂梁桥、连续梁桥、连续钢构、斜拉桥等，也可用来修建全截面均参与受力的预应力混凝土简支梁桥。箱形截面形式见图4.27。

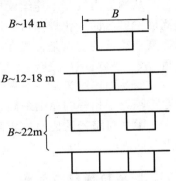

图4.27　箱形截面形式

4.8.2　拱式体系

拱桥在竖向荷载作用下，拱的两端支承处除有竖向反力外，还存在水平推力。正是由于这个水平推力的作用，使拱内弯矩大大减小，拱圈截面以承压为主。对于大跨径拱桥，由于恒载比例大，一般以压应力控制设计。

拱桥的矢跨比对内力的影响很大，拱的恒载水平推力与垂直反力之比值，随矢跨比的减小而增大。当矢跨比减小时，拱的推力增大，相应地，拱圈内轴力也大，且轴力分布较均匀。这对拱圈本身受力有利，但对基础不利。

拱式体系的主要承重结构是主拱圈，以承压为主，可采用抗压能力强的圬工材料来修建。拱分无铰拱、双铰拱和三铰拱。无铰拱刚度大，内力均匀，但温变、墩台变位等引起的附加内力较大。拱是有推力结构，对地基要求较高。在拱桥设计中，必须寻求合理的拱轴线形式。

4.8.3　刚架桥

刚架桥是介于梁、拱之间的一种体系，是由受弯的上部梁（或板）结构与承压的下部柱（或墩）整体结合在一起的结构；整个体系是压弯结构，墩底有水平推力。刚架分直腿刚架和斜腿刚架。刚架桥施工较复杂，其桥下净空比拱桥大，一般用于跨径不大的城市公路高架桥和立交桥。

吊桥由大缆、塔架、吊杆、加劲梁和锚锭五部分组成。吊桥的主要承重结构是大缆，大缆由高强度钢丝编制而成。由于钢丝大缆具有优异的抗拉性能，从而使吊桥获得比任何桥型都无法得到的特大跨度。吊桥自重轻，刚度小，抗风能力较弱。

4.8.4　组合体系桥梁

1. 梁和刚架相结合的体系

包括 T 形刚构和连续刚构，是由悬臂施工法发展起来的一种体系，梁以受弯为主。T 形刚构由于桥面接缝过多，不利行车，已较少采用。连续刚构桥因墩上不设支座和伸缩缝，施工方便，使用效果好。但连续刚构需建于高墩场合，保证桥墩有足够柔性，以适应温度变形。

2. 梁、拱组合体系

有系杆拱、桁架拱、多跨拱梁结构等。它们利用梁的受弯与拱的承压特点，组成联合结构，可在梁体内施加预应力来承受拱的水平推力，使这类结构既具有拱的特点，又是非推力结构，对地基要求不高。这种体系因造型美观，常用于城市跨河桥上。

3. 斜拉桥

它是由承压的塔、受拉的索与受弯的梁体组合起来的一种结构体系。梁体用拉索多点拉住，相当于多跨弹性支承连续梁，使梁体内弯矩大大减小，从而使其跨越能力大幅度提高。斜拉桥在跨径 1000m 以内，可与吊桥相比。

关于桥型方案的选定，应当根据工程条件（包括桥位、水文、地形地质、通航、施工场地和运输、建筑材料等），本着因地制宜、实用、经济、美观的要求予以论证。对较大规模的桥梁工程，应当首先确定几个方案，分别做出有一定深度的方案设计，对各桥型方案作详细周密的技术经济比较，使桥梁在建造时省材料、省机具和省劳动力，加快施工进度，建成后经久耐用，减少维护费用。在条件允许的情况下，尽可能采用新技术和新工艺。

桥型设计应注意美学要求，此问题在城市桥梁中尤为突出。一座大或特大桥梁建成以后，往往成为当代科学技术水平及当地经济文化水平的综合体现。设计者应充分注意反映时代精神，满足人们的美学要求。美学本身是一门专门学科，带有一定的哲理性。在桥梁设计中考虑美学要求时，应当注意为大多数人所认同。另外，从我国国情出发，在这方面也不可能投入太多的建设资金，因而只能以适当注意美观作为指导原则。

第 5 章　土木建筑工程施工技术

5.1　土方工程

5.1.1　概　述

土方工程是建筑施工的主要工种工程之一,包括一切土(石)方的挖掘、运输、填筑、平整等施工过程以及排除地面水、降低地下水位和土壁支撑等辅助施工过程。

1. 土方施工分类与土的工程性质

(1)土方施工分类。

① 场地平整。场地平整前,必须确定场地设计标高(一般在设计文件中规定),计算挖方和填土的工程量,确定挖方、填方的平衡调配,选择土方施工机械,拟定施工方案。

② 基坑(槽)的开挖与回填。开挖深度在 5 m 及其以内的称为浅基坑(槽),挖深超过 5 m 的称为深基坑(槽)。基础完成后的基坑(槽)、室内需要回填,为了确保填方的强度和稳定性,必须正确选择填方土料与填筑方法。

③ 土方施工时的排水与降水。

④ 填土构筑物施工。在地面以上填筑路基、堤坝等构筑物。

(2)土的分类及工程性质。

①土的分类。

土的种类繁多,其分类方法也有很多,在土方工程施工中,通常根据土的开挖难易程度将土分为八类,前四类属于一般土,后四类属于岩石,见表 5.1。

表 5.1　土的工程分类

土的分类	土的级别	土的名称	开挖方法及工具
一类土(松软土)	Ⅰ		用锹、锄头挖掘
二类土(普通土)	Ⅱ		用锹、锄头挖掘;少许用镐翻松
三类土(坚土)	Ⅲ		主要用镐,少许用锹、锄头挖掘,部分用撬棍
四类土(砂砾坚土)	Ⅳ	(略)	先用镐、撬棍,然后用锹挖掘,部分用锲子及大锤
五类土(软石)	Ⅴ、Ⅵ		先用镐或撬棍、大锤挖掘,部分使用爆破方法
六类土(次软石)	Ⅶ～Ⅸ		用爆破方法开挖,部分风镐
七类土(坚石)	Ⅹ～ⅩⅢ		用爆破方法开挖
八类土(特坚石)	Ⅳ～ⅩⅥ		用爆破方法开挖

（2）土的可松性。

自然状态下的土，经开挖后，其体积因松散而增加，以后虽经回填夯实，仍不能恢复原来体积的性质，称为土的可松性。

土的可松性大小用可松性系数表示，即

$$K_S = V_2/V_1, \quad K'_S = V_3/V_1$$

式中　K_S——最初可松性系数；

　　　K'_S——最终可松性系数；

　　　V_1——土在自然状态下的体积；

　　　V_2——土经开挖后松散状态下的体积；

　　　V_3——土经回填压实后的体积。

2. 土方工程施工要求

（1）场地平整。

场地平整前，必须首先确定场地平整的施工方案，主要包括：确定场地的设计标高、计算挖方和填方的工程量、确定场地内外土方的调配方案、选择土方机械、拟定施工方法与施工进度等。

（2）土方开挖。

① 当地质条件良好，土质均匀且底下水位低于基坑（槽）时，在一定挖土深度内可以不放坡，也可以不加支撑，但挖土深度不宜超过表 5.2 的规定。

表 5.2　不同土质时的挖土深度

土的类别	最大挖深/m
坚石中密的砂土和碎石类土	1.00
硬塑、可塑的软亚黏土及亚黏土	1.25
硬塑、可塑的黏土和碎石类土	1.50
坚硬的黏土	2.00

② 对于需使用较久的土质边坡或易风化的岩石边坡，开挖后应及时采用喷浆、抹面、嵌补、植被等护面措施。

③ 土方宜从上至下、分层分段依次开挖，并同时做成一定的坡势，以利排水。

④ 挖方的边坡坡度，应根据土的种类、物理力学性质、工程地质情况、边坡高度及使用期确定。

⑤ 在原有建筑附近开挖基坑（槽），如开挖深度大于原有建筑基础埋深时，应保持一定的距离，以免影响原有基础和挖方边坡的稳定。一般应满足要求：

$$L > (1 \sim 2)\Delta H$$

式中　L——原有建筑基础底面边缘至挖方坡角的距离；

　　　ΔH——原有建筑基础底面标高与坑（槽）底标高之差；

　　　$1 \sim 2$——安全距离系数（地质条件良好，无地下水时取 1；地质条件不良，有地下水时取 $1.5 \sim 2$）。

⑥ 基坑（槽）的土质边坡，在开挖过程和敞露期间要注意保护，防止塌方。在边坡上侧堆土、堆放材料或有施工机械移动时，应与边坡上边缘保持一定的距离。

5.1.2　排水与降水施工

1. 明排水法施工

明排水法也叫集水坑降水法，是在基坑开挖过程中，在坑底设置集水井，并沿坑底周围或中央开挖排水沟，使水流入集水坑，然后用水泵抽走，见图 5.1。抽出的水应予引开，以防倒流。所用的水泵主要有离心泵、潜水泵和软抽水泵。

明排水法由于设备简单和排水方便，因而被普遍采用。宜用于粗粒土层，也用于渗水量小的黏土层。但当土为细砂和粉砂时，地下水渗出会带走细粒，发生流沙现象，导致边坡坍塌、坑底涌砂，难以施工，此时应采用井点降水法。集水坑应设置在基础范围以外，地下水走向的上游。

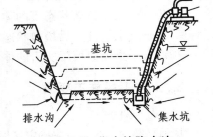

图 5.1　集水坑降水法

根据地下水量大小、基坑平面形状及水泵的能力，集水坑每隔 20 ~ 40 m 设置一个。

集水坑的直径或宽度一般为 0.6 ~ 0.8 m。其深度随着挖土的加深而加深，要经常低于挖土面 0.7 ~ 1.0 m。坑壁可用竹、木或钢筋笼简易加固。当基础挖至设计标高后，坑底应低于基础底面标高 1 ~ 2 m，并铺设碎石滤水层，以免在抽水时间较长时将泥沙抽出，防止坑底的土被搅动。

2. 井点降水法施工

井点降水法是在基坑开挖之前，在基坑四周埋设一定数量的井点管，利用抽水设备抽水，使地下水位降落到坑底以下，并在基坑开挖过程中不断抽水。这样，可使所挖的土始终保持干燥状态，也可防止发生流沙，土方边坡也可陡些，从而减少挖方量。

井点降水法所采用的井点类型有：轻型井点、喷射井点、电渗井点、管井井点和深井井点等。可根据土的渗透系数、降低水位的深度、工程特点及设备条件等选择井点降水方法，见表 5.3。

表 5.3　各种井点的适用范围

井点类别	土的渗透系数/（m/d）	降低水位深度/m
一级轻型井点	0.1 ~ 80	3 ~ 6
二级轻型井点	0.1 ~ 80	6 ~ 9
喷射井点	0.1 ~ 50	8 ~ 20
电渗井点	<0.1	5 ~ 6
管井井点	20 ~ 200	3 ~ 5
深井井点	10 ~ 80	>15

（1）轻型井点。

轻型井点是沿基坑四周，以一定间距埋入直径较细的井点管至地下水层内，井点管上端通过弯联管与总管相连接，利用抽水将地下水从井点管内不断抽出，使原有地下水位降至坑底以下，见图5.2。在施工过程中要不断地抽水，直至基础施工完毕并回填土为止。

井点管采用直径 38 mm 或 50 mm 的钢管，长 5～7 m，管下端配有滤管。

总管常用直径 100～127 mm 的钢管，每节长 4 m，一般每隔 0.8～1.6 m 设一个连接井点管的接头。

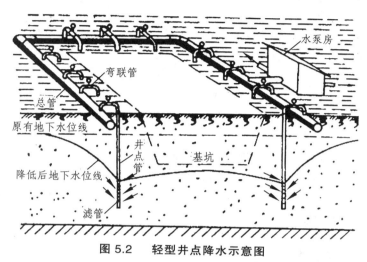

图 5.2　轻型井点降水示意图

抽水设备由真空泵、离心泵和水汽分离器等组成。一套抽水设备能带动的总管长度，一般为 100～120 m。

轻型井点布置，根据基坑平面的大小与深度、土质、地下水位高低与流向、降水深度要求，用单排、双排、环形等布置方式。

轻型井点使用时，一般应连续抽水（特别开始阶段）。时抽时停，滤网易堵塞，也容易抽出土粒，使出水混浊，并会引起附近建筑物由于土粒流失而沉降开裂；同时由于中途停抽，地下水回升，也会引起土方边坡坍塌等事故。

真空度是判断井点使用良好与否的尺度，必须经常观测。如发现真空不足，应立即检查井点系统有无漏气，并采取相应的消除方法。

采用井点降水时，应对附近的建筑物进行沉降观测，以便采取防护措施。

（2）喷射井点。

当基坑较深而地下水位又较高时，可以采用多层轻型井点，但这样会增加基坑的挖土量、延长工期并增加设备数量，是不经济的。因此，当降水深度超过 8 m 时，宜采用喷射井点。

喷射井点设备主要是由喷射井管、高压水泵和管路系统组成。喷射井管由内管和外管组成，在内管下端装有升水装置——喷射扬水器与滤管相连，在高压水泵作用下，具有一定压力水头的高压水，经进水管进入井管的外管与内管之间的环形空间，并经扬水器的侧孔流向喷嘴，由于喷嘴截面的突然缩小，流速急剧增加，压迫水由喷嘴以很高流速喷入混合室（该室与滤管相通），将喷嘴周围空气吸入，被急速水流带走，因而该室压力下降而造成一定真空度。此时地下水被吸入喷嘴上面的混合室，与高压水汇合，留经扩散管时，由于截面扩大，流速减低而转化为高压，沿内管上升，经排水管排于集水池内。池内的水，一部分用水泵排走，另一部分供高压水泵压入井管备用。如此不停循环，将地下水逐步降低。

喷射井点的平面布置：当基坑宽度小于等于 10 m 时，井点可作单排布置；大于 10 m 时，可作双排布置；当基坑面积较大时，宜采用环形布置。井点间距一般为 2~3 m，每套喷射井点宜控制在 20~30 根井管。

（3）电渗井点。

对于渗透系数很小的土（$K < 0.1$ m/d），采用轻型井点或喷射井点进行基坑降水，效果很差，宜采用电渗井点降水。

电渗井点是以原有的井点管为阴极，用直径 25 mm 的钢筋或其他金属材料为阳极，通以直流电，以加速地下水向井点管的渗流。

（4）管井井点。

管井井点就是沿基坑每隔一定距离设置一个管井，每个管井单独用一台水泵不断抽水来降低地下水位。在土的渗透系数大、地下水量大的土层中，宜采用管井井点。

（5）深井井点。

当降水深度超过 15 m，时可在管井井点中采用深井泵，这种井点称为深井井点。深井井点一般可降低水位 30~40 m，有的甚至可达百米及以上。

5.1.3 填土压实

1. 填土压实的施工要求

（1）填方的边坡坡度，应根据填方高度、土的类型、使用期限及重要性确定。一般永久性填方的边坡坡度为 1∶1.5。

（2）填方宜采用同类土填筑，如采用不同透水性的土分层填筑时，下层宜填筑透水性较大、上层宜填筑透水性较小的填料，并将透水性较小的土层表面做成适当坡度，以免形成水囊。

（3）基坑（槽）回填前，应清除沟槽内积水和杂物，检查基础的混凝土达到一定的强度后方可进行。

（4）填方应按设计要求预留沉将量，如无设计要求时，可根据工程性质、填方高度、填料类别、压实机械及压实方法等确定。

（5）填方压实工程应由下至上分层铺填，分层压（夯）实，分层遍数，根据压（夯）实机械、密实度要求、填料分料及含水量确定。

2. 土料选择与填筑方法

碎石类土、砂土、爆破石渣及含水量符合压实要求的黏性土，可作为填方土料。淤泥、土、膨胀性土及有机物含量大于 8%的土以及硫酸盐含量大于 5%的土，不能做填土。填方土料为黏性土时，填土前应检查其含水量是否在控制范围以内，含水量大的黏土不宜做填土用。

填方施工应接近水平地分层填土、分层压实，每层铺土厚度根据土的种类及选用的压实机械而定，一般平碾为 200~300 mm，羊足碾为 200~350 mm，人工打夯不大于 200 mm。

第 5 章　土木建筑工程施工技术

3. 填土压实方法

填土压实方法有：碾压法、夯实法及振动压实法。

平整场地等大面积填土多采用碾压法，小面积的填土工程多用夯实法，而振动压实法主要用于压实非黏性土。

（1）碾压法。

碾压法是利用机械滚轮的压力压实土壤，使之达到所需的密实度。碾压机械有平碾及羊足碾等。平碾（光碾压路机）是一种以内燃机为动力的自行式压路机。羊足碾一般都没有动力，靠拖拉机牵引，羊足碾与土接触面积较平碾小，但单位面积的压力比较大，土壤压实的效果好。羊足碾一般用于碾压黏性土，不适于砂性土，因在砂土中碾压时，土的颗粒受到羊足碾较大的单位压力后会向四面移动，使土的结构破坏。

（2）夯实法。

夯实法是利用夯锤自由落下的冲击力来夯实土壤，主要用于小面积回填土。夯实法分人工夯实和机械夯实两种。人工夯实所用的工具有木夯、石夯等；常用的夯实机械有夯锤、内燃夯土机和蛙式打夯机等。

（3）振动压实法。

振动压实法是将振动压实机放在土层表面，借助振动机构使压实机振动，使土壤颗粒发生相对位移而达到紧密状态。振动碾是一种振动和碾压同时作用的高效能压实机械，较一般平碾功效可提高 1~2 倍，可节省动力 30%。这种方法适宜振实填料为爆破石渣、碎石类土、杂填土和粉土等非黏性土。

5.1.4　土方工程机械化施工

1. 推土机施工

推土机由拖拉机和推土铲刀组成。推土机是一种自行式的挖土、运土工具，运距在 100 m 以内的平土或移挖作填中常采用，以 30~60 m 为最佳运距。推土机的特点是操作灵活，运输方便，所需工作面较小，行驶速度较快，易于转移。推土机可以单独使用，也可以卸下铲刀，牵引其他无动力的土方机械，如拖式铲运机、松土机、羊足碾等。

（1）推土机的主要作业方式。

① 直铲作业。是推土机最常用的作业方法，用于推送土壤、石渣和平整场地作业。

② 侧铲作业。用于傍山铲土、单侧弃土。此时，推土板的水平转角一般为左右各 25°。作业时，一边切削土壤，一边将土壤移至另一侧。

③ 斜铲作业。主要应用在坡度不大的斜坡上铲运硬土及挖沟等作业，推土板可在垂直面内上下各倾斜 9°，场地的纵向坡度应不大于 30°，横向坡度不应大于 25°。

（2）推土机推土的施工方法。

① 下坡推土法。推土机在不超过 15°的斜坡上，顺坡向下切土与推运，可以借助机械本身的重力作用，增加铲刀的切土力量，增大推土机铲土深度和运土量，提高生产效率。在推土丘、回填管沟时，均可采用。

② 分批集中，一次推送法。在较硬的土中，推土机的切土深度较小，一次铲土不多，可分批集中，再整批推送到卸土区。应用此法，可缩短运输时间，提高生产效率。

③ 并列推土法。在较大面积的平整场地施工中，采用2～3台推土机并列推土，能减少土的散失。一般可使每台推土机的推土量增加20%。

④ 沟槽推土法。就是沿第一次推过的原槽推土，前次推土所形成的土埂能阻止土的散失，从而增加推土量。这种方法可以和分批集中、一次推运法联合运用，能够更有效地利用推土机，缩短运土时间。

2. 铲运机施工

铲运机是一种能够独立完成铲土、运土、卸土、填筑、整平的土方机械。按行走机构，有拖式铲运机和自行式铲运机两种。

铲运机的工作装置是铲斗，铲斗前方有一个能开启的斗门，铲斗前设有切土刀片。切土时，斗门打开，铲斗下降，刀片切入土中。铲运机前进时，被切下的土挤入铲斗，铲斗装满土后，提起铲斗，放下斗门，将土运至卸土地点。

铲运机对行驶道路要求较低，行驶速度快，操纵灵活，运转方便，生产效率高。常用于坡度在20‰以内的大面积场地平整，开挖大型基坑、沟槽，以及填筑路基等土方工程。铲运机经济运距为600～1500 m，当运距为200～350 m时效率最高。

（1）铲运机的开行路线。

铲运机工作包括铲土、运土、卸土、返回四个过程，由于挖填区的分布不同，根据具体条件，选择合理的铲运路线，对生产效率影响很大。根据实践，铲运机的开行路线有以下几种：

① 环行路线。施工地段较短、地形起伏不大的挖、填工程，适宜采用环行路线，如图5.3（a）所示。当挖土和填土交替，而挖土之间距离又较短时，则可采用大环行路线，如图5.3（b）所示。大环行路线的优点是一个循环能完成多次铲土和卸土，从而减少了铲运机的转弯次数，提高了工作效率。

② 8字形路线。对于挖、填相邻，地形起伏较大，且工作地段较长的情况，可采用8字形路线，如图5.3（c）所示。其特点是铲运机行驶一个循环能完成两次作业，而每次铲土只需转弯一次，较环行路线可缩短运行时间，提高生产效率。

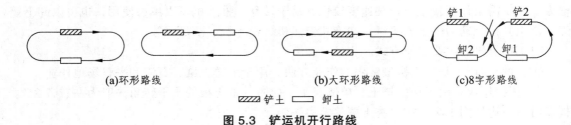

(a)环形路线　　　　　　(b)大环形路线　　　　　(c)8字形路线

▨▨▨ 铲土　▭ 卸土

图5.3　铲运机开行路线

（2）铲运机的施工方法。

为了提高铲运机的生产效率，除规划合理的开行路线外，还可根据不同的施工条件，采用下列施工方法：

① 下坡铲土。应尽量利用有利地形进行下坡铲土，这样可以利用铲运机的重力来增大牵引力，使铲斗切土加深，缩短装土时间，从而提高生产效率。一般地面坡度以5°～7°为宜。如果自然条件不允许，可在施工中逐步创造一个下坡铲土的地形。

② 跨铲法。预留土埂，间隔铲土的方法。可使铲运机在挖两边土槽时减少向外撒土量；

挖土埂时增加了两个自由面，阻力减小，铲土容易。土埂高度应不大于 300 mm，宽度以不大于拖拉机两履带间净距为宜。

③助铲法。在地势平坦、土质较坚硬时，可采用推土机助铲以缩短铲土时间。此法的关键是双机要紧密配合，否则达不到预期效果。一般每 3～4 台铲运机配 1 台推土机助铲，推土机在助铲的空隙时间，可做松土或其他零星的平整工作，为铲运机施工创造条件。

3. 单斗挖土机施工

单斗挖土机是土方开挖常用的一种机械，按其行走装置的不同，分为履带式和轮胎式两类；按其工作装置的不同，可以更换为正铲、反铲、拉铲和抓铲四种；按其传动装置又可分为机械传动和液压传动两种。

当场地起伏高差较大、土方运输距离超过 1 000 m，且工程量大而集中时，可采用挖土机挖土，自卸汽车配合运土，并在卸土区配备推土机平整土堆。

（1）单斗挖土机的挖土特点。

① 正铲挖土机。正铲挖土机的挖土特点是："前进向上，强制切土。"其挖掘力大，生产率高，能开挖停机面以上的 Ⅰ～Ⅳ类土。开挖大型基坑时，需设下坡道，适宜在土质较好、无地下水的地区工作。

② 反铲挖土机。反铲挖土机的挖土特点是："后退向下，强制切土。"其挖掘力比正铲挖土机小，能开挖停机面以下的 Ⅰ～Ⅱ类土，适宜开挖深度 4 m 以内的基坑，对地下水位较高处也适用。

③ 拉铲挖土机。拉铲挖土机的挖土特点是："后退向下，自重切土。"其挖掘半径和挖土深度较大，能开挖停机面以下的 Ⅰ～Ⅱ类土，适宜开挖大型基坑及水下挖土。

④ 抓铲挖土机。抓铲挖土机的挖土特点是："直上直下，自重切土"。其挖掘力较小，只能开挖 Ⅰ～Ⅱ类土，可以挖掘独立基坑、沉井，特别适用于水下挖土。

（2）单斗液压挖土机的主要技术性能。

单斗液压挖土机的主要参数有：斗容量、机重、功率、最大挖掘斗径、最大挖掘深度、最大卸载高度、最小回转半径、回转速度、行走速度、接地比压和液压系统工作压力等。其中最重要的参数有三个，即标准斗容量、机重和额定功率，也称为主参数。用来作为液压挖土机分级的标志参数，反映液压挖土机级别的大小。我国液压挖土机的规格级别按机重分级，常见的液压挖土机主要有 3 t，4 t，5 t，6 t，8 t，10 t，12 t，16 t，20 t，…，400 t。

5.2　深基础工程施工

5.2.1　桩基础

桩基础是由若干个沉入土中的单桩在其顶部用承台连接起来的一种深基础。它具有承载能力大、抗震性能好、沉降量小等特点。采用桩基础施工，可省去大量土方、排水、支撑、降水等工作，而且施工简便，可以节约劳动力和压缩工期。

按施工方法的不同，桩可分为预制桩和灌注桩两大类。预制桩是工厂或施工现场制成各种材料和形式的桩，然后用沉桩设备将桩打入、压入、振入、高压水冲或旋入土中。灌注桩是在施工现场的桩位上采用人工或机械的方式，在孔内安装钢筋骨架，再浇筑混凝土成桩。

根据土中受力情况，桩可分为端承桩和摩擦桩。端承桩是穿过软土层而达到深层坚实土的一种桩，上部结构荷载主要由桩尖阻力来承担；摩擦桩是完全设置在软土层一定深度的一种桩，上部结构荷载由桩尖阻力和桩侧阻力共同承担。

根据所用材料不同，桩可分为钢筋混凝土桩、钢管桩、木桩等。其中，钢筋混凝土桩坚固耐久，不受地下水和潮湿变化的影响，可做成各种需要的断面和长度，而且能承受较大的荷载，在建筑工程中应用最为广泛。本书重点介绍钢筋混凝土预制（灌注）桩的施工过程。

1. 钢筋混凝土预制桩

钢筋混凝土预制桩常用的断面有方形实心桩与管桩两种。方形桩边长通常为 200～450 mm，桩内设纵向钢筋或预应力钢筋和横向钢箍，在尖端设置桩靴。管桩直径通常为 300～550 mm，在工厂内用离心法制成。

（1）桩的制作、运输和堆放。

① 桩的制作。

长度在 10 m 以下的短桩，一般多在工厂预制，较长的桩，因不便于运输，通常就在打桩现场附近露天预制。实心桩宜采用工具式木模或钢模板支在坚实平整的场地上，用间隔重叠的方法预制。桩与桩间以皂脚、黏土石灰膏或纸隔开。上层桩的浇灌，应在下层桩的混凝土达到设计强度等级的30%以后进行，重叠层数不得超过3层。浇筑完成后，应洒水养护不少于7 d。

② 运输、堆放

钢筋混凝土预制桩应在混凝土达到设计强度等级的70%后方可起吊；达到设计强度等级的 100%后才能运输和打桩。如提前吊运，应采取措施并经验算合格后方可进行。桩在起吊和搬运时，吊点应符合设计规定。桩的堆放场地应平整、坚实，不得产生不均匀沉陷。堆放层数不宜超过4层。

（2）打桩。

① 打桩机具选择。

打桩机具主要包括桩锤、桩架和动力装置三部分。

桩锤是对桩施加冲击力，将桩打入土中的机具；桩架是将桩吊到打桩位置，并在打桩过程中引导桩的方向，保证桩锤能沿要求方向冲击；动力装置包括驱动桩锤及卷扬机用的动力设备。在选择打桩机具时，应根据地基土壤的性质、工程的大小、桩的种类、施工期限、动力供应条件和现场情况确定。施工中常用的桩锤有落锤、单动汽锤、双动汽锤、柴油桩锤和振动桩锤。

② 打桩前的准备工作。

打桩前，应认真处理地上、地下（地下管线、旧的基础、树木等）障碍物，打桩机进场及移动范围内的场地应平整压实，以使地面有一定的承载力，并保证桩机的垂直度。在打桩前，应根据设计图纸确定桩基础轴线，并将桩的准确位置测设到地上。

③ 确定打桩顺序。

打桩顺序是否合理，直接影响打桩的进度和施工质量。确定打桩顺序时，要综合考虑桩

第 5 章　土木建筑工程施工技术

的密集度、基础的设计标高、现场地形条件、土质情况等。一般当基坑不大时，打桩应从中间开始分头向两边或周边进行；当基坑较大时，应将基坑分为数段，而后在各段范围内分别进行，见图 5.4。打桩应避免自外向内或从周边向中间进行。

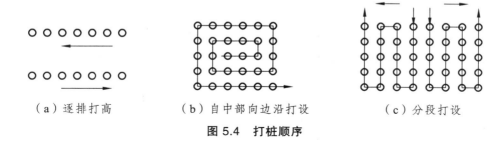

| （a）逐排打高 | （b）自中部向边沿打设 | （c）分段打设 |

图 5.4　打桩顺序

当基坑的设计标高不同时，打桩顺序宜先深后浅；当桩的规格不同时，打桩顺序宜先大后小，先长后短。

④ 打桩施工。

桩机就位时，桩架应垂直平稳，导杆中心线与打桩方向一致，先将桩锤和桩帽吊起，锤底高度应高于桩顶，并固定在桩架上，以便进行吊桩。

桩就位后，在桩顶放上弹性垫层，如粗草纸、草绳或废麻袋等，放下桩帽套入桩顶，桩帽上放好垫木，降下桩锤轻轻压住桩帽。在桩的自重和锤重作用下，桩向土中沉入一定深度而达到稳定的位置，再校正一次桩的垂直度，即可开始打桩。

打桩工程是一项隐蔽工程，为了保证质量，必须在打桩工程中做好记录。

⑤ 桩及桩头处理。

空心管桩在打完桩后，桩尖以上 1～1.5 m 范围内的空心部分应立即用细石混凝土填实，其余部分可用细砂填实。

预制桩打桩完毕后，为使桩顶符合设计高程，应将桩头或无法打入的桩身截去。

（3）压桩。

打桩施工噪声大、振动大，在城市施工会带来公害。因此，当条件具备时，在软土地基中，可利用静压力将预制桩压入土中。近年来，我国沿海软土地基较为广泛地采用。静力压桩是利用压桩架的自重及附属设备（卷扬机及配重等）的重量，通过卷扬机的牵引，由钢丝绳滑轮及压桩架的重量传至桩顶，将桩逐节压入土中。

（4）振动沉桩。

振动沉桩的原理是，借助固定于桩头上的振动箱所产生的振动力，以减小桩与土壤颗粒之间的摩擦力，使桩在自重与机械力的作用下沉入土中。

振动沉桩主要适用于砂土、砂质黏土、亚黏土层，在含水砂层中的效果更为显著。但在砂砾层中采用此法时，尚需配以水冲法。

振动沉桩法的优点是，设备构造简单，使用方便，效能高，所消耗的动力少，附属机具设备亦少。其缺点是，适用范围较窄，不宜用于黏性土以及土层中夹有孤石的情况。

2. 灌注桩施工

灌注桩与预制桩相比，可节省钢材、木材和水泥，从而使成本降低 1/3 左右；可消除打桩施工对邻近建筑物的有害影响，可在已建成的房屋内部进行施工（如大型设备基础的施工等）。其缺点是，操作要求较高，稍有疏忽，容易发生质量事故，技术间隔时间较长，不能立即承受荷载，冬季施工困难较多。

（1）钻孔灌注桩。

钻孔灌注桩是使用钻孔机械钻孔，然后在孔内安放钢筋笼，浇注混凝土成桩。这是一种现场工业化的基础工程施工方法。

所需机械设备有螺旋钻孔机、钻扩机或潜水钻孔机，其工艺如下：

① 干作业成孔灌注桩。

干作业成孔灌注桩适用于地下水位以上的各种软硬土中成孔。

干作业成孔机械有螺旋钻机、钻孔机、洛阳铲等。现以螺旋桩的施工方法为例介绍，如图 5.5 所示。

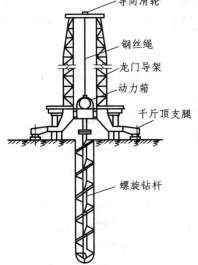

图 5.5　全叶螺旋钻机示意

钻机就位后，用吊线、水平尺等检查导杆，校正位置，使钻杆垂直对准桩位中心。钻孔时放下钻机，使钻杆向下移动至钻头触及土面时，才开动转轴旋动钻杆，边钻进边出土。当钻到预定深度后，必须在原深度处进行空转清土，然后停转提起钻杆。桩孔钻成清孔后，应尽快吊放钢筋笼，灌注混凝土不要隔夜，灌注混凝土时应分层进行。

② 泥浆护壁成孔灌注桩。

在地下水位以下的土中成孔时，适宜采用泥浆护壁成孔灌注桩。泥浆在桩孔内吸附在孔壁上，将土壁上孔隙填渗密实，避免孔壁内漏水，泥浆密度大，加大孔内水压力，可以稳固土壁，防止塌孔。此外，泥浆有一定黏度，起到携砂排土的作用，同时还可对钻头起到冷却和润滑的作用。

（2）沉管灌注桩。

这是目前常用的一种灌注桩，主要包括锤击沉管灌注桩、振动沉管灌注桩等。这类灌注桩的施工工艺是，使用锤击式桩锤或振动式桩锤，将一定直径的钢管沉入土中，造成桩孔，然后放入钢筋笼浇筑混凝土，最后拔出钢管，便形成所需要的灌注桩，如图 5.6 所示。

① 锤击沉管灌注桩。

锤击沉管灌注桩是用落锤或蒸汽锤将桩管（钢管）打入土中成孔，然后放入钢筋骨架，灌注混凝土，拔出桩管而成桩（故也称打拔管灌注桩）。施工开始时，将桩管对准预先埋设在桩位上的预制钢筋混凝土桩靴，校正桩管的垂直度，用锤打至要求的贯入度或标高后，检查管内有无泥浆或水进入，即可灌注混凝土。待混凝土灌满桩管后，开始拔管，拔管时速度要均匀，同时使管内混凝土保持略高于地面，直到桩管全部拔出地面为止。

上面所述工艺过程，属于单打灌注桩的施工。为了提高桩的截面面积及承载力，还可以采用复打施工。复打是在第一次打完并将混凝土灌注到桩顶设计标高、拔出桩管后（浇筑混凝土前不放入钢筋笼），清除管外壁的污泥和桩孔周围地面上的浮土，在原桩位上第二次安放桩靴进行第二次沉管，使未凝固的混凝土向四周挤压扩大桩径，然后再第二次灌注混凝土。

导向滑轮

钢丝绳

龙门导架

动力箱

千斤顶支腿

螺旋钻杆

桩管在第二次打入时，应与第一次的轴线重合，并必须在第一次灌注的混凝土初凝之前，完成扩桩、灌注第二次混凝土工作。

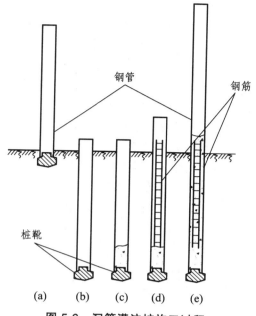

图 5.6　沉管灌注桩施工过程

（a）就位；（b）沉钢管；（c）开始灌注混凝土；（d）下钢筋骨架继续浇筑混凝土；（e）拔管成型

② 振动沉管灌注桩。

振动沉管灌注桩的适用范围除与锤击沉管灌注桩相同外，更适用于砂土、稍密及中密的碎石土地基。其所需机械设备与冲击振动灌注桩基本相同，不同的是以激振器代替桩锤。桩管下端装有活瓣桩尖，桩管上部与振动桩锤刚性连接。

施工时，将桩管下端活瓣合拢，利用振动机及桩管自重，把桩尖压入土中。当桩管沉入到设计标高后，停止震动，将混凝土灌入桩管内，混凝土一般可灌满桩管或略高于地面。混凝土浇灌完毕后，再次开动卷扬机拔出桩管，边振边拔，桩管内的混凝土被振实而留在土中成桩。

拔管方法根据承载力的不同要求，可分别采用单振法、复振法和反插法。

a. 单振法，即一次拔管法。拔管速度为 0.8～1.2 m/min。单振法施工速度快，混凝土用量较小，但桩的承载力较低。

b. 复振法。采用单振法施工完成后，再把活瓣闭合起来，在原桩孔混凝土上第二次沉下桩管，将未凝固的混凝土向四周挤压，然后进行第二次灌注混凝土和振动拔管。复振法能使桩径增大，提高桩的承载能力。

c. 反插法。拔管时，每拔出 0.5 m，再把管下沉 0.2 m，如此反复进行，并始终保持振动，直至桩管全部拔出地面。在淤泥层中，为消除瓶颈，宜用此法；但坚硬土层中易损坏桩尖，不宜采用。

沉管灌注桩施工时，容易发生断桩、缩颈、桩尖进水或进泥沙及吊脚桩等问题，施工中应随时检查并及时处理。

（3）人工挖孔灌注桩。

人工挖孔灌注桩（简称人工挖孔桩）是指采用人工挖掘方法进行成孔，然后安装钢筋笼，浇筑混凝土成为支撑上部结构的桩。

人工挖孔桩具有设备简单、施工现场较干净、噪声小、振动少、对施工现场周围原有建筑物影响小、施工速度快、可随时直接观察地质变化情况、桩底渣土能清除干净、施工质量可靠等优点，比机械成孔灌注桩具有更大的适应性，因此，近年来人工挖孔桩得到了较为广泛的应用。

人工挖孔桩的一般形式如图 5.7 所示，桩直径一般为 800～2 000 mm，最大直径可达 3 500 mm。底部采用不扩底和扩底两种形式，扩底直径一般为 1.3～3.0d。

人工挖孔桩应注意的主要问题就是其安全性，工人在井下作业，应特别重视施工安全，要严格按操作规程施工，制订可靠的安全措施。例如：施工人员进入孔内，必须戴安全帽；孔内有人时，孔上必须有人监督防护；护壁要高出地面 150～200 mm，挖出的土方不得堆放在孔四周 1.0 m 的范围内；孔四周要设置 0.8 m 高的安全防护栏杆；孔深超过 10 m 时，应设置鼓风机，且风量不宜小 25 L/s。

（4）爆扩灌注桩。

爆扩灌注桩又称爆扩桩，由桩柱和扩大头两部分组成。施工时，一般采用简易的麻花钻（手工或机动）在地

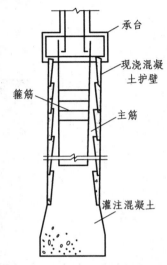

图 5.7　人工挖孔桩构造示意图

基上钻出细而长的小孔，然后在孔内安放适量的炸药，利用爆炸产生的力量挤土成孔（也可用机钻成孔）；接着在孔底安放炸药，利用爆炸产生的力量在底部形成扩大头。这种桩成孔方法简便，能节省劳动力，降低成本，做成的桩承载力也较大。爆扩桩的适用范围较广，除软土和新填土外，其他各种土层中均可使用。

5.2.2　基坑围护

当土质条件差、大放坡开挖影响到周围的建筑物和城市道路、地下管线时，就不能按要求放坡，甚至不允许放坡，此时需用支护结构支撑土壁和防止地下水渗流进基坑，以保证基坑开挖安全而顺利地进行，并防止和减少对相邻已有建（构）筑物、地下管线、道路等的不良影响。支护结构形式很多，常见的有以下几种：

1. 横撑式支撑

开挖较狭窄的基坑或沟槽时，多采用横撑式支撑。横撑式支撑根据挡土板放置的方式不同，可分为水平挡土板和垂直挡土板，前者又可分为断续式和连续式，见图 5.8。

断续式水平支撑适用于能保持直立壁的干土或天然湿度的黏土类土，地下水很少，深度在 3 m 以内。

连续式水平支撑适用于较松散的干土或天然湿度的黏土类土，地下水很少，深度为 3～5 m。

垂直支撑适于土质较松散或湿度很高的土，地下水较少，深度不限。

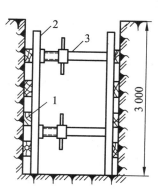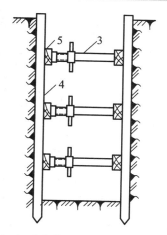

（a）断续式水平挡土板支撑　　（b）垂直挡土板支撑

图 5.8　横撑式支撑

1—水平挡土板；2—竖楞木；3—工具式横撑；4—垂直挡土板；5—横楞木

2. 板桩支撑

板桩作为一种支护结构，既挡土又防水。当开挖的基坑较深，地下水位较高，开挖中有可能出现流砂又未采用降低地下水位的方法时，可用板桩打入土中，使地下水在土中渗流的路线延长，降低水力坡度，从而防止流砂产生。在靠近原有建筑物开挖基坑（槽）时，为防止原有建筑物下沉，也可打设板桩支护。

板桩可用木材、钢筋混凝土或钢材制成。其中，钢板桩由于强度高、打设方便，应用最广泛。钢板桩通常分为平板桩与波浪形板桩两类，见图 5.9。平板桩防水和承受轴向应力的性能较好，易打入土中，但横向抗弯强度较小，建筑工程中应用较少。波浪形板桩，尤其"拉森"式钢板桩的防水和抗弯性能都较好，施工中应用较多。

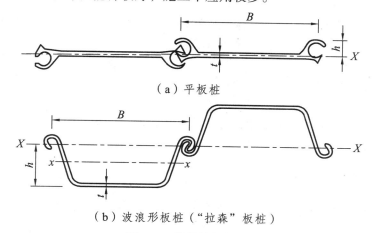

（a）平板桩

（b）波浪形板桩（"拉森"板桩）

图 5.9　常用的钢板桩

3. 地下连续墙

1950 年，意大利米兰市出现的排桩式地下连续墙现在已发展为深基坑的主要支护结构形式之一，既能挡土又能挡水，我国一些著名高层建筑的深基坑应用较多。

地下连续墙的优点是刚度大，既挡土又挡水，施工时无振动，噪声小，可用于任何土质，还可用于"逆筑法"施工，加快施工进度。其缺点是成本较高，施工技术复杂，需配备专用机械，施工中使用的泥浆有一定的污染性。

地下连续墙早期只用作深基坑的支护结构，现在一般在深基坑开挖阶段，作为支护结构而在结构施工阶段成为建筑物的基础墙体，即采用"二墙和一"的方式，这样比较经济。

4. 深层搅拌水泥土桩挡墙

主要用于沿海一带的软土地区，它是用特制的进入深土层的深层搅拌机将喷出的水泥固化剂与地基土进行原位强制拌和，制成水泥土桩，硬化后即形成具有一定强度的壁状挡墙，既可挡水又可形成隔水帷幕，对于平面呈任何形状、开挖深度不超过 7m 的基坑，皆可用作支护结构，也比较经济。

5.3 砌筑工程

砌筑工程是指普通黏土砖、空心砖、硅酸盐类砖、石块和各种砌块的砌筑。

砌筑工程是一个综合施工工程，它包括砂浆制备、材料运输、搭设脚手架及砌块砌筑等施工过程。

5.3.1 砌砖与砌块施工

1. 砌砖施工

（1）砖基础的砌筑。

一般砌体基础采用烧结普通砖和水泥砂浆砌成，砖基础由墙基和大放脚两部分组成，墙基与墙身同厚。大放脚即墙基下面的扩大部分。

在大放角下面为基础垫层。垫层一般为灰土、碎砖三合土或混凝土等。

在墙基顶面应设防潮层，地下水位较深或无地下水时，防潮层一般为 20 mm 厚、1∶2.5 防水砂浆，位置在底层室内地面以下一皮砖处；地下水位较浅时，防潮层一般用 60 mm 厚配筋混凝土带，宽度同墙身。为增加基础及上部结构刚度，砌体结构中防潮层与地圈梁合二为一，地圈梁高度为 180～300 mm。

（2）砖墙砌筑。

① 抄平放线。

砌墙前应在基础防潮层或楼面上定出各层标高，并用水泥砂浆找平，使各段砖墙底部标高符合设计要求。

在底层，以龙门板上轴线定位钉为标志拉上线，沿线吊挂垂球，将轴线放到基础面上，并据此弹出纵横墙的边线及门窗洞口的位置。

② 摆砖。

摆砖即摆底，在弹好线的基础面上，按选定的组砌方法，先用干砖块试摆，以使门洞、窗口和墙垛等处的砖符合模数，满足上下错缝要求。借助灰缝的调整，使墙面竖缝宽度均匀，尽量减少砍砖量。

③ 立皮数杆。

皮数杆是在其上划有每皮砖和灰缝厚度以及门窗洞口、过梁、楼板、梁底等标高位置的木制标杆，是砌筑时控制砖砌体竖向尺寸的标志。皮数杆一般立于房屋的四大角、内外墙交接处、楼梯间及洞口多的地方。

④ 盘角、挂线。

砌筑时，应先在墙角砌 4～5 皮砖，称为盘角，然后根据皮数杆和已砌的角挂线，作为砌筑中间墙体的依据，以保证墙面平整。一砖厚的墙单面挂线，外墙挂外边，内墙挂任何一边；一砖半及以上厚的墙都要双面挂线。

⑤ 砌筑。

砌砖的操作方法很多，可采用铺浆法或"三一"砌砖法，依各地习惯而定。"三一"砌砖法，即一铲灰、一块砖、一挤揉并随手将挤出的砂浆刮去的砌筑方法。其优点是灰缝容易饱满、黏结力好、墙面整洁，8 度以上地震区的砌砖工程宜采用此方法。

⑥ 勾缝、清理。

当该层砖砌体砌筑完毕后，应进行墙面（柱面）及落地灰的清理。对清水砖墙，在清理前需进行勾缝，具有保护墙面并增加墙面美观的作用。墙较薄时，可利用砌筑砂浆随砌随勾缝，称作原浆勾缝；墙较厚时，待墙体砌筑完毕后，用 1:1 水泥砂浆勾缝，称作加浆勾缝。

（3）砖墙砌筑的基本要求。

① 横平竖直。

砌体的水平灰缝应平直，竖向灰缝应垂直对齐，不得游丁走缝。

② 砂浆饱满。

砌体水平灰缝的砂浆饱满度要达到 80%以上，水平灰缝和竖缝的厚度规定为 10±2 mm。砂浆的易和性好、砖湿润得当，都是保证砂浆饱满的前提条件。

③ 上下错缝。

为保证墙体的整体性和传力有效，砖块的排列方式应遵循内外搭接、上下错缝的原则。砖块错缝搭接长度不应小于 1/4 砖长。

④ 接搓可靠。

接搓即先砌砌体与后砌砌体之间的接合。接搓方式的合理与否，对砌体质量和建筑物整体性影响极大。留搓处的灰缝砂浆不易饱满，故应少留搓。接搓主要有两种方式：斜搓和直搓，见图 5.10。地震区不得留直搓。非地震区留斜搓确有困难时，才可留直搓，且直搓必须做成阳搓，并加设拉结筋。拉结筋沿墙高每 500mm 留一层，每 120mm 厚墙留一根，但每层最少为两根。斜搓长度不应小于高度的 2/3。

2. 砌块施工

砌块代替黏土砖作为墙体材料，是墙体改革的一个重要途径。中小型砌块用于建筑物墙体结构，施工方法简便，减轻了工人的劳动强度，提高了劳动生产率。

（1）砌块的排列。

用砌块砌筑墙体时，应根据施工图纸的平面、立面尺寸，绘出砌块排列图。在立面图上按比例绘出纵横墙，标出楼板、大梁、过梁、楼梯孔洞等位置，在纵横墙上绘出水平灰缝线，然后以主规格为主、其他型号为辅，按墙体错缝搭砌的原则和竖缝大小进行排列。除整块砌块外，还有 1/4、1/2、3/4 块一起组合，个别地方用黏土砖补齐。

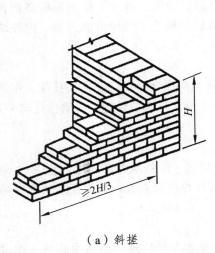
（a）斜搓

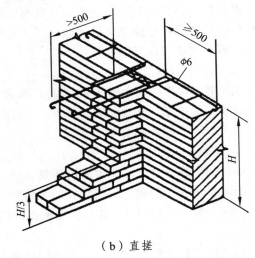
（b）直搓

图 5.10　墙体接搓

若设计无具体规定，砌块应按下列原则排列：

① 尽量多用主规格的砌块或整块砌块，减少非主规格砌块的种类和数量。

② 砌筑应符合错缝搭接的原则，搭砌长度不得小于块高的 1/3，且不应小于 150 mm；当搭砌长度不足时，应在水平灰缝内设 2 蝉的钢筋网片。

③ 外墙转角处及纵横墙交接处，应交错咬搓砌筑。

④ 局部必须镶砖时，应尽量使砖的数量达到最低限度，镶砖部分应分散布置。

（2）砌块的运输和堆放。

小型砌块单块的质量在 100～150 kg。在运输装卸时，用小型起重机械，如台灵架、轻型吊车和楼面吊等，也可以用钢丝绳将数块砌块绑在一起用起重机吊运。砌块无论在楼地面或脚手架上，都应按照使用状态放置，以便于装运和就位。堆放位置应在施工总平面图上周密安排，尽量减少二次搬运，并便于砌筑时起吊。

中型砌块的吊运有两种方法：一种是用轻型塔式起重机从地上直接吊运至墙上就位；另一种方法是用塔式起重机将砌块成组吊运至楼板上，由楼面上的小型起重设备将每块砌块吊运至墙上就位。

（3）砌块吊装顺序。

砌块的吊装一般按施工段依次进行，其次序为先外后内、先远后近、先上后下，在相邻施工段之间留阶梯形斜搓。

（4）砌块砌筑的主要工序和要求。

① 铺灰。采用稠度良好（5～7 cm）的水泥砂浆，铺 3～5 m 长的水平缝，夏季及寒冷季节应适当缩短，铺灰应均匀、平整。

② 砌块安装就位。采用摩擦式夹具，按砌块排列图将所需砌块吊装就位。砌块就位应对准位置徐徐下落，使夹具中心尽可能与墙中心线在同一垂直面上，砌块光面在同一侧，垂直

落于砂浆层上，待砌块安放稳妥后，才可松开夹具。

　　③ 校正。用线坠和托线板检查垂直度，用拉准线的方法检查水平度。用撬棍、木槌调整偏差。

　　④ 灌缝。采用砂浆灌竖缝，两侧用夹板夹住砌块，超过 3 cm 宽的竖缝采用不低于 C20 的细石混凝土灌缝，收水后进行嵌缝，即原浆勾缝。此后，一般不应再撬动砌块，以防破坏砂浆的黏结力。

　　⑤ 镶砖。当砌块间出现较大竖缝或过梁找平时，应镶砖。采用 MU10 级以上的红砖，最后一皮用丁砖镶砌。镶砖工作必须在砌块校正后即刻进行，镶砖时应注意使砖的竖缝灌密实。

　　砌块砌筑时，应从转角处或定位砌块处开始的外墙开始砌筑，砌筑应满足错缝搭接、横平竖直、表面清洁的要求。

5.3.2　砌石施工

1. 毛石基础施工

　　砌筑毛石基础所用的毛石应质地坚硬，无裂纹，无风化剥落，尺寸在 200 ~ 400 mm，重量为 20 ~ 30 kg。强度等级一般为 MU20 以上，水泥砂浆用 M2.5 ~ M5 级，稠度 5 ~ 7 cm，灰缝厚度一般为 20 ~ 30 mm，不宜采用混合砂浆。

　　毛石砌筑前，应将表面泥土杂质清除干净，以利于砂浆与块石黏结。

　　在铺砌第一皮毛石时，基底如为素土，可不铺砂浆；基底如为各种垫层，应先铺 4cm 左右的砂浆，然后将较方正的毛石大面向下放平稳。毛石基础扩大部分做成阶梯形，每阶内至少砌两皮，每边比墙宽出 100 mm。砌筑时均要双面挂线，以控制宽度和高度。上皮与下皮毛石的接缝应错开 100 mm 以上，毛石之间应犬牙交错，尽可能缩小缝隙，应按规定设置拉结石，拉结石的长度应超过墙厚的 2/3，每隔 1 m 砌入一块，并上下错开，呈梅花状。毛石砌到室内地坪以下 5 cm 处；应设置防潮层，一般用 1 : 2.5 水泥砂浆加适量防水剂铺设，厚度为 20 cm。

2. 石墙施工

　　墙体砌筑前，应先复查基底轴线尺寸和标高是否准确，然后在找平层上弹出墙的里外边线，在墙角立好皮数杆，挂线作为砌筑的依据。

　　石墙要分层砌筑，每层高 300 ~ 400 mm，每层中间隔 1 m 左右，砌与墙同宽的拉结石，上下层间的拉结石应错开。上下石块要互相搭缝，内外搭接，不得采用外面侧立石块、中间填芯的砌筑方法。

　　石墙每天的砌筑高度不应超过 1.2 m，分段砌筑时，所留踏步搓高度不超过一步架。

　　石墙的灰缝应在最后用 1 : 1 水泥砂浆统一勾缝，勾缝前，先将灰缝刮深 20 ~ 30 mm，墙面喷水润湿。所勾石缝尽量保持石墙的自然缝。

3. 石砌体的砌筑质量要求

　　（1）石材及砂浆强度等级必须符合设计要求。

（2）砂浆饱满度不应小于80%。

（3）轴线位置及垂直度允许偏差应符合规定。

5.3.3　砌筑砂浆

1. 原材料要求

砌筑砂浆使用的水泥品种及标号，应根据砌体部位和所处环境来选择。水泥应保持干燥。如遇水泥标号不明或出厂日期超过 3 个月等情况，应试验鉴定后方可使用。不同品种的水泥不得混合使用。

砂浆宜采用中砂并过筛，不得含有草根等杂物。砂中含泥量，对于水泥砂浆和强度等级不小于 M5 的水泥混合砂浆，不应超过 5%；对于强度等级小于 M5 的水泥混合砂浆，不应超过 10%。采用混合砂浆时，应将生石灰熟化成石灰膏，并用孔洞不大于 3 mm×3 mm 网过滤，熟化时间不少于 7 d。对于磨细生石灰粉，其熟化时间不得少于 1 d。沉淀池中储存的石灰膏，应防止干燥、冻结和污染。严禁使用脱水硬化的石灰膏。

2. 砂浆强度

砂浆强度等级是以标准养护（温度 20 ℃±5 ℃ 及正常湿度条件下的室内不通风处养护），龄期为 28d 的试块抗压强度为准。砂浆强度等级分为 M15、M10、M7.5、M5、M2.5、M1、M0.4 七个等级。

3. 砂浆制备与使用

砌筑砂浆配料应采用重量比，配料要准确。水泥、微沫剂的配料精度应控制在 15% 以内。

砂浆应采用机械拌和，拌和时间至投料完算起，不得少于 1.5 mm。掺入微沫剂时，宜用不低于 70 ℃ 的水稀释至 5%～10% 的浓度，溶液投入搅拌机的内拌和时间，至投料完算起为 3～5 min。

流动性好的砂浆便于操作，使灰缝平整、密实，从而提高砌筑工作效率，保证砌筑质量。一般来说，对于干燥及吸水性强的块体，砂浆稠度应采用较大值，对于潮湿、密实、吸水性差的块体，宜采用较小值。

保水性是指砂浆保持水分的性能。砂浆的保水性差，在运输过程中，一部分水分会从砂浆中分离出来而降低砂浆的流动性，使砂浆铺砌困难，从而降低灰缝质量，影响砌体强度。在砌筑过程中，砖将吸收一部分水分，当吸收的水分适量时，对于灰缝中的砂浆强度及密实性是有益的。如果保水性差，水分很快被砖吸收，砂浆水分失去过多，不能保证砂浆的正常硬化，反而会降低砂浆强度，从而降低砌体强度。

水泥砂浆的可塑性和保水性较差，使用水泥砂浆砌筑时，砌体强度低于相同条件下用混合砂浆砌筑的砌体强度。因此，一般仅对高强度砂浆及处于潮湿环境下的砌体时，才使用水泥砂浆。

混合砂浆由于掺入塑性掺和料（如石灰膏、黏土膏等），可节约水泥，并提高砂浆的可塑性和保水性，是一般砌体中最常用的砂浆类型。

砂浆应随拌随用。水泥砂浆和水泥混合砂浆必须分别在拌成后 3 h 和 4 h 内使用完毕。

如施工期间最高气温超过 30 ℃，必须分别在拌成后 2 h 和 3 h 内使用完毕。

5.4　现浇结构工程

5.4.1　钢筋工程

1. 钢筋验收

钢筋进场时应有出厂质量证明书或试验报告，每捆（盘）钢筋应有标牌，并分批验收堆放。验收内容包括查对标牌、外观质量检查及力学性能，合格后方可使用。

钢筋的外观检查包括：热轧钢筋表面不得有裂缝、结疤和折叠，钢筋表面的凸块不允许超过螺纹的高度；冷拉钢筋表面不允许有裂纹和缩颈；钢绞线表面不得有折断、横裂和互相交叉的钢丝，表面无润滑剂、油渍和锈坑。

钢筋的力学性能指标主要包括：屈服点、抗拉强度、伸长率及冷弯性能。屈服点和抗拉强度是钢筋的强度指标；伸长率和冷弯性能是钢筋的塑性指标。

热轧钢筋的机械性能检验以 60 t 为一批，按国标《钢筋混凝土用热轧带肋钢筋》（GB1499—1999）等的规定抽取试件做力学性能检验，其质量必须符合有关标准的规定。

钢筋进场时一般不做化学成分检验。钢筋在加工过程中，当发现脆断、焊接性能不良或力学性能显著不正常等现象时，应对该批钢筋进行化学成分检验或其他专项检验。

2. 钢筋的加工与安装

（1）钢筋加工。

钢筋一般在车间（或加工棚）加工，然后运至现场安装或绑扎。钢筋的加工一般包括冷拉、调直、除锈、剪切、弯曲、绑扎、焊接等工序。

钢筋冷拉是在常温下对钢筋进行强力拉伸，使钢筋拉应力超过屈服点，产生塑性变形，以达到提高强度（屈服强度）的目的。冷拉时，钢筋被拉直，表面锈渣自动剥落，因此冷拉不但可提高钢筋的强度，而且同时完成了调直、除锈工作。钢筋的冷拉可采用控制应力或控制冷拉率的方法。

钢筋调直采用机械方法，直径 4～14 mm 的钢筋可用调直机进行调直，粗细筋还可用机动锤锤直或拉直；当采用冷拉方法调直钢筋时，HPB235 级钢筋的冷拉率不宜大于 4%，HRB335 级、HRB400 级和 RRB400 级钢筋的冷拉率不宜大于 l%。

钢筋如未经冷拉或调直，或保管不妥而锈蚀，可采用钢丝刷或机动钢丝刷，或喷砂除锈；要求较高时，还可采用酸洗除锈。

钢筋下料剪断可用钢筋剪切机或手动剪切器。手动剪切器一般只用于剪切直径小 12 mm 的钢筋；钢筋剪切机可剪切直径小于 40 mm 的钢筋；直径大于 40 mm 的钢筋，则需用锯床锯断或用氧-乙炔焰或电弧割切。

钢筋弯曲宜采用弯曲机。弯曲机可将直径 6～40 mm 的钢筋弯成各种形状与角度。在缺乏机具的情况下，也可在成型台上用手摇扳手弯曲钢筋，用卡盘与扳头弯制粗钢筋。

（2）钢筋安装。

钢筋安装时，受力钢筋的品种、级别、规格和数量必须符合设计要求。

钢筋安装或现场绑扎应与模板安装配合。柱钢筋现场绑扎时，一般在模板安装前进行；梁钢筋一般在梁模安装好后再安装或绑扎，梁断面高度较大或跨度较大、钢筋较密的大梁，可留一面侧模，待钢筋绑扎或安装后再钉；楼板钢筋绑扎应在楼板模板安装后进行，并应按设计先画线，然后摆料、绑扎。

钢筋在混凝土中应有一定厚度的保护层（一般指在主筋外表面到构件外表面的厚度），保护层厚度应符合表 5.4 的规定。工地常用预制水泥砂浆垫块垫在钢筋与模板间，以控制保护层厚度。

表 5.4　钢筋保护层厚度表

构件名称		保护层厚度/m
墙和板	板厚≤100 mm	10
	板厚>100 m	15
梁和柱	主筋	25
	构造筋及箍筋	15
基　础	有垫层	
	无垫层	3 570

钢筋工程属于隐蔽工程，在灌混凝土前，应对钢筋及预埋件进行验收，并做好隐蔽工程记录，以便查考。

3. 钢筋连接

钢筋的连接包括绑扎连接、焊接连接、机械连接。绑扎连接由于需要较长的搭接长度，浪费钢筋且钢筋受力偏心，故宜限制使用。焊接连接方法较多，节约钢材，改善结构受力性能，提高工效，降低成本，宜优先选用。机械连接无明火作业，设备简单，节约能源，不受气候条件影响，可全天施工，连接可靠，适用范围广，尤其适用现场焊接有困难的场合。

（1）绑扎连接

钢筋绑扎接头是采用 $20^{\#} \sim 22^{\#}$ 火烧丝或铅丝，按规范规定的最小钢筋搭接长度，绑扎在一起的钢筋接头。

同一构件中相邻纵向受力钢筋的绑扎搭接接头宜相互错开。绑扎搭接接头中，钢筋的横向净距不应小于钢筋直径，且不应小于 25 mm。

钢筋绑扎搭接接头连接区段的长度为 $1.2l_l$（ l_l 为搭接长度），凡搭接接头中点位于该连接区段长度内的，均属于同一连接区段。同一连接区段内，纵向受拉钢筋搭接接头面积百分比应符合设计要求。当设计无具体要求时，应符合下列规定：

① 对梁类、板类及墙类构件，不宜大于 25%。

② 对柱类构件，不宜大于 50%。

③ 当工程中确有必要增大接头面积百分比时，对梁类构件不应大于 50%；对其他构件，可根据实际情况放宽。

第 5 章　土木建筑工程施工技术

据现行国家标准《混凝土构件设计规范》（GB50010—2002）的规定，纵向受力钢筋的最小搭接长度，应根据钢筋强度、外形、直径及混凝土强度等指标计算确定，并根据钢筋搭接接头面积百分比等进行修正。

（2）焊接连接。

常用的焊接方法有：闪光对焊、电弧焊、电阻点焊、电渣压力焊、埋弧压力焊等。

①　闪光对焊。

闪光对焊广泛应用于钢筋的对接及预应力钢筋与螺丝端杆的焊接。其原理是，利用对焊机使两段钢筋接触，通以低电压的强电流，把电能转化为热能，待钢筋被加热到一定温度后，即施加轴向压力挤压（称为顶锻），便形成对焊接头。

②　电弧焊。

电弧焊是利用弧焊机使焊条与焊件之间产生高温电弧，使焊条和高温电弧范围内的焊件金属融化。焊化的金属凝固后，便形成焊缝和焊接接头。电弧焊广泛应用在钢筋的搭接接长、钢筋骨架的焊接、钢筋与钢板的干结、装配式结构接头的焊接和各种钢结构的焊接。

钢筋电弧焊的接头形式有帮条焊接头、搭接焊接头、剖口焊接头和熔槽帮条焊接头，见图 5.11。

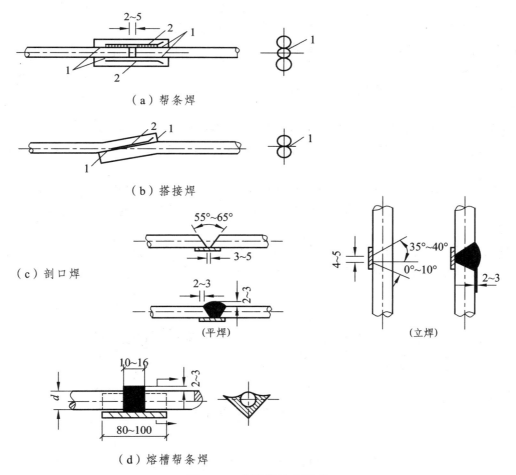

（a）帮条焊

（b）搭接焊

（c）剖口焊

（平焊）

（立焊）

（d）熔槽帮条焊

图 5.11　电弧焊接头形式

③ 电阻点焊。

电阻点焊主要用于钢筋的交叉连接，如用来焊接钢筋骨架或钢筋网片等。点焊时，将已除锈污的钢筋交叉点放入点焊机的两电极间，使钢筋通电发热至一定温度后，加压使焊点金属焊合。

④ 电渣压力焊。

电渣压力焊是利用电流通过电渣池产生的电阻热将钢筋端部熔化，然后施加压力使钢筋焊接为一体，适用于现浇钢筋混凝土结构中直径 14～40 mm 的钢筋竖向接长。

⑤ 气压焊。

钢筋气压焊是采用一定比例的氧气和乙炔焰为热源，对需要焊接的两组钢筋端部接缝处进行加热烘烤，使其达到热塑状态，同时对钢筋施加 30.40 N/m^2 的轴向压力，使钢筋顶锻在一起。这种焊接方法属于固相焊接，其机理是：在还原性气体的保护下，钢材发生塑性流变后相互紧密接触，促使端面金属晶体相互扩散渗透、再结晶、再排列，形成牢固的对焊接头。气压焊不仅适用于竖向钢筋的连接，也适用于各种方面布置的钢筋连接。当不同直径钢筋焊接时，两钢筋直径差不得大于 7 mm。

⑥ 埋弧压力焊。

埋弧压力焊是利用埋在焊接接头处的焊剂下的高温电弧，熔化两焊件焊接接头处的金属，然后加压顶锻形成焊接接头。埋弧压力焊多用于钢筋与钢板丁字形接头的焊接，见图 5.12。这种焊接方法工艺简单，比电弧焊工效高，质量好。

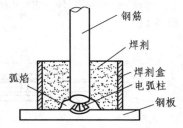

图 5.12　埋弧压力焊

（3）机械连接。

钢筋机械连接有挤压连接和锥形螺纹连接。

① 挤压连接。

钢筋挤压连接是将两根变形钢筋插入套筒内，利用挤压机沿径向或轴向压缩套筒，使之产生塑性变形，靠变形后的钢套筒对钢筋的握裹力来实现钢筋的连接。挤压连接不适用于 I 级（光圆）钢筋。

挤压连接分径向挤压连接和轴向挤压连接两种。径向挤压连接是采用挤压机和压模，沿套筒直径方向，从套筒中间依次向两端挤压套筒，把插在套筒里的两根钢筋紧固成一体，形成机械接头，见图 5.13（a）。

轴向挤压连接是采用挤压机和压模，沿钢筋轴线冷挤压金属套筒，把插入套筒里的两根待连接热轧钢筋紧固成一体，形成机械接头，见图 5.13（b）。

（a）径向挤压　　　　　　　　　　　（b）轴向挤压

图 5.13　钢筋挤压连接

② 锥形螺纹连接。

锥形螺纹连接是采用锥形螺纹靠机械力连接钢筋的方法。它自锁性能好，能承受拉、压轴向力和水平力，可在施工现场连接同径或异径的竖向、水平或任何倾角的钢筋。

第 5 章　土木建筑工程施工技术

5.4.2　模板工程

模板结构由模板和支架两部分组成。

模板是新浇混凝土结构或构件成型的模型，使硬化后的混凝土具有设计所要求的形状和尺寸；支架部分的作用是保证模板形状和位置。

模板及其支架应根据工程结构形式、荷载大小、地基土类别、施工设备和材料供应等条件进行设计。模板及其支架应具有足够的承载能力、刚度和稳定性，能可靠地承受浇筑混凝土的重量、侧压力以及施工荷载。

1. 模板的支设

模板是保证混凝土浇筑成型的模型，钢筋混凝土结构的模板系统由模板、支撑及紧固件等组成。

模板及支撑支设时应满足下列要求：

① 保证结构和构件各部分的形状、尺寸和相互间位置的正确性。

② 具有足够的稳定性、刚性和强度，能可靠地承受所浇筑混凝土的重量和侧压力以及在施工过程中所产生的荷载。

③ 构件简单，装拆方便，能多次周转使用。

④ 模板的接缝严密，不得漏浆。

（1）现浇整体式结构模板支设方法。

① 阶梯形柱基础模板。

第一阶由四块边模拼成，其中一对侧板与基础边尺寸相同，另一对侧板比基础边尺寸长150～200 mm，在两端加钉木档，用以拼装固定另一对模板，并用斜撑撑牢、固定。第二阶模板通过桥杠置于第一阶上，安装时找准基础轴线及标高，上、下阶中心线互相对准，在安装第二阶前应绑好钢筋。

② 矩形柱模板。

矩形柱模板由两块相对的内拼板及两块相对的外拼板和柱箍组成。柱箍要有一定的强度，以抵抗混凝土浇筑时的侧压力及保证板的刚度。柱模底部留有清扫口，上部开有与梁模板连接的缺口。沿高度每隔 2 m 左右开有供浇筑混凝土的浇筑口。独立柱子应在模板四周支上斜撑，以保证其垂直度。

③ 矩形单梁模板。

梁模由底板、侧板、夹木、托木等组成，下面用支柱支承，间距 1 m 左右，当梁高度较大时，应在侧板上加钉斜撑。支柱间设拉条，一般离地面 50 cm 设一道，以上每间隔 2 m 设一道，互相拉撑成整体。

④ 楼板模板。

楼板模板一般用定型模板，它支承在楞木（又称搁栅）上，楞木支承在梁侧模板外的托板上。跨度大的楼板，楞木中间可以再加一排或多排支撑排架作为支架系统。

对长度不小于 4 m 的钢筋混凝土梁、板，其模板应按设计要求起拱；当设计无具体要求时，起拱高度宜为跨度的 3/10 000～1/1 000。

⑤ 楼梯模板。

一般先支平台梁横板，再装楼梯斜梁或楼梯底模板、外边板。在两块边板上钉反扶梯基，下面再钉三角木，以形成踏步。

（2）组合钢模板连接。

组合钢模板是一种工具式定型模板，由钢模板、连接件和支撑件等部分组成。

钢模板包括平面模板、阳角模板、阴角模板和连接角模，如图 5.14 所示。此外，还有一些异形模板。

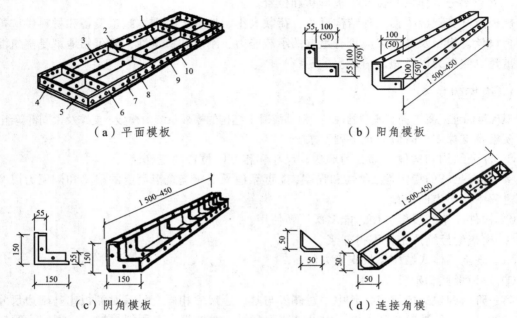

（a）平面模板 （b）阳角模板

（c）阴角模板 （d）连接角模

图 5.14　钢模板类型

定型组合钢模板的连接件包括 U 形卡、L 形插销、钩头螺栓、对位螺栓、紧固螺栓和扣件等，如图 5.15 所示。

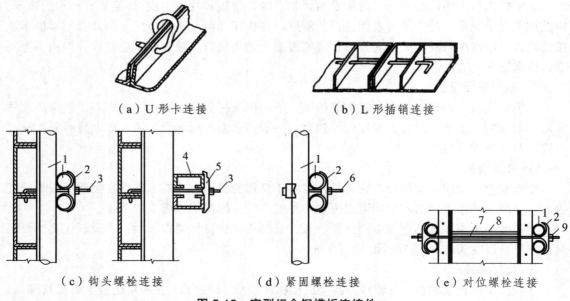

（a）U 形卡连接 （b）L 形插销连接

（c）钩头螺栓连接 （d）紧固螺栓连接 （e）对位螺栓连接

图 5.15　定型组合钢模板连接件

定型组合钢模板的支撑件包括柱箍、钢楞、支架、斜撑、钢桁架等。

组合钢模的连接一般有两种方式：一种在边框上不钻孔，用楞木来固定模板；另一方式是在边框上按一定的模数（如 20 mm）钻孔，再用回形销、U 形卡或螺栓连接。

2. 模板拆除

（1）拆除模板时的混凝土强度。

现浇结构的模板及其支架拆除时的混凝土强度应符合设计要求。当设计无具体要求时，混凝土强度应符合下列规定：

侧模：在混凝土强度能保证其表面及棱角不因拆除模板而损坏后，方可拆除。

底模：在混凝土强度符合表 5.5 的规定后，方可拆除（摘自 GB 50204—2002）。

表 5.5　底模拆除时的强度要求

构件类型	构件跨度/m	达到设计的混凝土立方体抗压强度标准值的百分比/%
板	≤2	≥50
	>2，≤8	≥75
	>8	≥100
梁、拱、壳	≤8	≥75
	>8	≥100
悬臂构件		≥100

对后张法预应力混凝土结构构件，侧模宜在预应力张拉前拆除；底模支架的拆除应按施工技术方案执行，当无具体要求时，不应在结构构件建立预应力前拆除。

（2）模板拆除的顺序。

拆模应按一定的顺序进行，一般应遵循先支后拆、后支先拆、先拆非承重部位、后拆承重部位以及自上而下的原则。重大复杂模板的拆除，事先应制定拆除方案。拆除的顺序一般是先拆非承重模板，后拆承重模板；先拆侧模板，后拆底模板。

框架结构模板的拆除顺序一般是：柱→楼板→梁侧→梁底模。

多层楼板模板支柱的拆除，应按下列要求进行：

上层楼板正在浇筑混凝土时，下一层楼板的模板支柱不得拆除，再下一层楼板的模板支柱仅可拆除一部分；跨度在 4m 及 4m 以上的梁下均应保留支柱，其间距不得大于 3m。

5.4.3　混凝土工程

混凝土工程是钢筋混凝土工程中的重要组成部分，混凝土工程的施工过程包括混凝土的制备、运输、浇筑和养护等。

1. 混凝土的制备

混凝土的制备就是根据混凝土的配合比，把水泥、砂、石、外加剂、矿物掺和料和水，通过搅拌使其成为均质的混凝土。

水泥进场时应对其品种、级别、包装或散装仓号、出厂日期等进行检查，并应对其强度、安定性及其他必要的性能指标进行复检，其质量必须符合国家标准《硅酸盐水泥、普通硅酸盐水泥》（GB 175—1999）等的规定。

使用中，如果对水泥质量有怀疑或水泥出厂超过3个月（快硅酸盐水泥超过1个月），应进行复检，并按复检结果使用。

钢筋混凝土结构、预应力混凝土结构中，严禁使用含氯化物的水泥。

预应力混凝土结构中，严禁使用含氯化物的外加剂。钢筋混凝土结构中，当使用含氯化物的外加剂时，混凝土中氯化物的总含量应符合现行国家标准《混凝土质量控制标准》（GB 50164—1993）的规定。

普通混凝土所用的粗、细集料的质量，应符合国家现行标准《普通混凝土用碎石或卵石质量标准及检验方法》（JGJ53—1993）、《普通混凝土用砂质量标准及检验方法》（JGJ52—1993）的规定。混凝土用的粗集料，其最大颗粒粒径不得超过构件截面最小尺寸的 1/4，且不得超过钢筋最小净距的3/4。对混凝土实心板，集料的最大粒径不宜超过板厚的1/3，且不得超过40 mm。

拌制混凝土宜采用饮用水。当采用其他水源时，水质应符合国家标准《混凝土拌和用水标准》（JGJ63—1989）的规定。

（1）混凝土施工配合比。

在施工中，应根据设计配合比以及砂、石的实际含水率完成施工配合比的换算，并根据搅拌机的装料容量进行配制。

【例 5.1】 已知混凝土设计配合比为 C：S：G：W = 439：566：1 202：193，经测定，实际使用的砂石含水率分别为 $W_s = 3\%$、$W_g = 1\%$，现场搅拌机的装料容量为 400 L，求施工中每搅拌一次（一盘）的装料数量。

解 （1）每立方米混凝土的材料用量为

水泥　　　$C' = 439$ kg

砂　　　　$S' = S(1 + W_s) = 566(1 + 3\%) = 583（kg）$

石子　　　$C' = G(1 + W_g) = 1 202(1 + 1\%) = 1 214（kg）$

水　　　　$W' = W - SW_s - GW_g = 193 - 566 \times 3\% - 1 202 \times 1\% = 164（kg）$

（2）每搅拌一次（一盘）的装料数量为

水泥 = $439 \times 0.4 = 175.6（kg）$（实用 150 kg，即 3 袋水泥）

砂 = $583 \times 150/439 = 199.2（kg）$

石子 = $1214 \times 150/439 = 414.8（kg）$

水 = $164 \times 150/439 = 56（kg）$

应严格控制混凝土的用料称量，其每盘称量偏差不得超过以下规定：水泥和混合材料为 ±2%；砂石为 ±3%；水及外加剂为 ±2%。

（2）混凝土搅拌机。

混凝土搅拌机按其工作原理，可以分为自落式和强制式两大类。

自落式搅拌机由内壁装有叶片式的旋转鼓筒组成，当搅拌筒绕水平轴旋转时，装入筒内的物料被叶片提升到一定高度后自由下落，物料下落时具有较大的动能，且各物料颗粒下落的时间、速度、落点和滚动距离不同，从而使物料颗粒相互穿插、渗透、扩散，最后达到均匀混合的目的。自落式混凝土搅拌机筒体和叶片磨损较小，易于清理，但搅拌力量小，动力消耗大，效率低，主要用于搅拌流动性和低流动性混凝土。

强制式搅拌机搅拌筒固定不转，依靠装在筒体内部转轴上的拌叶强制搅拌物料。这些不同角度和位置的叶片转动时通过物料，克服了物料的惯性、摩擦力和黏滞力，强制其产生环向、径向、竖向运动。强制式搅拌机具有搅拌质量好、速度快、生产效率高、操作简便及安全等优点，但机件磨损严重，主要用于搅拌干硬性混凝土或低流动性混凝土和轻集料混凝土。

（3）搅拌制度。

为了拌制出均匀优质的混凝土，除合理地选择搅拌机外，还必须正确地确定搅拌制度，即一次投料量、搅拌时间和投料顺序等。

① 一次投料量。

不同类型的搅拌机都有一定的装料容积，不宜超载过多，以免影响混凝土拌和物的均匀性。为了保证混凝土得到充分拌和，装料容积通常只为搅拌机几何容积的 1/3 ~ 1/2。一次性搅拌好的混凝土体积称为"出料容积"，一般为装料容积的 0.55 ~ 0.75（又称出料系数）。

② 搅拌时间。

从原材料全部投入搅拌筒时起，到开始卸出拌和料时止所经历的时间，称为搅拌时间，它是影响混凝土质量和搅拌机生产效率的重要因素。为获得混合均匀、强度和工作性能都能满足要求的混凝土，所需要的最短搅拌时间称为最小搅拌时间。混凝土搅拌的最短时间应满足相关的规定。

③ 投料顺序。

投料顺序是影响混凝土质量及搅拌机生产效率的另一重要因素。按照原料加入搅拌筒内顺序的不同，常用的投料顺序有：

a. 一次投料法：先投入砂（或石子），再投水泥，然后投石子（或砂），将水泥夹在砂、石之间，最后加水搅拌，可减少水泥的飞扬和黏罐现象。

b. 二次投料法：分为预拌水泥砂浆法和预拌水泥净浆法。前者是先将水泥、砂和水投入搅拌筒内进行搅拌，成为均匀的水泥砂浆后，再加入石子，搅拌成均匀的混凝土。后者是先将水泥和水充分搅拌成均匀的水泥净浆后，再加入砂和石搅拌成混凝土。试验表明，二次投料法的混凝土与一次投料法相比，混凝土强度可提高约 15%。在强度相同的情况下，可节约水泥 15% ~ 20%。

c. 两次加水法。亦称裹砂石法混凝土搅拌工艺。先将全部的石子、砂和 70%拌和水投入搅拌机，拌和 15 s，使集料湿润，再投入全部水泥搅拌 30 s 左右，然后加入 30%拌和水再搅拌 60 s 左右即可。此法亦可提高混凝土的强度和节约水泥。

2. 混凝土的运输

混凝土的运输是指混凝土拌和物自搅拌机中出料至浇筑入模这一段运送距离以及在运送过程中所消耗的时间。

（1）对混凝土运输的要求。

① 在运输过程中，应保持混凝土的均质性，避免产生分层、离析现象。

② 混凝土应以最少的转运次数和最短的时间，从搅拌地点运至浇筑地点，使混凝土在初凝前浇筑完毕。

③ 混凝土的运输应保证混凝土的浇筑工作连续进行。

④运送混凝土的容器应严密、不漏浆，容器的内部应平整光洁、不吸水。

（2）混凝土的运输方法。

混凝土运输分为地面运输、垂直运输和楼地面运输三种情况。

混凝土地面运输：商品混凝土，采用自卸汽车或混凝土搅拌运输车运输；如现场搅拌，多采用小型机动翻斗车、双轮手推车等运输。

混凝土垂直运输：多采用塔式起重机、混凝土泵、快速提升架和井架等。

混凝土楼地面运输：一般以双轮手推车人工运输。

混凝土泵是一种有效的混凝土运输、浇筑工具。它以泵为动力，沿混凝土输送管输送混凝土，能一次连续完成混凝土的水平运输和垂直运输，配以布料杆，还可以进行混凝土的浇筑。我国目前主要采用活塞泵，液压驱动。常用的混凝土排量为 $30 \sim 90 \text{ m}^3/\text{h}$，水平运距 $200 \sim 900 \text{ m}$，垂直运距 $50 \sim 300 \text{ m}$。

常用的混凝土输送管为钢管、橡胶管和塑料软管，直径为 $75 \sim 200 \text{ mm}$，其每段长约 3 m，还配有 450、900 等弯管和锥形管。

混凝土用混凝土泵运输，称为泵送混凝土。混凝土能否在管中顺利流通，是泵送工作能否顺利进行的关键，混凝土在管道中的流动能力称为混凝土的可泵性。泵送混凝土对混凝土的配合比提出了要求：碎石最大粒径与输送管内径之比一般不宜大于 1:3，卵石可为 1:2.5；泵送高度在 $50 \sim 100 \text{ m}$ 时宜为 $1:3 \sim 1:4$，泵送高度在 100 m 以上时宜为 $1:4 \sim 1:5$，以免堵塞。砂率宜控制在 30% ~ 45%；水泥用量不宜过少，否则泵送阻力增大，最小水泥用量为 300 kg/m^3，水灰比宜为 0.4 ~ 0.6。

3. 混凝土的浇筑

（1）混凝土浇筑的一般规定。

混凝土浇筑前，应检查模板的标高、位置、尺寸、强度和刚度是否符合要求；检查钢筋和预埋件的位置、数量和保护层厚度，并将检查结果填入隐蔽工程记录；清除模板内的杂物和钢筋的油污；对模板的缝隙和孔洞应予堵严；对木模板应用清水湿润，但不得有积水。

在地基或基土上浇筑混凝土时，应清除淤泥和杂物，并应用排水和防水措施。对干燥的非黏土性土，应用水湿润；对未风化的岩土，用水清洗，但表面不得留有积水。

在降雨雪时，不宜露天浇筑混凝土。

在浇筑竖向结构混凝土前，应先在底部填以 $50 \sim 100 \text{ mm}$ 厚与混凝土内砂浆成分相同的水泥砂浆；浇筑中不得发生离析现象；当浇筑高度超过 3 m 时，应采用串筒、溜管或振动溜管使混凝土下落。

在混凝土浇筑过程中，应经常观察模板、支架、钢筋、预埋件、预留孔洞的情况，当发现有变形、移位时，应及时采取措施进行处理。

为保证混凝土的整体性，浇筑混凝土应连续进行。当必须间歇时，其间歇时间宜缩短，并应在前层混凝土凝结前，将次层浇筑完毕。混凝土运输、浇筑及间歇的全部时间不应超过混凝土的初凝时间。

（2）施工缝。

由于技术或组织上的原因，混凝土不能连续浇筑，中间的间歇时间超过了规定的混凝土运输和浇筑所允许的延续时间，则应留置施工缝，施工缝的位置应在混凝土浇筑前确定。由于该处新旧混凝土的结合力较差，是结构中的薄弱环节，因此，施工缝宜留置在结构受剪力较小且便于施工的部位。柱应留水平缝，梁板应留垂直缝。

在施工缝处继续浇筑混凝土时，为避免使已浇筑的混凝土受到外力振动而破坏其内部结构，必须待已浇筑混凝土的抗压强度不小于 1.2 N/mm^2 时才可进行。

继续浇筑前，在已硬化的混凝土表面上，应清除水泥薄膜和松动石子以及软弱混凝土层，并加以充分湿润和冲洗干净，且不得有积水。然后，在施工缝处铺一层水泥或与混凝土内成分相同的水泥砂浆，即可继续浇筑混凝土。混凝土应细致捣实，使新旧混凝土紧密结合。

（3）大体积混凝土结构浇筑。

凡属建筑工程大体积混凝土，都有一些共同特点：结构厚实，混凝土量大，工程条件复杂，钢筋分布集中，整体性要求高，一般都要求连续浇筑，不留施工缝。另外，大体积混凝土结构在浇筑后，水泥的水化热量大，而由于体积大，水化热聚集在内部不易散发，浇筑初期，混凝土内部温度显著升高，而表面散热较快，这样形成较大的内外温差，混凝土内部产生压应力，而表面产生拉应力，如温差过大，则易在混凝土表面产生裂缝。因此，在大体积混凝土结构的浇筑中，应采取相应的措施，尽可能减少温度变化引起的裂缝，从而提高混凝土的抗渗、抗裂、抗侵蚀性能，以提高建筑结构的耐久年限。

要防止大体积混凝土结构浇筑后产生裂缝，就要降低混凝土的温度应力，这就必须减少浇筑后混凝土的内外温差。为此，应优先选用水化热低的水泥，在满足设计强度要求的前提下，尽可能减少水泥用量，掺入适量的粉煤灰，降低浇筑速度和减小浇筑层厚度，浇筑后应进行测温，采取蓄水法或覆盖法进行降温或进行人工降温措施，控制内外温差不超过 25 ℃。必要时，经过计算和取得设计单位同意后，可留施工缝，且分层分段浇筑。

大体积混凝土结构的浇筑方案，可分为全面分层、分段分层和斜面分层三种，见图 5.16。全面分层法要求的混凝土浇筑强度较大，斜面分层法混凝土浇筑强度较小，施工中可根据结构物的具体尺寸、捣实方法和混凝土供应能力，认真选择浇筑方案。目前应用较多的是斜面分层法。

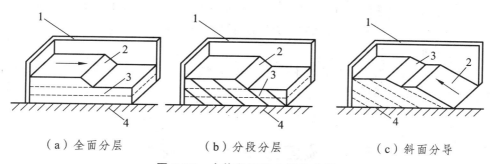

（a）全面分层　　　　　（b）分段分层　　　　　（c）斜面分导

图 5.16　大体积混凝土浇筑方案

1—模板；2—新浇筑的混凝土；3—已浇筑的混凝土

（4）混凝土的振捣。

混凝土浇筑入模后，应立即进行充分的振捣，使新入模的混凝土充满模板的每一角落，排出气泡，使混凝土拌和物获得最大的密实度和均匀性。

混凝土的振捣分为人工振捣和机械振捣。

人工振捣是利用捣棍或插钎等，用人力对、混凝土进行夯、插，使之成型。只有在采用塑性混凝土，而且缺少机械或工程量不大时，才采用人工振捣。

采用机械振实混凝土，早期强度高，可以加快模板的周转，提高生产率，获得高质量的混凝土，所以应尽可能采用。

振捣机械按其工作方式不同，可分为内部振动器、表面振动器、外部振动器等几种。

内部振动器又称插入式振动器，是施工现场使用最多的一种，适用于基础、柱、梁、墙等深度或厚度较大的结构构件的混凝土捣实。使用时，插入下层混凝土的深度不应小于 5cm。振动棒插点间距要均匀排列，以免漏振。

表面振动器又称平板振动器，是由带偏心块的电机和平板组成。平板振动器是放在混凝土表面进行振捣，适用于振捣楼板、地面、板形构件和薄壳等薄壁构件。当采用表面振动器时，要求振动器的平板与混凝土保持接触，其移动间距应保证振动器的平板能覆盖已振实部分的边缘，以保证衔接处混凝土的密实。

外部振动器又称附着式振动器，它是直接固定在模板上，利用带偏心块的振动器产生的振动力，通过模板传递给混凝土，从而达到振实的目的。外部振动器适用于振捣断面较小或钢筋较密的柱、梁、墙等构件。外部振动器的振动效果与模板的重量、刚度、面积及混凝土构件的厚度有关。

4. 混凝土的养护

混凝土的凝结与硬化是水泥与水产生水化反应的结果，在混凝土浇筑后的初期，采取一定的措施，建立适当的水化反应条件的工作，称为混凝土的养护。养护的目的是为混凝土硬化创造必要的温度、湿度等条件。

（1）标准养护。

混凝土在温度为 20 °C±3 °C，相对湿度为 90%以上的潮湿环境或水中的条件下进行的养护，称为标准养护。

（2）热养护。

为了加速混凝土的硬化过程，对混凝土进行加热处理，将其置于较高温度条件下进行硬化的养护，称为热养护。常用的热养护方法是蒸汽养护。

（3）自然养护。

在常温下，采用适当的材料覆盖混凝土，并采取浇水润湿、防风防干、保温防冻等措施所进行的养护，称为自然养护。

5.5 预应力混凝土工程施工

预应力混凝土是近几十年发展起来的一门新技术，它是在构件承受外荷载前，预先在构件的受拉区对混凝土施加预压力，这种压力通常称为预应力。构件在使用阶段的外荷载作用下产生的拉应力，首先要抵消预压应力，这就推迟了混凝土裂缝的出现，同时也限制了裂缝的开展，从而提高了构件的抗裂度和刚度。对混凝土构件受拉区施加预压应力的方法，是张拉受拉区中的预应力钢筋，通过预应力钢筋和混凝土间的黏结力或锚具，将预应力钢筋的弹性收缩力传递到混凝土构件中，并产生预压应力。

根据预应力钢筋张拉阶段的不同，预应力混凝土技术分为先张法和后张法。

5.5.1　预应力钢筋的种类

1. 冷拔低碳钢丝

冷拔低碳钢丝是由直径 6～10 mm 的 I 级钢筋（R235）在常温下通过拔丝模冷拔而成，一般拔至直径 3～5 mm。

2. 冷拉钢筋

冷拉钢筋是将 II～III 级热轧钢筋（RL335、RL400）在常温下通过张拉到超过屈服点的某一应力，使其产生一定的塑性变形后卸荷，再经时效处理而成。

3. 碳素钢丝

碳素钢丝是由高碳钢条经淬火、酸洗、拉拔制成。

4. 钢绞线

钢绞线一般是由 6 根碳素钢丝围绕一根中心钢丝在绞丝上绞成螺旋状，再经低温回火制成。钢绞线的强度较高，目前标准抗拉强度为 1 860 N/mm² （1 860 MPa）的高强、低松弛钢绞线大量应用于工程中。

5. 热处理钢筋

热处理钢筋是由普通热轧中碳合金钢经淬火和回火调质热处理制成，具有高强度、高韧性和高黏结力等优点，直径为 6～10 mm。

5.5.2　对混凝土的要求

在预应力混凝土结构中，混凝土的强度等级不低于 C30；当采用钢绞线、钢丝、热处理钢筋作预应力钢筋时，混凝土强度等级不宜低于 C40。

在预应力混凝土构件的施工中，不能掺用对钢筋有侵蚀作用的氯盐、氯化钠等，否则会发生严重的质量事故。

5.5.3　先张法

先张法是在浇筑混凝土前，张拉预应力钢筋，并将张拉的预应力钢筋临时固定在台座或钢模上，然后再浇筑混凝土，待混凝土达到一定强度（一般不低于设计强度等级的 70%），保证预应力钢筋与混凝土有足够的黏结力时，放松预应力筋，借助于与预应力筋的黏结，使混凝土产生压应力。先张法多用于预制构件厂生产定型的中小型构件，也常用于生产预应力桥跨结构等。

先张拉法工艺流程见图 5.17。

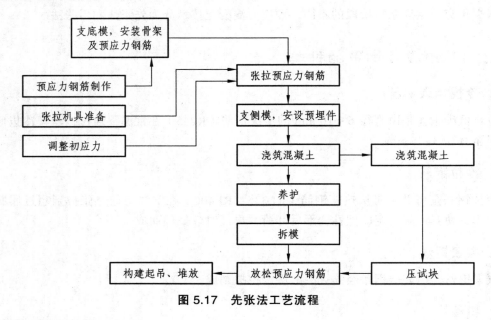

图 5.17　先张法工艺流程

1. 预应力筋的张拉

预应力筋的张拉可采用单根张拉或同时张拉。多根预应力筋同时张拉时，必须事先调整初应力，使其相互之间的应力一致。张拉过程中，应抽查预应力值，其偏差不得大于或小于按一个构件钢丝预应力总值的 50%。在浇筑混凝土前发生断裂或滑脱的预应力筋，必须予以更换。

预应力筋的张拉程序有：

（1）$0 \rightarrow 105\%\sigma_{con} \rightarrow \sigma_{con}$。

（2）$0 \rightarrow 103\%\sigma_{con}$。

其中，σ_{con} 为预应力筋的张拉控制应力。

建立上述张拉程序的目的是为了减少预应力的松弛损失。

用应力控制张拉时，为了校核预应力值，在张拉过程中，应测出预应力筋的实际伸长值，如实际伸长值大于计算伸长值的 10%或小于计算伸长值的 5%，应暂停张拉，查明原因并采取措施予以调整后，方可继续张拉。

2. 混凝土的浇筑与养护

混凝土可采用自然养护或湿热养护。但必须注意，当预应力混凝土构件在槽形台座上进行湿热养护时，应采取二次升温养护法养护混凝土，即开始养护时，控制温差不超过 20 ℃，待混凝土强度达到 10 N/mm^2 后，再按一般升温制度养护，以减少温差应力损失。

3. 预应力筋放张

预应力筋放张过程是预应力的传递过程，应确定合宜的放张顺序、放张方法及相应的技术措施。

　　为保证预应力筋与混凝土的良好黏结，放张预应力筋时，混凝土强度必须符合设计要求。如设计无规定时，则不低于设计的混凝土立方体抗压强度标准值的 70% 后方可放张。

　　放张过程中，应使预应力构件自由压缩，避免过大的冲击和偏心。预应力筋放张应缓慢进行，预应力筋数量较少时，可逐根放张；预应力筋较多时，可同时放张，以避免引起构件翘曲、开裂和断筋等现象。放张的方法可用放张横梁来实现。

　　预应力筋应采用砂轮锯或切断机切断，不得采用电弧切割。

5.5.4　后张法

　　后张法是先浇筑混凝土，后张拉钢筋的方法。在制作构件或块体时，在放置预应力筋的部位留孔，设孔道，待混凝土达到设计规定的强度后，将预应力筋穿入预留孔道内，用张拉机具将预应力筋张拉到设计规定的强度后，借助锚具把预应力筋锚固在构件端部，最后进行孔道灌浆。后张法工艺流程见图 5.18。

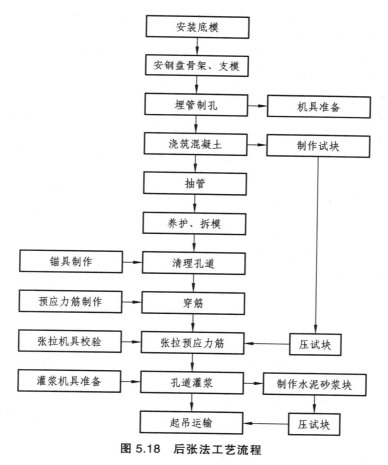

图 5.18　后张法工艺流程

1. 孔道的留设

　　后张法宜用于现场生产大型预应力构件、特种结构和构筑物，可作为一种预应力预制构件的拼装手段。

孔道留设是后张法构件制作的关键工序之一，孔道留设的方法有以下几种：

（1）钢管抽芯法。预先将钢管埋设在模板内孔道位置处，在混凝土浇筑过程中和浇筑后，每隔一定时间慢慢转动钢管，使之不与混凝土黏结，待混凝土初凝后、终凝前抽出钢管，形成孔道。该法只可留设直线孔道。

（2）胶管抽芯法。胶管有 5 层或 7 层夹布胶管和专供预应力混凝土用的钢丝网胶皮管两种。用间距为 40~50 cm 的钢筋井字架固定位置，在浇筑混凝土前，胶管内充入压力为 0.6~0.8 MPa 的压缩空气或压力水，待浇筑的混凝土初凝以后，放出压缩空气或压力水，管径缩小而与混凝土脱离，随即抽出胶管，形成孔道。胶管抽芯留孔与钢管抽芯法相比，它的弹性好，便于弯曲。因此，它不仅可留设直线孔道，也能留设曲线孔道。

（3）预埋波纹管法。金属波纹管预埋时，用间距不大于 80 mm 的钢筋井字架固定。波纹管与混凝土有良好的黏结力，波纹管预埋在构件中，浇筑混凝土后永不抽出。

2. 预应力筋张拉

张拉预应力筋时，构件混凝土的强度应符合设计规定；如设计无规定，则不低于设计的混凝土立方体抗压强度标准值的 70%。

后张法预应力筋的张拉程序与所采用的锚具种类有关，为减少松弛应力损失，张拉程序一般与先张法相同。张拉时应注意如下事项：

（1）为减少预应力筋与预留孔壁摩擦引起的应力损失，一般构件长度小于 24 m 的直线预应力筋可一端张拉，但张拉端应分别设置在构件两端。对于曲线预应力筋和构件长度大于 24 m 的预应力筋，应采用两端同时张拉；也可先在一端张拉后，再在另一端补足预应力值。

（2）对配有多根预应力筋的构件，应分批对称地张拉。分批张拉要考虑后批预应力筋张拉时产生的混凝土弹性压缩，会造成先批张拉的预应力筋的预应力损失。

（3）对平卧叠层浇筑的预应力混凝土构件，上层构件重量产生的水平摩阻力，会引起下层构件的预应力损失。施工时，平卧重叠的构件宜先上后下重叠进行张拉，并逐渐增大张拉力来弥补预应力损失，但底层超张拉值不宜比顶层张拉力大 5%（钢丝、钢绞线、热处理钢筋）或 9%（冷拉 Ⅱ~Ⅳ 级钢筋），并保证底层构件的控制力值不超过规定限制。

（4）当采用预应力控制方法张拉时，应校对预应力筋的伸长值，如实际伸长值比预计伸长值大 10%或小 5%，应暂停张拉，在采取措施予以调整后，方可继续张拉。

3. 孔道灌浆

预应力筋张拉后，应随即进行孔道灌浆，以防预应力筋锈蚀，同时可增强结构的抗裂性和耐久性。

灌浆用灰浆除应满足强度和黏结力要求外，尚应具较大的流动性和压缩性、泌水性。故灌浆宜用强度等级不低于 42.5 级的普通硅酸盐水泥配制的水泥浆，水泥浆强度应不低于 20 N/mm^2。为了增加孔道灌浆的密实性，在水泥中可掺入水泥用量 0.005%~0.01%的铝粉或 0.25%的木素质磺酸钙或其他减水剂。

灌浆前，混凝土孔道应用压力水冲刷干净并湿润孔壁，可用电动或手动压浆泵进行灌浆。水泥浆应均匀缓慢地注入，不得中断；灌浆顺序应先下后上，以避免上层孔道漏浆而把下层孔道堵塞；曲线孔道灌浆，宜由最低点压入水泥浆，至最高点排出空气及溢出浓浆为止。

5.6　装配式框架结构吊装及滑模施工

在工业化建筑中，装配式框架结构占有一定的比例。其主要承重结构由基础、柱、吊车梁、屋架、天窗架、屋面板等组成，除基础在施工现场就地浇筑外，其他构件多采用钢筋混凝土预制构件；尺寸大且重的构件在施工现场就地预制；中小构件在构件厂预制，运至现场吊装。结构吊装是装配式框架结构施工的重要环节。

装配式框架结构在安装阶段，除选择合适的施工机械外，还应着重解决吊装前的准备工作、构件吊装方法、起重机开行路线及构件平面布置问题等。

5.6.1　装配式框架吊装工程施工

1. 构件吊装前的准备工作

构件吊装前的准备工作包括：场地的清理，道路的建筑，构件的运输、就位、堆放、拼装、检查、弹线、编号以及吊装机具的准备等。

2. 起重机械选择与布置

（1）起重机械。

装配式框架结构安装时，起重机的选择要根据建筑物的结构形式、高度、构件重量及吊装工程量确定。可选择的机械有履带式起重机、塔式起重机或自升式起重机等。履带式起重机适于安装 4 层以下框架结构，塔式起重机适于 4～10 层结构，自升式塔式起重机适于 10 层以上结构。对起重机的选择，既要考虑其起吊高度，还要考虑其覆盖范围能否满足施工的要求。因此，要保证所选择的起重机的起重量、起重高度及起重力矩均能满足施工要求。

（2）起重机的平面布置。

起重机的布置方案主要根据房屋平面形状、构件重量、起重机性能及施工现场条件等确定。一般有四种布置方案：单侧布置、双侧或环行布置、跨内单行布置和跨内环行布置，见图 5.19。

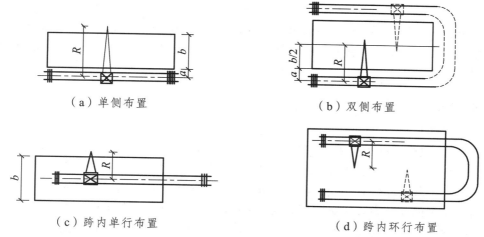

（a）单侧布置　　　　　　　　　　（b）双侧布置

（c）跨内单行布置　　　　　　　　（d）跨内环行布置

图 5.19　起重机的平面布置方案

① 单侧布置。当房屋平面宽度较小，构件也较轻时，塔式起重机可单侧布置。此时起重半径应满足：

$$R>b+a$$

式中　R ——塔式起重机吊装最大起重半径；

　　　b ——房屋宽度；

　　　a ——房屋外侧至塔式起重机轨道中心线的距离，即外脚手架的宽度 + 1/2 轨距 + 0.5 m。

② 双侧布置。当建筑物平面宽度较大或构件较大，单侧布置起重力矩满足不了构件的吊装要求时，起重机可双侧布置，每侧各布置一台起重机，其起重半径应满足：

$$R>b/2+a$$

此种方案布置时，两台起重臂高度应错开，防止吊装时相撞。

如果工程不大，工期不紧，两侧各布置一台塔吊将造成机械上的浪费。因此可环行布置，仅布置一台塔吊就可兼顾两侧的运输。

③ 当建筑物四周场地狭窄，起重机不能布置在建筑物外侧，或者由于构件较重、房屋较宽，起重机布置在外侧满足不了吊装所需要的力矩时，可将起重机布置在跨内，其布置方式有跨内单行布置和跨内环行布置两种。

3. 结构吊装方法

（1）分件吊装法。

分件吊装法是指起重机在施工段内作多次往返开行，每次停机只吊装该节间的某一类构件，待构件全部吊装完毕，最后固定。

分件吊装法的优点是容易组织吊装、校正、焊接、灌浆等工序的流水作业，容易安排构件的供应和现场布置，每次均吊装同类型构件，可减少起重机变幅和索具的更换次数，从而提高吊装效率，因此在装配式结构安装中被广泛采用。

（2）综合吊装法。

综合吊装法是指起重机在施工段内只开行一次，每次停机吊装完该节间的全部构件，并最后固定。

综合吊装法可为后续工作及早提供工作面，但每次吊装不同构件，需要频繁变换索具，工作效率低；现场构件的供应与布置复杂且要求高；施工中操作者上下频繁，劳动强度较大。为此，很少采用。

4. 构件吊装工艺

（1）柱子的吊装。

对长 12 m 以内的柱子可采用一点绑扎和旋转法起吊，对 14 ~ 20 m 的长柱用二点绑扎起吊，对更长更重柱可用三点或多点绑扎起吊。

底层柱插入基础杯口后，先进行悬空对位，用 8 个楔块从柱的四边插入杯口，并用撬棍撬动柱脚使柱子的安装中心线对准杯口的安装中心线，并使柱身基本保持垂直，即可落钩将柱脚放到杯底，并复查对线。然后，由两人面对面打紧四周楔子加以临时固定。最后，在钢筋混凝土柱的底部四周与基础杯口的空隙之间浇筑细石混凝土作最后固定。

柱接头有榫式接头、插入式接头和浆锚式接头三种，见图 5.20。

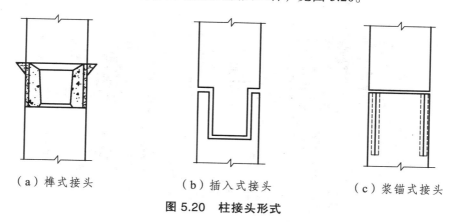

（a）榫式接头　　　　　（b）插入式接头　　　　　（c）浆锚式接头

图 5.20　柱接头形式

（2）梁板的安装

梁板在安装前，应在安装面上铺垫砂浆。为减少或避免对已安装柱的垂直度的影响，要合理安排梁的安装顺序，一般从中间向两端安装较好。梁的就位，尽可能做到一次性就位准确，减少撬动，避免柱子发生偏移。楼板一般都是直接搁置在梁或叠合梁上，接缝浇筑细石混凝土。

5.6.2　滑升模板施工

滑升模板施工方法是现浇混凝土的施工方法之一。首先，在建筑物或构筑物底部，按照建筑物平面或构筑物平面，沿其墙、柱、梁等构件周边安装高 1.2 m 左右的模板和操作平台，随着向模板内不断分层浇筑混凝土，利用提升设备不断向上滑升模板，逐步完成建筑物或构筑物的混凝土浇筑工作。这种施工方法适用于筒壁结构（烟囱、水塔、筒仓、油罐桥墩等）、框架结构（排架、柱等）、墙板结构等。它的机械化程度较高，施工速度快，能节约大模板，节省劳动力，而且施工速度快，但耗钢量大，滑模装置的一次性投资较大。

1. 滑升模板的组成

滑升模板由模板系统、操作平台系统、液压提升系统及施工精度控制系统等四部分组成，见图 5.21。

（1）模板系统。

① 模板。

模板的作用是使混凝土按照结构的形体尺寸准确成型，并承受新浇混凝土的侧压力、冲击力和滑升时混凝土对模板的摩阻力。模板可用钢材、木材或钢木材料制成。钢模板宜采用 1.5～2 mm 的钢板冷弯成型。模板的高度一般为 1.0～1.2 m，其高度与混凝土浇灌速度、出模时混凝土强度有关。

② 围圈。

围圈的作用是固定模板位置，保证模板所构成的几何形状不变。围圈在模板外侧，上、下各布置一道，分别支承在提升架的立柱上。围圈可用钢材或木材制作，钢围圈一般用角钢槽制成。

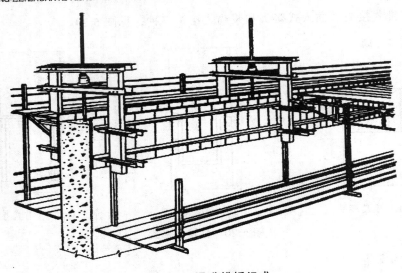

图 5.21　滑升模板组成

③ 提升架。

提升架的作用是固定围圈的位置，防止模板的侧向变形，在滑升过程中，将全部垂直荷载传递给千斤顶，把模板系统和操作平台系统连成一体。

（2）操作平台系统。

① 操作平台。

操作平台是运输、堆放材料和施工机具、设备的场所，也是施工人员施工操作的场所。

② 上辅助平台。

上辅助平台即在操作平台上部再搭设的一层平台，用于运送混凝土及吊运、堆放材料和工具。

③ 内、外吊脚手架。

内、外吊脚手回架是修整混凝土表面、检查混凝土质量、调整和拆除模板、支设梁底模板的场所。

（3）液压提升系统。

① 支承杆。

支承杆是千斤顶向上爬升的轨道，也是滑升模板的承重支柱，承受施工过程中的全部荷载。支承杆一般用直径 25 mm 以上的圆钢冷拉后制成。

② 千斤顶。

千斤顶有手动、液压和电传动三类。

（4）施工精度控制系统。

施工精度控制系统主要包括水平和垂直度观测与控制装置以及通信联络设施等。

2. 滑升模板施工工艺

（1）滑升模板的组装。

① 组装的准备工作。

组装的准备工作包括：清理现场，除去浮动的混凝土残渣；理直插筋并洗筋和基础上的

第 5 章　土木建筑工程施工技术

泥土；放线包括结构中心、结构断面轮廓线、提升架和门窗的位置线等；设立垂直度控制点；备齐模板成套部件等。

② 组装顺序。

a. 搭设临时组装平台，安装垂直运输机械。

b. 安装提升架。

c. 安装围圈并逐一用螺栓与提升架相连。

d. 绑扎竖向钢筋和模板高度范围内的水平钢筋。

e. 按照先内后外的顺序安装内外模板。

f. 安装操作平台的桁架、支撑和平台板。

g. 安装外挑三脚架与铺板。

h. 安装提升设备并检查其运转情况。

i. 安装支承杆。

j. 模板滑升一定高度后，安装内外吊脚手架及安全网。

（2）钢筋的绑扎。

钢筋的绑扎速度要与混凝土的浇灌速度相配合。水平钢筋的绑扎是在提升架横梁下和模板上口之间的空隙内进行，所以钢筋长度不宜超过 8 m；竖向钢筋每段长度直径在 12 mm 及其以下的不宜超过 4 m，12 mm 以上的不宜超过 6 m。

（3）混凝土的浇筑。

混凝土应分段分层整圈浇筑，做到各段在同一时间内浇完同一层混凝土，分层的厚度为 200 mm 左右。

滑模施工，浇筑混凝土与滑升模板交错进行，整个过程分为三个阶段：

① 初浇初升。

在模板组装后，即进行初浇，初浇高度为 600 ~ 700 mm，分 2 ~ 3 层浇筑，需 3 ~ 4 h。

② 随浇随升。

滑升模板初升后，即开始随浇随升阶段。此时，混凝土的灌注与绑扎钢筋、滑升模板各工序相互交替进行，每 200 mm 为一施工层，分层灌注。

③ 末浇。

混凝土灌注至最后 1 m 时，即为末浇阶段。此时应注意抄平找正，余下的混凝土一次性浇平。

混凝土的出模强度是施工的关键之一。混凝土的最优出模强度就是使滑升时混凝土对模板的摩阻力最小，出模混凝土表面易于抹光，不会被拉裂或带起，而又足以承受上部混凝土的自重，不流淌、不坍落、不变形。混凝土的合适出模强度，一般控制在 0.05 ~ 0.25 MPa。

（4）模板的滑升。

① 初升。

当混凝土初具有 0.05 ~ 0.25 MPa 的出模强度时，即可进行模板初升阶段的试升工作，将所有的千斤顶同时升起约 50 mm，观察混凝土情况，判断混凝土能否脱模。试升情况正常即可进升，将整个模板升高 150 ~ 200 mm，并对滑升模板进行全面检查、调整，然后转入正常滑升。

② 正常滑升。

正常滑升阶段模板的滑升速度：民用建筑墙体为 150 ~ 250 mm/h，工业建筑 200 ~

350 mm/h。正常滑升时,每次滑升的间隔时间不宜超过 1 h。

③ 末升。

模板的完成滑升阶段,又称作末升阶段。当模板滑升至距建筑物顶部标高 1 m 左右时,滑模即进入完成滑升阶段,此时应放慢滑升速度,并进行准确的抄平和找正工作,以使最后一层混凝土能够均匀地交圈,保证顶部标高及位置的正确。

(5)模板拆除。

模板滑升到顶后,凡能拆除的设备应立即拆除,以减轻操作平台的负荷。当混凝土达到设计强度等级的 70%后,再将滑升模板未拆除部位拆除。

滑升模板的拆除顺序,一般是先拆除液压控制台和管路,然后拆除模板、围圈、吊脚手架、操作平台、千斤顶及提升架等。

工具式支承杆采用人工、倒链、双作用千斤顶或杠杆式拔杆器抽拔,随拔随卸,直至将最后一段支承杆拔出为止。留下的孔道用砂浆泵灌以水泥砂浆,拔出的支承杆必须重新调直,去污除锈,妥善保管,以备再用。

第 6 章　测量仪器的认识

随着科学技术的飞速发展，测量学在国家经济建设和发展的各个领域中发挥着越来越重要的作用。工程测量是直接为工程建设服务的，它的服务和应用范围包括城建、地质、铁路、交通、房地产管理、水利电力、能源、航天和国防等各种工程建设部门。可列举一些如下：

（1）城乡规划和发展离不开测量。我国城乡面貌正在发生日新月异的变化，城市和村镇的建设与发展，迫切需要加强规划与指导，而搞好城乡建设规划，首先要有现势性好的地图，提供城市和村镇面貌的动态信息，以促进城乡建设的协调发展。

（2）资源勘察与开发离不开测量。地球蕴藏着丰富的自然资源，需要人们去开发。勘探人员在野外工作，离不开地图，从确定勘探地域到最后绘制地质图、地貌图、矿藏分布图等，都需要用测量技术手段。随着测量技术的发展，重力测量可以直接用于资源勘探，工程师和科学家根据测量取得的重力场数据可以分析地下是否存在重要矿藏，如石油、天然气、各种金属等。

（3）交通运输、水利建设离不开测量。铁路、公路的建设从选线、勘测设计，到施工建设都离不开测量。大、中水利工程也是先在地形图上选定河流渠道和水库的位置，划定流域面积、流量，再测得更详细的地图（或平面图）作为河渠布设、水库及坝址选择、库容计算和工程设计的依据。如三峡工程从选址、移民，到设计大坝等，测量工作都发挥了重要作用。

（4）国土资源调查、土地利用和土壤改良离不开测量。建设现代化的农业，首先要进行土地资源调查，摸清土地"家底"，而且还要充分认识各地区的具体条件，进而制订出切实可行的发展规划。测量为这些工作提供了一个有效的工具。地貌图，反映出了地表的各种形态特征、发育过程、发育程度等，对土地资源的开发利用具有重要的参考价值；土壤图，表示了各类土壤及其在地表的分布特征，为土地资源评价和估算、土壤改良、农业区划提供科学依据。

以下就给大家介绍几种工程建设过程中常用的测量仪器。

6.1　水准测量的仪器和工具

水准测量使用的仪器是水准仪，另外配合使用的工具还有水准尺和尺垫。

6.1.1　水准仪的基本构造

水准仪是进行水准测量的主要仪器，它可以提供水准测量所必需的水平视线。目前通用的水准仪从构造上可分为：利用水准管来获得水平视线的"微倾式水准仪"；利用补偿器来获得水平视线的"自动安平水准仪"。此外，还有一种新型水准仪——电子水准仪，它配合条纹编码尺，利用数字化图像处理的方法，可自动显示高程和距离，使水准测量实现了自动化。

我国的水准仪系列标准分为 DS_{05}、DS_1、DS_3 和 DS_{10} 四个等级。"D"、"S"是"大地"、"水准仪"的汉语拼音的首字母，下标数字表示仪器每 km 水准测量的精度，以 mm 计。其中 DS_{05} 和 DS_1 用于精密水准测量，DS_3 用于普通水准测量，DS_{10} 则用于简易水准测量。本节主要介绍 DS_3 微倾式水准仪的基本构造（见图 6.1）。

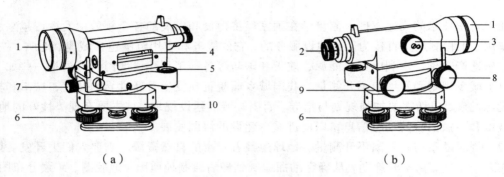

（a）　　　　　　　　　　　　（b）

图 6.1　微倾式水准仪

1—物镜；2—目镜；3—物镜调焦螺旋；4—管水准器；5—圆水准器；6—脚螺旋；
7—制动螺旋；8—微动螺旋；9—微倾螺旋；10—基座

它由下列 3 个主要部分组成：

望远镜：可以提供视线，并可读出远处水准尺上的读数。

水准器：用于指示仪器或视线是否处于水平位置。

基座：用于置平仪器，它支承仪器的上部并能使仪器的上部在水平方向转动。

水准仪各部分的名称见图 6.1。基座上有 3 个脚螺旋，调节脚螺旋可使圆水准器的气泡移至中央，使仪器粗略整平。望远镜和管水准器与仪器的竖轴联结成一体，竖轴插入基座的轴套内，可使望远镜和管水准器在基座上绕竖轴旋转。制动螺旋和微动螺旋用来控制望远镜在水平方向的转动。制动螺旋松开时，望远镜能自由旋转；旋紧时望远镜则固定不动。旋转微动螺旋可使望远镜在水平方向作缓慢的转动，但只有在制动螺旋旋紧时，微动螺旋才能起作用。旋转微倾螺旋可使望远镜连同管水准器作俯仰微量的倾斜，从而使视线精确整平。

6.1.2　水准尺和尺垫

水准尺用优质木材或铝合金制成，又称标尺，分为直尺和塔尺两种（见图 6.2），长度有 3 m 和 5 m 两种。直尺一般用不易变形的干燥优质木材制成，塔尺一般用玻璃钢、铝合金或优质木材制成。

塔尺携带方便，但接合处容易产生误差，直尺比较坚固可靠。水准尺尺面绘有 1 cm 或 5 mm 黑白相间的分格，米和分米处注有数字。为了便于倒像望远镜读数，注的数字常倒写。双面水准尺是一面为黑白相间，称为黑面，另一面为红白相间的红面，每两根为一对。两根双面尺的黑面尺底都以零开始，而红面的尺底从常数 K 开始，称为零点常数，分别为 4.687 m 和 4.787 m，二者配合使用。这样有利于检核读数，供红黑面高差检核之用。

尺垫是用于转点上的一种工具，用钢板或铸铁制成（见图 6.3），呈三角形，下方有三个尖脚，上方中央有一突出半球体。使用时把三个尖脚踩入土中，把水准尺立在突出的圆顶上。尺垫放置于转点，可使转点稳固、防止水准尺下沉。

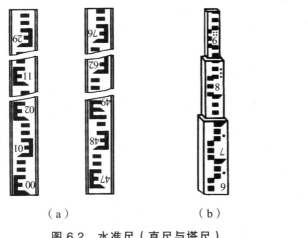

（a）　　　　　　　　（b）

图 6.2　水准尺（直尺与塔尺）

图 6.3　尺垫

6.1.3　自动安平水准仪

自动安平水准仪是一种不用水准管而能自动获得水平视线的水准仪。它在调节脚螺旋使圆水准器气泡居中后，经过 1～2 s 即可直接读取水平视线读数。当仪器有微小的倾斜变化时，补偿器能随时调整，始终给出正确的水平视线读数。因此，它具有观测速度快、精度高的优点，被广泛地应用在各种等级的水准测量中。

6.1.4　精密水准仪和电子水准仪简介

1. 精密水准仪和精密水准尺

精密水准仪主要用于国家一、二等水准测量和高精度的工程测量中，如建筑物、构筑物的沉降以及大型精密设备安装等。水准仪系列中 DS_{05}、DS_1 均属精密水准仪，精密水准仪有水准管式也有自动安平式的。精密水准仪除了有较高的置平精度外，构造上主要特点是都附有一个供读数用的光学测微装置，如图 6.4 所示。它包括装在望远镜物镜前的一块平行玻璃板，玻璃板可绕一横轴作俯仰转动；另有一个测微尺通过连杆与平行玻璃板相连。旋转测微螺旋可以使平行玻璃板绕横轴转动，同时也带动了测微尺，从而可以测出平行玻璃板转动的量。

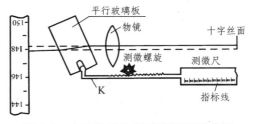

图 6.4　水准仪的平行玻璃板测微装置

当平行玻璃板与视线垂直时，视线经过玻璃板后不产生位移。但当平行玻璃板不垂直于视线时，根据折光原理，视线经过玻璃板后将产生平行的位移，这个平行位移的量与玻璃板的倾角成正比。利用与玻璃板相连接的测微尺，可将平移量精确地测量出来。水准仪上视线的最大平移量有 5 mm 和 10 mm 两种，相当于水准尺上一个分划。测微尺上的最小分划值为最大平移量时，即可直接读出 0.05 mm 或 0.1 mm。测微尺读数为 0 时，视线向上平移水准尺的半个分划[见图 6.5（a）]，这就是测量高差时的视线高。当旋转测微螺旋使楔形横丝精确照准水准尺的分划线时，测微尺上即可精确读出视线平移量 Δ，即水准尺上不足一分划的量。如图 6.5（b）所示，从水准尺可直接读出 cm 以上的值为 152，从测微尺上读出 mm 及以下的值为 61，故全部读数为 15 261，单位为 0.1 mm。

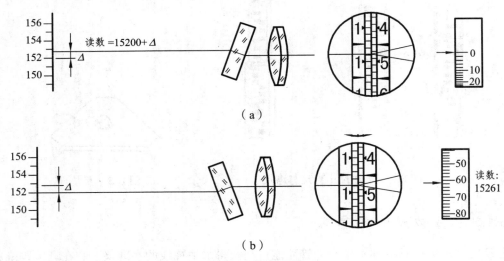

图 6.5　读数现场

与精密水准仪配合使用的是精密水准尺，又称铟瓦水准尺。因瓦是一种膨胀系数极小的合金。用因瓦做成一根长 3 m 的带尺，安装在木质尺身内，分划为线条式，格值为 5 mm 或 10 mm。对于格值为 5 mm 的尺，它的注记数字是实际长度的 2 倍，所以得出的高差最后应除以 2 才是实际的高差，见图 6.6。有的因瓦水准尺设有基本分划和辅助分划两排分划，其作用如同双面水准尺，可作检核读数用。

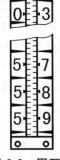

图 6.6　因瓦尺

2. 电子水准仪及条纹编码尺

电子水准仪是能进行水准测量的数据采集与处理的新一代水准仪。这类仪器采用条纹编码水准尺和电子影像处理原理,用 CCD 行阵传感器代替人的肉眼，将望远镜像面上的标尺显像转换成数字信息，可自动进行读数记录。电子水准仪可视为 CCD 相机、自动安平水准仪和微处理器的集成。它与条纹编码尺组成地面水准测量系统。

电子水准仪数字图像处理的方法有很多，如相关法、几何位置测量法、相位法等。本节以相关法为例来说明其工作原理。

如图 6.7 所示，与电子水准仪配套使用水准尺的分划是条形编码，这个水准尺的条码信号存储在仪器的微处理器内，作为参考信号。瞄准目标后，仪器的 CCD 传感器采集到中丝所瞄准位置的一组条码信号，作为测量信号。运用相关法对两组信号进行分析、运算，得出中丝读数和视距，在仪器显示屏上直接显示。

常见的电子水准仪如图 6.8 所示。

（a）全貌

（b）局部显示屏

图 6.7　条纹编码尺（局部）

图 6.8　电子水准仪

6.2　角度测量的仪器和工具

6.2.1　光学经纬仪

经纬仪是主要用来测量角度的仪器。

根据读数设备不同，可分为光学经纬仪和电子经纬仪。

根据测角精度不同，我国的经纬仪系列分为 DJ_{07}、DJ_1、DJ_2、DJ_6 等几个等级。其中，D 和 J 分别是"大地测量"和"经纬仪"两词汉语拼音的首字母；脚标数字表示该经纬仪一测回方向观测中误差，即表示该仪器能达到的精度指标。

经纬仪中目前最常用的是 DJ_6 和 DJ_2 级光学经纬仪。各种类型的光学经纬仪，其外形及仪器零部件的形状、位置不尽相同，但基本构造都是一致的，一般都包括照准部、水平度盘和基座三大部分，图 6.9 是 DJ_6 级光学经纬仪的外貌。本部分主要讲述 DJ_6 级光学经纬仪。

1. 照准部

照准部是指位于水平度盘之上，能绕其旋转轴旋转部分的总称。照准部包括望远镜、竖盘装置、读数显微镜、水准管、光学对中器、照准部制动与微动螺旋、望远镜制动与微动螺旋、横轴及其支架等部分。照准部旋转所绕的几何中心线称为经纬仪的竖轴。照准部制动和微动螺旋控制照准部的水平转动。

经纬仪的望远镜与水准仪的望远镜大致相同，它与其旋转轴固定在一起，安装在照准部的支架上，并能绕其旋转轴旋转，旋转轴的几何中心线称为横轴。望远镜制动螺旋和微动螺旋用于控制望远镜的上下转动。

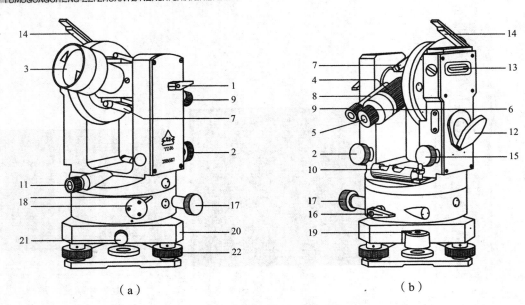

（a）　　　　　　　　　　　　　（b）

图 6.9　　DJ₆级光学经纬仪

1—望远镜制动螺旋；2—望远镜微动螺旋；3—物镜；4—物镜调焦螺旋；5—目镜；6—目镜调焦螺旋；7—光学瞄准器；
8—度盘读数显微镜；9—度盘读数显微镜调焦螺旋；10—照准部管水准器；11—光学对中器；12—度盘照明反光镜；
13—竖盘指标管水准器；14—竖盘指标管水准器观察反射镜；15—竖盘指标管水准器微动螺旋；
16—水平方向制动螺旋；17—水平方向微动螺旋；18—水平度盘变换螺旋与保护卡；
19—基座圆水准器；20—基座；21—轴套固定螺旋；22—脚螺旋

竖盘装置用于测量竖直角，其主要部件包括竖直度盘（简称竖盘）、竖盘指标、竖盘水准管和水准管微动螺旋（有的仪器已采用竖盘补偿器进行替代）。

读数显微镜用于读取水平度盘和竖盘的读数。仪器外部的光线经反光镜反射进入仪器后，通过一系列透镜和棱镜，分别把水平度盘和竖盘的影像映射到读数窗内，然后通过读数显微镜可得到度盘影像的读数。

光学对中器用于使水平度盘中心（也称仪器中心）位于测站点的铅垂线上，称为对中。对中器由目镜、物镜、分划板和直角棱镜组成。当水平度盘处于水平位置时，如果对中器分划板的刻划圈中心与测点标点相重合，则说明仪器中心已位于测站点的铅垂线上。

照准部水准管用于使水平度盘处于精确水平位置，它的分划值一般为 $30''/2 \text{ mm}$。若照准部旋转至任何位置，水准管气泡均居中，则说明水平度盘已水平。

2. 水平度盘

水平度盘是一个刻有分划线的光学玻璃圆盘，用于量测水平角。水平度盘按顺时针方向注有数字。水平度盘与照准部是分离的，观测角度时，其位置相对固定，不随照准部一起转动。若需改变水平度盘的位置，可通过照准部上的水平度盘变换手轮或复测扳手将度盘变换到所需要的位置。

3. 基　座

经纬仪基座的构成与作用和水准仪的基座基本相同，主要由轴座、脚螺旋、底板组成。另外还有一个轴座固定螺旋，用来将照准部与基座固连在一起。因此，操作仪器时，切勿松动此螺旋，以免照准部与基座分离而坠落摔坏。

6.2.2　电子经纬仪简介

随着电子技术、计算机技术、光电技术、自动控制等现代科学技术的发展，1968 年电子经纬仪问世。电子经纬仪与光电测距仪、计算机、自动绘图仪相结合，使地面测量工作实现了自动化和内外业一体化，这是测绘工作的一次历史性突破。图 6.10 为某电子经纬仪的外观。

电子经纬仪与光学经纬仪相比较，主要差别在读数系统。除读数是在显示屏上直接读取外，其他使用方法与光学经纬仪基本相同，包括安置仪器、照准目标及读数等几个步骤。

电子经纬仪的读数系统是通过角-码变换器，将角位移量变为二进制码，再通过一定的电路，将其译成度、分、秒，而用数字形式显示出来。

目前常用的角-码变换方法有编码度盘、光栅度盘及格区式度盘，有的也将编码度盘和光栅度盘结合使用。现以光栅度盘为例，说明角-码变换的原理。

图 6.10　电子经纬仪

光栅度盘又分透射式及反射式两种。透射式光栅是在玻璃圆盘上刻有相等间隔的透光与不透光的辐射条纹。反射式光栅则是在金属圆盘上刻有相等间隔的反光与不反光的条纹。用得较多的是透射式光栅。

透射式光栅的工作原理如图 6.11（a）所示。它有互相重叠、间隔相等的两个光栅：一个是全圆分度的动光栅，可以和照准部一起转动，相当于光学经纬仪的度盘；另一个是只有圆弧上一段分划的固定光栅，相当于指标，称为指示光栅。在指示光栅的下部装有光源，上部装有光电管。在测角时，动光栅和指示光栅产生相对移动。如图 6.11（b）所示，如果指示光栅的透光部分与动光栅的不透光部分重合，则光源发出的光不能通过，光电管接收不到光信号，因而电压为零；如果两者的透光部分重合，则透过的光最强，因而光电管所产生的电压最高。这样，在照准部转动的过程中，就产生连续的正弦信号，再经过电路对信号的整形，则变为矩形脉冲信号。如果一周刻有 21 600 个分划，则一个脉冲信号即代表角度的 1′。这样，根据转动照准部时所得脉冲的计数，即可求得角值。为了求得不同转动方向的角值，还要通过一定的电子线路来决定是加脉冲还是减脉冲。只依靠脉冲计数，其精度是有限的，还要通过一定的方法进行加密，以求得更高的精度。目前最高精度的电子经纬仪可显示到 0.1″，测角精度可达 0.5″。

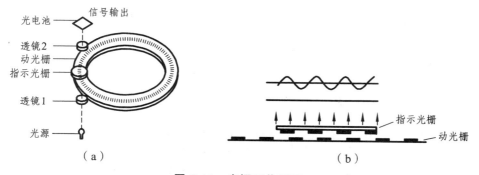

图 6.11　光栅工作原理

6.3 距离测量的仪器和工具

6.3.1 钢尺量距

钢尺量距是利用具有标准长度的钢尺沿地面直接量测两点间的距离。按丈量方法的不同，分为一般量距和精密量距。一般量距读数至 cm，精度可达 1/3 000 左右；精密量距读数至亚 mm，精度可达 1/3 万（钢卷尺）及 1/100 万（因瓦线尺）。

钢尺分为普通钢卷尺和铟瓦线尺两种。

普通钢卷尺，尺面宽 10~15 mm，厚度 0.2~0.4 mm，长度有 20 m、30 m 和 50 m 等几种。平时卷放在圆盘形尺壳内或金属尺架上。钢尺的基本分划为 mm，在每 cm、每 dm 和每 m 处刻有数字注记。较精密的钢尺会在尺端刻有钢尺名义长度、规定温度及标准拉力。根据零点位置不同，钢尺有端点尺和刻线尺两种。端点尺是以尺的最外缘作为尺的零点，如图 6.12（a）所示；刻线尺是以尺前端的某一刻线作为尺的零点，如图 6.12（b）所示。

因瓦线尺是用镍铁合金制成的，尺线直径 1.5 mm，长度为 24 m，尺身无分划和注记，在尺两端各连一个三棱形的分划尺，长 8 cm，其上最小分划为 1 mm。因瓦线尺全套由 4 根主尺、1 根 8 m（或 4 m）长的辅尺组成，不用时卷放在尺箱内。

钢尺量距的辅助工具有测钎、花杆、垂球、弹簧秤和温度计。

标杆又称花杆（见图 6.13），用长为 2~3 m、直径为 3~4 cm 的木杆或玻璃钢制成。杆上每隔 20 cm 涂以红白油漆，底部装有铁脚，以便插入土中。测钎用粗钢丝制成，用来标志尺段的起、迄点和计算量过的整尺段数。垂球用来投点和读数。

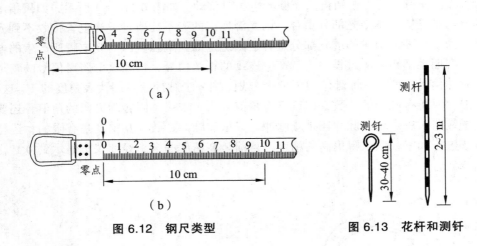

图 6.12 钢尺类型　　　　图 6.13 花杆和测钎

6.3.2 电磁波测距

电磁波测距（Electro-magnetic Distance Measuring）是用电磁波（光波或微波）作为载波传输测距信号，以测定两点间距离的一种方法。电磁波测距具有操作简便、测程长、精度高、自动化程度高、几乎不受地形限制等优点。电磁波测距按精度可分为 I 级（$m_D \leq 5$ mm）、II 级

（ 5 mm < m_D ≤ 10 mm ）和Ⅲ级（ m_D > 10 mm ）；按测程可分为短程（ < 3 km ）、中程（ 3 ~ 5 km ）和远程（ > 15 km ）；按采用的载波不同，可分为微波测距、激光测距和红外测距，后两者又统称为光电测距仪。微波和激光测距多用于大地测量的远程测距；红外测距主要用于小地区控制测量、地形测量、建筑施工测量等中、短程测距。

电磁波测距的基本原理是利用电磁波信号的已知传播速度 c 以及它在待测距离上往返一次所经历的时间 t，来确定两点之间的距离。如图 6.14 所示，在 A 点安置测距仪，在 B 点安置反射棱镜，测距仪发射的调制光波到达反射棱镜后又返回到测距仪，则距离 D 为

$$D = \frac{1}{2}c \cdot t \tag{6.1}$$

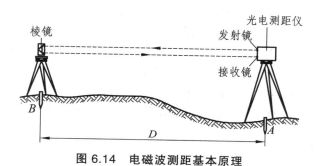

图 6.14　电磁波测距基本原理

需要指出的是，A、B 两点一般不等高，光电测距测定的是斜距，所以要得到平距，还必须将斜距转化。

电磁波信号传播速度 $c = c_0/n$，其中 c_0 为真空中的光速，其值约为 3×10^8 m/s，n 为大气折射率，它与光波波长 λ，测线上的气温 T、气压 p 和湿度 e 有关。

由式（6.1）可知，测定距离的精度主要取决于时间 t 的测定精度。当要求测距误差不超过 ±10 mm 时，时间测定精度应小于 6.7×10^{-11} s，而达到这种测时精度是极其困难的。因此，时间的测定一般采用间接的方式来实现。间接测定时间的方法有两种：

1. 脉冲式测距

由测距仪发出的光脉冲经反射棱镜反射后，又回到测距仪而被接收系统接收，测出这一光脉冲往返所需时间间隔 t 的钟脉冲的个数，进而求得距离 D。由于钟脉冲计数器的频率所限，所以测距精度只能达到 0.5 ~ 1 m。故此法常用在激光雷达等远程测距上。

2. 相位式测距

相位式测距是通过测量连续的调制光波在待测距离上往返传播所产生的相位变化来间接测定传播时间，从而求得被测距离。红外光电测距仪就是典型的相位式测距仪。

6.4　全站仪的认识

全站仪按其结构分成两大类：积木式和整体式。

积木式（Modular），也称组合式，它是指电子经纬仪和测距仪可以分开使用，照准部与测距轴不共轴。作业时，测距仪安装在电子经纬仪上，相互之间用电缆实现数据通信，作业结束后卸下分别装箱。这种仪器可根据作业精度要求，用户可以选择不同测角、测距设备进行组合，灵活性较好。

整体式（Integrated），也称集成式，它是将电子经纬仪和测距仪融为一体，共用一个光学望远镜，使用起来更方便。

目前世界各仪器厂商生产出各种型号的全站仪，而且品种越来越多，精度越来越高。常见的有日本（SOKKIA）SET 系列、拓普康（TOPOCON）GTS 系列、尼康（NIKON）DTM 系列、瑞士徕卡（LEICA）TPS 系列，我国的 NTS 和 ETD 系列。随着计算机技术的不断发展与应用以及用户的特殊要求，出现了带内存、防水型、防爆型、电脑型、马达驱动型等等各种类型的全站仪。目前还出现了号称"测量机器人"的超站仪，

图 6.15　徕卡测量机器人

如图 6.15 所示，它能够按照指定的目标、指定的步骤自动进行测量。下面就以徕卡 TPS700 全站仪为例进行说明。

6.4.1　徕卡 TPS700 全站仪简介

图 6.16 为 TPS700 型全站仪外形结构。

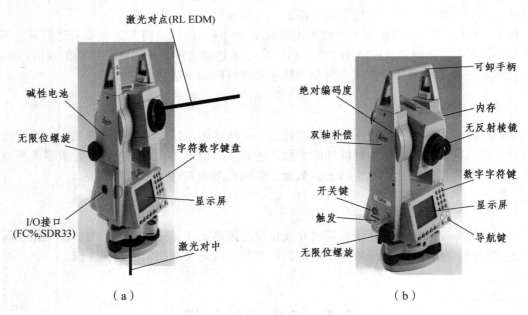

（a）　　　　　　　　　　　　　　　（b）

图 6.16　TPS700 全站仪外形结构

主要技术指标见表 6.1。

表 6.1　主要技术指标

技术参数		记　录	
望远镜		内存容量	4 000 组数据或 7 000 个点
放大倍率	30	数据交换	IDEX/GS18 位和 16 位可变格式
视　场	1°30′（1 km 处视物直径 26 m）	功　能	REM/REC/IR-RL 开关/删除最后一个纪录
角度测量		程　序	放样/地形测量/自由测站/面积/…
方　法	绝对编码，连续	激光对中器	
最小读数	1″	精　度	1.5 mm±0.8 mm
精　度	2″	补偿器	
距离测量（标准红外）		方　法	双轴补偿
测程（单棱镜）	3 000 m	补偿范围	±4″
精　度	2 mm+2 ppm	双面键盘	151×203×316（12 键加开关和快捷键）
时　间		显示器	
标准方式	<1 s	LCD 分辨率	144×64 像素
快速方式	<0.5 s	字　符	8 行×24 列
跟踪方式	<0.3 s	重　量	4.46 kg

1. 全站仪控制面板及键盘功能

图 6.17 给出了全站仪控制面板及键盘的主要功能：

（1）状态符：显示电池状态、测距状态、数据设置状态及页面。

（2）选择区：用左右光标符号标志。

（3）导航键：用导航键滚动菜单选取选择项。可以在任意时间翻页显示更多的内容。

（4）直接功能键：用于测量，应用程序和功能的选取，包括照明、电子整平和激光对中。

（5）Shift + PgUp/PgDn：显示对话框中更多可用数据。

（6）CE：删除输入的字符。

（7）ESC：永远是退出当前的程序/功能。

（8）Buttons：用于在屏幕上表示多种选择及执行情况。可以用方向键选择，用 RETURN 键激活。

（9）Focus：总是处于应用程序最为合理执行的选项上。

（10）EXIT 按钮：在任何对话框内退出程序/功能。

（11）上/下光标键：引导菜单焦点键入 RETURN 选择菜单。

（12）数字菜单选择：由键入数字快速进入选择菜单。

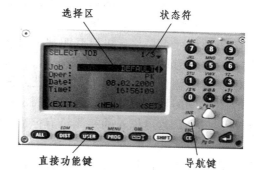

图 6.17　全站仪控制面板及键盘的主要功能

2. 全站仪功能菜单（见图 6.18）

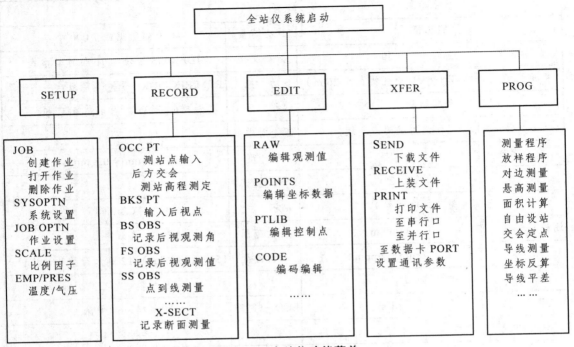

图 6.18　全站仪功能菜单

3. 基本测量程序

（1）自由设站。通过测量（角度、距离测量的任意组合）不超过 5 个已知点来自动计算所设站点的坐标、高程以及定向方位角。自动进行粗差检测，提示改变、删除和重测点位使重新计算的结果获得最大的精确度和置信度。

（2）高程传递。通过测量不超过 5 个已知点来自动计算所设测站点高程。

（3）放样。点位放样可以有四种不同的方式。三维放样元素由存储的待放样已知点和现场测站综合信息计算出来。

（4）对边测量。该程序可以测定任意两点间的距离、方位角和高差。测量模式既可以是相邻两点之间的折线方式，也可以是固定一个点的中心辐射方式。参加对边计算的点既可以是直接测量点，也可以是间接测量点，也可以是由数据文件导入或现场手工输入点。

（5）悬高测量。悬高测量用于测量计算不可接触点的点位坐标和高程。通过测量基准点，然后照准悬高点，测量员可以很方便地得到不可接触点（也称悬高点）的三维坐标，还可得到基准点和悬高点之间的高差。

（6）面积测量。该程序用于测量计算闭合多边形的面积。可以用任意直线和弧线段来定义一个面积区域。弧线段由三个点或两点加一半径来确定。用于定义面积计算的点可以通过测量、数据文件导入或手工输入等方式来获得。程序通过图形显示可以查看面积区域的形状。

（7）导线测量。利用方向和距离数据测量，该程序可以自动计算测站坐标。当导线闭合后，程序可以立即显示导线闭合差作为导线测量的野外检核。

（8）道路放样。该程序可以实现道路曲线放样、线路控制，以及测设纵、横断面等功能。

这个软件还可以在任意中桩处插入断面、计算各类元素。同时，用道路数据编辑器可以查看、编辑甚至创建新的项目文件。

（9）解析计算。

① 交点计算：交点坐标可以通过两个已知点及两个已知方位或距离来计算，得到的坐标值存入坐标数据文件。

② 坐标反算：可以计算坐标数据文件中任意两点间的方位角和距离。

面积计算：可以计算同编码或同串号点所构成闭合图形的面积。

③ 极坐标计算：点坐标可以通过已知点坐标及一个已知方位角和距离来计算。

（10）导线平差。测量的导线数据可以按单导线形式进行平差采用等权分配法计算，如果误差未超限，平差后的坐标数据将自动记录到仪器内存上。

6.5　罗盘仪的认识

罗盘仪是测量直线磁方位角或磁象限角的一种仪器，主要由望远镜（或照准觇板）、磁针和度盘三部分组成，见图 6.19。该仪器构造简单、使用方便，但精度较低。在小范围内建立平面控制网，可用罗盘仪测量磁方位角，作为该控制网起始边的坐标方位角。

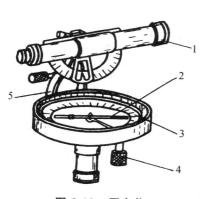

图 6.19　罗盘仪

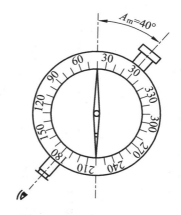

图 6.20　罗盘仪测角原理

望远镜 1 是照准用设备，它安装在支架 5 上，而支架则连接在度盘盒 3 上，可随度盘一起旋转。磁针 2 支承在度盘中心的顶针上，可以自由转动，静止时所指方向即为磁子午线方向。为保护磁针和顶针，不用时应旋紧制动螺旋 4，可将磁针托起压紧在玻璃盖上。一般磁针的指北端染成黑色或蓝色，用来辨别指北或指南端。由于受两极不同磁场强度的影响，在北半球磁针的指北端向下倾斜，倾斜的角度称"磁倾角"。为使磁针水平，在磁针的指南端缠上铜丝来平衡，这也有助于辨别磁针的指南或指北端。

欲测直线 *AB* 的磁方位角，将罗盘仪安置在直线起点 *A* 上，对中、整平后，照准直线的另一端 *B*，然后松开磁针固定螺旋，待磁针静止后，即可进行读数，如图 6.20 所示，即为 *AB* 边的磁方位角角值。

使用罗盘仪测量时，应注意磁针能自由旋转，勿触及盒盖或盒底；要应避开高压线、避免铁质器具接近罗盘；测量结束后，要旋紧固定螺旋将磁针固定。

6.6　GPS定位测量

6.6.1　GPS基本知识

GPS（Global Positioning System）即全球定位系统，是由美国历时20年，于1993年建成的一个先进的卫星导航定位系统。该系统是伴随着现代科学技术的迅速发展而建立起来的新一代精密卫星导航和定位系统，不仅具有全球性、全天候、连续的三维测速、导航、定位与授时功能，而且具有良好的抗干扰性和保密性。由于它的定位技术的高度自动化及其所达到的高精度，引起了测量工作部门的极大关注和兴趣。特别是近年来，GPS定位技术在应用基础的研究、新应用领域的开拓以及软硬件的开发等方面都取得了迅猛发展，它已经广泛地渗透到了经济建设和科学技术的许多领域，充分显示了强大的生命力。

GPS主要由空间星座部分、地面监控部分和用户设备部分组成。

1. 空间星座部分

空间部分由24颗卫星组成，其中包括21颗工作卫星和3颗随时启用的备用卫星。卫星均匀分布在6个轨道上，各轨道升交点之间的角距为60°，每个轨道面上有4颗卫星，相邻轨道之间的卫星还要彼此叉开40°，以保证全球均匀覆盖的要求。轨道平均高度为20 200 km，卫星运行周期为11 h 58 min。同时在地平线以上的卫星数目随时间和地点而异，最少为4颗，最多达到11颗，如图6.21所示。

GPS卫星的主体呈圆柱形，重达843.68 kg，设计寿命7.5年，卫星上装备了无线收发两用机、铯原子钟、计算机、两块7.2 m的太阳能翼板以及其他设备。卫星的主要功能是接收、存储和处理地面监控系统发射来的导航电文及其他相关信息，向用户连续不断地发送导航与定位信息，并提供时间标准、卫星空间实时位置及其他在轨卫星的概略位置；接收并执行地面监控系统发送的控制指令，如调整卫星姿态、启用备用时钟或卫星等。

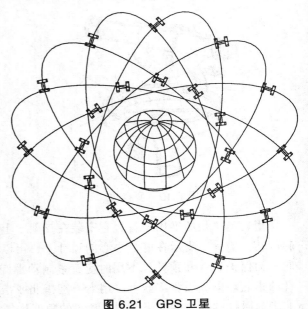

图6.21　GPS卫星

2. 地面监控部分

GPS的地面监控系统主要由分布在全球的5个地面站组成，按其功能分为主控站、注入站和监测站三种。

主控站——共有 1 个，设在美国的科罗拉多·斯普林斯（Colorado Springs）附近的佛肯（Falcon）空军基地。其主要任务是根据所有地面监测站的观测资料推算编制各卫星的星历、卫星钟差和大气层修正参数等，并把这些数据及导航电文传送到注入站；提供全球定位系统的时间基准；调整卫星状态和启用备用卫星等。

注入站——共有 3 个，分别设在印度洋的迪哥·加西亚岛（Diogo Garcia）、南太平洋的卡瓦加兰岛（Kwajalein）和南大西洋的阿森松群岛（Ascension）。注入站又称为地面天线站，其主要任务是通过一台直径为 3.6 m 的天线，将来自主控站的卫星星历、卫星钟差、导航电文和其他控制指令注入相应卫星的存储系统，并监测注入信息的正确性。

监控站——共有 5 个，除上述 4 个地面站具有监测站功能外，还在夏威夷（Hawaii）设有一个监测站。监测站的主要任务是连续观测和接收所有 GPS 卫星发出的信号并监测卫星的工作状况，将采集到的数据连同当地气象观测资料和时间信息经初步处理后传送到主控站。

GPS 地面监控系统除主控站外均由计算机自动控制，不需人工操作。各地面站间由现代化通讯系统联系，实现了高度的自动化和标准化。

3. 用户设备部分

用户部分包括 GPS 接收机硬件、数据处理软件和微处理机及其终端设备等。

GPS 信号接收机是本部分的核心，一般由天线、信号处理部分、显示装置、记录装置和电源等组成。其主要功能是跟踪接收 GPS 卫星发射的信号并进行变化、放大和处理，以便测量出 GPS 信号从卫星到接收天线的传播时间，解译导航电文，实时地计算出测站的三维位置、三维速度和时间。GPS 接收机根据用途可分为导航型、大地型和授时型；根据接收的卫星信号频率，可分为单频（L_1）和双频（L_1、L_2）接收机等。

GPS 接收机的基本结构如图 6.22 所示。

在精密定位测量工作中，一般采用大地型

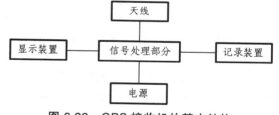

图 6.22　GPS 接收机的基本结构

双频接收机或单频接收机。单频接收机适用于 10 km 左右或更短距离的精密定位工作。双频接收机由于能同时接收到卫星发射的两种频率的载波信号，故可进行长距离的精密定位工作，其相对定位精度也要更高。用于精密定位测量工作的 GPS 接收机，其观测数据必须进行后期处理，因此必须配有功能完善的后处理软件，才能求得所测站点的三维坐标。

6.6.2　GPS 卫星信号

GPS 卫星发射两种频率的载波信号，即频率为 1 575.42 MHz 的 L_1 载波和频率为 1 227.60 MHz 的 L_2 载波，它们的频率分别是基本频率 10.23 MHz 的 154 倍和 120 倍，它们的波长分别是 19.03 cm 和 24.42 cm。在 L_1 和 L_2 上又分别调制多种信号，这些信号主要有：

1. C/A 码（Coarse/Acquisition）

C/A 码被称为粗捕获码，它被调制在 L_1 载波上，其码长为 1 023 位。由于每颗卫星的 C/A 都不一样，因此经常采用 PRN 号进行区分。C/A 码是普通用户用以测定测站到卫星间距离的一种主要信号。

2. P 码（Precise）

P 码又被称为精码，它被调制在 L_1 和 L_2 载波上，其码长为 2.35×10^{14} 位，周期为 7 d。

3. 导航信息

导航信息也被称为卫星广播星历，它被调制在 L_1 载波上，包含有 GPS 卫星的轨道参数、卫星钟改正数和其他一些系统参数。用户一般需要利用此导航信息来计算某一时刻 GPS 卫星在地球轨道上的位置。

6.6.3　GPS 基本定位原理

1. GPS 绝对定位原理

（1）GPS 绝对定位。绝对定位也称单点定位，通常指在协议地球坐标系（Conventional Terrestrial System）中，直接确定观测站相对于坐标系原点（地球质心）绝对坐标的一种定位方法。利用 GPS 进行绝对定位原理，是以 GPS 卫星和用户接收机天线之间的距离（或距离差）的观测量为基础，并根据已知的卫星瞬时坐标来确定用户接收机天线所对应的点位，即观测站的位置。

GPS 绝对定位方法的实质是空间距离后方交会。为此，在一个测站上，原则上有 3 个独立的距离观测量就够了，这时观测站应位于以 3 颗卫星为球心、相应距离为半径的球与地面交线的交点。但是，由于 GPS 采用单程测距原理，同时卫星钟与用户接收机钟难以保持严格同步，所以实际观测的观测站至卫星之间的距离均含有卫星钟和接收机钟同步差的影响。对于卫星钟差，可以应用导航电文中所给出的有关钟差参数加以修正，而接收机的钟差一般难以预先准确确定，所以通常均视作未知参数，与观测站的坐标在数据处理中一并求解。因此，在一个观测站上，为了实时求解 4 个未知参数（3 个点位坐标分量和 1 个钟差参数），至少需要 4 个同步伪距观测值，即至少必须同时观测 4 颗卫星。

（2）伪距测量。GPS 卫星能够按照卫星时钟发射某结构为"伪随机噪声码"的信号，称为测距码信号（即 C/A 码或 P 码）。该信号从卫星发射经时间 t 后，到达接收机天线；用上述信号传播时间 t 乘以电磁波在真空中的速度 C，就是卫星至接收机的空间几何距离 ρ：

$$\rho = \Delta t \cdot C \tag{6.2}$$

实际上，由于传播时间 t 中包含有卫星时钟与接收机时钟不同步的误差、测距码在大气中传播的延迟误差等，由此求得的距离值并非真正的星站几何距离，习惯上称之为"伪距"，与之相对应的定位方法称为伪距法定位。

卫星坐标 (x_j, y_j, z_j) 是已知的，则卫星到接收机的距离：

$$\rho = \sqrt{(x_j - x_k)^2 + (y_j - y_k)^2 + (z_j - z_k)^2} \tag{6.3}$$

建立伪距观测值方程，必须顾及卫星钟差、接收机钟差以及大气层折射延迟等影响。卫星钟差、大气层折射延迟可以采用适当的改正模型进行改正，把接收机钟差看作一个未知数，同时顾及测站 3 个坐标未知数 (x_k, y_k, z_k)。因此同一观测历元，只需同时观测 4 颗卫星，即可获得 4 个观测方程，求解出这 4 个未知数。应用 GPS 进行绝对定位，根据用户接收机天线所处的状态可分为动态绝对定位和静态绝对定位。

2. GPS 相对定位原理

（1）载波相位观测值。在码相关型接收机中，当 GPS 接收机锁定卫星载波相位，就可以得到从卫星传到接收机经过延时的载波信号（L_1、L_2）。如果将载波信号与接收机内产生的基准信号比相就可以得到载波相位观测值 $\Delta\phi$。通过鉴相器可知 $\Delta\phi = N_0 \cdot 2\pi + \Delta\varphi(t)$，其中，$N_0$、$\Delta\varphi(t)$ 为整周相位观测值（也称整周模糊度）和不整周相位。因此，$\Delta\phi$ 乘以载波信号的波长 λ，则得到卫星到接收机的距离 ρ，即

$$\rho = \lambda \cdot \Delta\phi = \lambda \cdot [N_0 \cdot 2\pi + \Delta\varphi(t)] \tag{6.4}$$

鉴相器一般只能测出 $\Delta\varphi(t)$，N_0 测不出来，需要通过其他途径求定。当卫星信号被障碍物挡住而暂时中断，或受无线电信号干扰造成信号失锁，信号重新被跟踪后，整周计数不正确，但 $\Delta\varphi(t)$ 仍然正确，这种现象称为周跳。

由于载波频率高、波长短，因此载波相位测量的精度比伪距测量定位精度高，只是需要解决整周模糊度 N_0 的解算和周跳修复问题。

（2）静态相对定位。目前动态绝对定位精度尚不能满足精密定位的要求，因为精度仅为 $10 \sim 30$ m，相对而言，静态相对定位可达 cm 级甚至更高。GPS 相对定位可以消去卫星轨道误差、卫星钟差、电离层误差和对流层误差等，能极大地提高定位精度。因此，这种方法是目前 GPS 测量中精度最高的一种，一般采用载波相位观测，广泛应用于大地测量、工程测量和地球动力学研究等工作中。

GPS 相对定位是用两台接收机分别安置在基线的两端，如图 6.23 所示，同步观测相同的 GPS 卫星，以确定基线端点的相对位置或基线向量。在一个端点坐标已知的情况下，可以用基线向量推求另一待定点的坐标。根据用户接收机在定位过程中所处的状态不同，可以分为静态和动态两种。静态相对定位，即设置在基线端点的接收机是固定不动的，这样可以通过连续观测，取得充分的多余观测数据，以改善定位的精度。

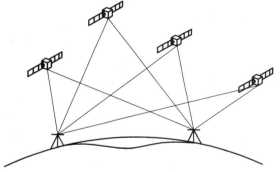

图 6.23　GPS 相对定位原理

3. 差分观测

载波相位差本身的测量精度可达 2 mm 左右，但 GPS 测量是在多种误差源的作用影响下进行的，所以在实践中应设法消除或减弱测量误差的影响。当前普遍采用的是观测量线性组合方法，称之为差分法，具体形式有单差法、双差法和三差法等几种。单差法是指不同观测站同步观测相同卫星所得到的观测量之差，也就是在两台接收机之间求一次差；双差法则是在不同测站上同步观测一组卫星所得到的单差之差，即在接收机和卫星间求二次差；三差法是指用不同观测历元，同步观测同一组卫星所得观测量的双差之差，即在接收机、卫星和历元间求三次差。由于一些误差对相关的观测值影响相同或相近，利用这种相关性，可使在相位差分观测值中大大减弱有关误差的影响，各种求差法都是观测值的线性组合。

第7章 认识实习相关文件

7.1 认识实习安全合同

为了确保实习能够顺利进行，增强师生的安全意识，明确安全责任，圆满完成实习任务，特签订如下安全协议。

第一条：协议主体

甲方：××大学××学院

乙方：土木工程××××级学生 （学号： ）

第二条：甲方权利与义务

1. 甲方负责对乙方进行全面的安全教育和实习期间的安全管理。

2. 甲方负责对乙方提供安全帽等安全防护用品。

3. 甲方有权取消不接受安全教育与管理或拒绝签订安全协议的同学的实习资格。

第三条：乙方权利与义务

1. 乙方应积极接受实习队及施工现场的安全教育与管理，认真领会并严格执行实习队各项安全管理制度（附表）。

2. 严格遵守实习单位施工现场的安全操作规程、安全制度和安全条例。

3. 严格遵守实习队纪律和规定。

第四条：甲、乙方的责任范围

1. 如果甲方违反本合同第二条的1、2款，而引起乙方的人身伤亡事故，由甲方承担全部责任。

2. 如果乙方因违反安全制度、安全条例、操作规程或因其他学生自身原因而引起的人身伤亡事故，由乙方自己承担全部责任。

第五条：协议期限为 年 月 日至 年 月 日

第六条：协议双方签字，盖章。

甲方签章：××大学××学院

乙方签字： （联系电话： ）

本协议一式两份，甲乙双方各执一份。

年 月 日

7.2　认识实习管理制度

认识实习即将开始，为了确保实习教学的顺利进行，避免任何问题的发生，圆满完成预定任务，实习队经过认真研究，拟订了以下管理制度。作为本次实习管理工作的依据，务必遵照执行。

1. 接受实习队及指导老师的领导，服从实习队的统一安排。严格遵守作息时间，当天实习结束必须统一返回学校，不得擅自单独行动，在外久留，甚至住宿，实习队不定时查寝。

2. 应注重文明礼貌，乘公车要主动让座，不得抢占座位，有损实习队和学校声誉以及自身大学生形象的话不说、事不做，不许打架斗殴；遇事冷静克制。

3. 遵守交通规则，注意自身及周围同伴的安全，能够相互提醒。

4. 实习期间，若有身体不适或其他异常情况，同学本人或其他同学，应第一时间和指导老师取得联系（记下所有老师的联系电话）。

5. 特别要注意安全，进入在建实习工地必须戴好安全帽，上下左右前后兼顾，注意"四口"、"五临边"。

6. 遵守实习点所在单位的一切规章制度。在在建工地实习，要服从现场指挥，注重保护建筑材料、成品、半成品。参观已建工程，要注意爱护公物，避免扰人。

7. 实习期间，必须注意自己的穿带，任何人不得在实习时间任何场所（如工地、教室等）穿拖鞋，女生不得穿高跟鞋、裙子等上在建工地，男生不得赤膊；若有违反，立即改正，否则，指导教师可立即中止其当日实习，记为缺席；师生有相互提醒和监督的义务。

8. 无论参观、座谈、听课，应积极投入，主动参与，避免溜号；参观时，每小组（另有划分）应准备 4 把以上的卷尺（最好钢尺，长 3.5 m 以上），及时丈量记录工程技术信息，收集第一手资料。鼓励多问、多看、多思、多量、多记。

9. 若有严重违规行为，实习队可视情节轻重，立即终止其实习资格，在做好情况调查记录的基础上，报请家长亲自来领人回家，并按照学校规定建议给予相应的处分。

10. 每天写实习日记（指导教师每天检查，签字认可），要求图文并茂；实习结束时，应写一份不低于 3 000 字的总结报告。日记与总结抄袭按缺席处理。

11. 不得无故缺席、迟到或早退，无特殊理由均不得告假。迟到 3 次，计为缺席 1 次，缺席累计 3 次，取消实习资格，没有成绩。

12. 实习考核：实习成绩按平时表现、日记、总结（分别占 35%、45%、20%）三个方面综合评定。

土木工程××××级《认识实习》队制
年　月　日

7.3 认识实习教学大纲

7.3.1 课程基本信息

（1）课程英文名称：Recognition Practice
（2）课程类别：实践教学环节
（3）课程学时：总学时 1 周
（4）学　　分：1
（5）先修课程：土木工程概论、画法几何与土木工程制图
（6）适用专业：土木工程类专业
（7）大纲执笔：

7.3.2 课程目的与任务

该课程为土木工程专业的重要实践教学环节。任务是使学生对土木工程材料、房屋建筑构造、土木工程的建造等有初步的认识，建立直观的工程印象，从而为增强专业意识、培养专业兴趣以及后续课程的学习奠定基础。

7.3.3 课程基本要求

使学生了解常见土木工程材料、房屋建筑主要构造、房屋建筑/道路工程/桥梁工程的建造等方面的知识，全面了解土木工程建设的实施过程，建立土木工程的初步概念和直观印象。

7.3.4 教学内容、要求及学时分配

1. 理论教学

（1）土木工程材料（1 d）。
① 气硬性无机材料。
了解建筑石膏的原料及生产，石灰的原料及生产、石灰的消解、陈伏及硬化。
② 水泥。
了解硅酸盐水泥类型、技术性质、工程运用。
③ 混凝土。
了解普通混凝土的特点与分类、组成材料、主要技术性质。
④ 建筑砂浆。
了解砂浆的的特点与分类、组成材料、主要技术性质。
⑤ 墙体及屋面材料。
了解砖、砌块、条石、外墙及屋面保温材料的类型、外观、用途、技术性质。

⑥ 建筑钢材。

了解建筑钢材的分类、类型、外观、用途、技术性质，钢材的加工、焊接、绑扎、机械连接等。

⑦ 木材。

了解木材的分类、性质、防腐及工程运用。

⑧ 其他建筑材料。

了解建筑塑料及制品、石油沥青及沥青制品、常见装饰材料等。

（2）房屋建筑构造（1 d）。

① 基础和墙体构造。

了解墙体按位置、受力、材料、构造方式及施工方法的分类、作用；了解墙体满足结构、功能防火、防水防潮等的要求；了解墙体的材料、厚度、洞口与墙段尺寸、细部构造、隔墙设计；了解轻骨架隔墙、块材隔墙、板材隔墙构造；了解装修的作用、分类（抹灰类、贴面类、涂料类、裱糊类和铺类）；了解基础的类型、作用及构造要点。

② 楼地层构造。

了解楼板层的作用、组成及其设计要求，现浇钢筋混凝土楼板的类型、特点、构造、预制装配式钢筋混凝土楼板的特点类型、装配整体式钢筋混凝土楼板的构造，楼板层的细部构造、楼地面构造；了解顶棚的作用、设置要求、类型、构造作法；了解阳台类型、设计要求、结构布置、细部构造；了解雨篷的作用、类型、构造作法。

③ 楼梯构造。

了解楼梯组成、形式、有关的尺寸、钢筋混凝土楼梯的特点、应用、现浇钢筋混凝土楼梯的结构形式、构造、装配式钢楼梯的类型、构造、电梯和自动扶梯的组成、设计要求、细部构造。

④ 屋顶构造。

了解屋顶的功能、设计要求、组成、形式、分类、坡度、防水等级；了解平屋顶的排水方式、排水坡度的形成，柔性和刚性防水屋面的概念、构造层次、作法、特点、细部处理、保温与隔热；了解坡屋顶的形式、组成、排水方式、构造作法、吊顶棚、保温隔热。

⑤ 门与窗构造。

了解门窗的作用、材料、门的开启方式、组成与尺度、构造、窗的开启方式、组成与尺度、构造、遮阳的作用、形式、构造。

（3）土木工程建造。

① 建筑工程方向（1 d）。

a. 砌筑工程。

了解砌体常见组砌方式、砌体的砌筑工艺，砌筑用脚手架的类型和搭设方法，垂直运输机械及安装。

b. 模板工程。

了解模板的类型与运用，支撑的类型与安装方法，柱、梁、板、楼梯、基础等结构构件模板的安装与拆除。

c. 钢筋工程。

了解钢的加工、绑扎、安装，钢筋的焊接与机械连接。

d. 混凝土工程。

了解混凝土的投料、搅拌与运输，混凝土的浇筑、振捣与养护、拆模。

e. 装饰工程。

了解一般抹灰、装饰抹灰的类型及施工，面砖饰面、油漆涂料，铝合金、玻璃幕墙安装。

② 道路与桥梁方向（1 d）。

a. 路基施工（以施工录像为主）。

了解路堤基底处理、桥涵等构筑物的填筑、路堑开挖方式、半刚性基层施工、路面施工（沥青类路面、水泥混凝土路面）。

了解土方工程机械、压实机械、水泥混泥土路面工程施工机械、沥青路面工程施工机械。

路基类型、填方路基施工（基层处理、填料选择、路堤填筑施工）；挖方路基施工、土方路堑施工（横挖、纵挖、混合开挖）、岩石路堑施工、特殊地区路基施工、软土地基路基施工（沙垫层、排水固结、土工合成材料法、粉喷桩等）。

了解路基压实压实方法，路基的地面排水设施、地下排水设施，路基防护与加固施工之路基坡面防护、路基冲刷防护、路基加固（支挡结构类型、施工要点）。

了解路面基层（底基层）施工中的碎石、砾石基层（底基层）施工、稳定土基层施工、工业废渣基层施工。

了解水泥混凝土路面施工施工准备、施工机械、混泥土的拌制与运输、混泥土的铺筑与振捣、表面修整、接缝施工（横缝、纵缝、接缝材料）。

了解沥青路面基本特性、沥青路面分类、路面材料的要求；热拌沥青混合料的特性及技术要求，施工准备、拌制与运输、沥青混合料摊铺作业、沥青混合料的碾压。

b. 桥梁施工（以施工录像为主）。

了解沉井类型、沉井施工；围堰的类型及适用条件、施工；墩式基础施工；装配式桥梁使用临时支承组拼预制节段逐孔施工、架设方法（支设便桥法、自行式起重机架设、移动式支架架设等七种）；预应力混凝土梁桥悬臂法施工设备、施工工艺，梁桥悬臂拼装施工特点、块件预制，吊装系统施工，悬臂拼装接缝施工；预应力混凝土连续梁桥梁顶推施工预制场地、梁段预制、顶推施工工艺，混凝土养护；钢桥类型、特点、组成、连接要求，钢结构制作，钢桥架设安装（施工准备、运输、设备、架设施工）。

c. 岩土工程方向（0.5 d）。

· 了解岩土工程的含义，了解岩土的类型、作用，了解土和水的工程意义。

· 了解地基处理方法、施工要求。

· 了解工程支护方法、适用范围、施工要领。

d. 测绘基础认识（0.5 d）。

· 测绘设备仪器基础。

· 新技术、新设备介绍。

2. 实验教学

按照上述要求进行认识实习。

7.3.5　考试考核办法

提交实习日志和实习总结报告，并结合实习表现综合评定优秀、良好、中等、及格、不及格 5 个等级。

7.3.6　教材及参考书

1. 教　材

《土木工程类专业认识实习指导书》

2. 参考书

《房屋建筑 10 大工种施工操作及现场管理录像》(26 张光盘)。

《土木工程概论》，武汉理工大学出版社。

《土木工程施工》，武汉理工大学出版社。

《土木工程施工》，建筑工业出版社。

《建筑施工》，同济大学出版社。

《施工组织设计手册》，建筑工业出版社。

《现行建筑施工规范大全》，建筑工业出版社。

7.3.7　其　他

"土木工程施工"精品课程等网站及其他网络教学资源、建筑施工图、道桥施工图。

参考文献

[1] 丁克胜. 土木工程施工[M]. 武汉：华中科技大学出版社，2009.

[2] 王启亮，王延恩. 地基与基础[M]. 郑州：黄河水利出版社，2011.

[3] 罗福午. 土木工程概论[M]. 武汉：武汉理工大学出版社，2005.

[4] 吴贤国. 土木工程施工[M]. 北京：中国建筑工业出版社，2010.

[5] 赵志缙，应惠清. 建筑施工[M]. 4 版. 上海：同济大学出版社，2005.

[6] 建筑施工手册编写组. 建筑施工手册[M]. 4 版. 北京：中国建筑工业出版社，2003.

[7] 张吉人. 建筑结构设计施工质量控制[M]. 北京市：中国建筑工业出版社，2012.

[8] 王兆. 建筑工程施工实训[M]. 北京:机械工业出版社，2005.

[9] 西安建筑科技大学等七院校. 房屋建筑学[M]. 北京：中国建筑工业出版社，2006.

[10] 武汉测绘科技大学《测量学》编写组. 测量学[M]. 北京：测绘出版社，1979.

[11] 合肥工业大学，重庆建筑工程学院，天津大学，等. 测量学[M]. 北京：中国建筑工业出版社，1990.

[12] 张庆宽，董志跃，等. 工程测量实训指导[M]. 北京：中国水利水电出版社，2008.

[13] 张新全，李威，等. 土木工程测量实践教程[M]. 北京：机械工业出版社，2008.

[14] 李章树，刘蒙蒙，等. 工程测量学[M]. 成都：西南交通大学出版社，2012.